高等学校“十一五”精品规划教材

继电保护自动装置测试技术实验指导书

韩笑　刘微　杨建伟　主编

中国水利水电出版社
www.waterpub.com.cn

内 容 简 介

本书系电气工程及其自动化专业继电保护方向的课程实验教材，内容涵盖电力系统继电保护、电力系统自动装置、继电保护测试技术、电力自动化技术等课程的主要实验项目、实验原理和实验方法。实验分类清晰，指导明确，可操作性强。

本书可供电气工程及其自动化、电气自动化专业及其他电气类、自动化类本、专科学生（包括成人教育、自学考试、高职高专的学生）作为实验教学用书，也可供从事电力系统继电保护及安全自动装置安装与调试的工程技术人员参考。

图书在版编目（CIP）数据

继电保护自动装置测试技术实验指导书/韩笑，刘微，杨建伟主编．—北京：中国水利水电出版社，2008（2022.7重印）
高等学校“十一五”精品规划教材
ISBN 978-7-5084-5118-3

Ⅰ．继… Ⅱ．①韩…②刘…③杨… Ⅲ．继电自动装置-实验-高等学校-教材 Ⅳ．TM774-33

中国版本图书馆CIP数据核字（2007）第182829号

书　　名	高等学校“十一五”精品规划教材 **继电保护自动装置测试技术实验指导书**
作　　者	韩笑　刘微　杨建伟　主编
出版发行	中国水利水电出版社 （北京市海淀区玉渊潭南路1号D座　100038） 网址：www.waterpub.com.cn E-mail：sales@mwr.gov.cn 电话：(010) 68545888（营销中心）
经　　售	北京科水图书销售有限公司 电话：(010) 68545874、63202643 全国各地新华书店和相关出版物销售网点
排　　版	中国水利水电出版社微机排版中心
印　　刷	天津嘉恒印务有限公司
规　　格	184mm×260mm　16开本　11印张　261千字
版　　次	2008年1月第1版　2022年7月第5次印刷
印　　数	11001—12500册
定　　价	**40.00**元

前言

本书是综合了电力系统继电保护、电力系统自动装置、继电保护测试技术、电力自动化技术等课程的实验内容，主要包括：调压器、移相器、工频电源、相位表、万用表、时间测试仪器、晶体管毫伏表、继电保护测试仪、故障录波仪、多功能表等继电保护自动装置测试实验常用的仪器仪表使用方法；电磁型电压、电流继电器，整流型功率方向继电器，整流型方向阻抗继电器，差动继电器等单个继电器的验证性实验，反时限过电流保护实验，备用变压器自动投入装置演示实验，输电线路自动装置的演示性实验，继电器时间参数的测量，示波器测频测相实验，电平测量实验，电抗变压器转移阻抗角测量实验等继电保护测试技术验证性实验；输电线路电流、电压综合保护，距离保护，变压器保护，同步发电机自动准同期，同步发电机励磁控制，整流电压的测量等综合性、设计性实验。

本书所列实验的指导内容的编排是严格按照教学大纲及实验大纲的要求进行教学组织的。既重视实践教学环节与理论教学的紧密结合，又自成体系，便于单独开设实验课。本教材在理论与实际相结合方面给学生留以充分的思考余地，以便培养和提高学生的实际操作能力、分析和解决问题的独立工作能力、综合运用所学知识的创新能力。

本书的第一章、第二章第八节至第十一节、第三章第六节由杨建伟编写；第二章的第一节至第七节由刘微编写；其余内容由韩笑编写。全书由韩笑统稿。

本书在编写过程中，曾得到南京工程学院电力工程学院领导的热情关心与帮助，还有不少兄弟院校与单位积极地提供参考资料，在此，一并致以谢意。

限于编者水平，书中难免存在疏漏之处，恳请广大读者批评指正。

编　者

2007 年 8 月

目　　录

绪　论

本书是与“电力系统继电保护”、“电力系统自动装置”、“继电保护测试技术”、“电力自动化技术”等电气工程及其自动化专业的主干课程相配套的一本实验指导书。上述课程的特点是专业性强、实践性强、技术更新速度快。实践教学环节是这些课程的重要组成部分。通过实验可以加深对理论知识的理解，培养和提高学生的实际操作能力、分析和解决问题的独立工作能力以及综合运用所学知识的创新能力。

一、实验的特点与要求

电力系统继电保护、电力系统安全自动装置实验的内容较多、较新，实验系统也比较复杂，系统性较强。本书介绍了20余个电力系统继电保护、电力系统安全自动装置、继电保护测试技术相关内容的实验，主要内容有以下几类：

(1) 演示性实验：指为便于学生对客观事物的认识，以直观演示的形式，使学生了解其事物的形态结构和相互关系、变化过程及其规律的实验教学过程。例如，本书中的备用变压器自动投入演示实验、三相一次自动重合闸演示实验等，教师通过试验设备向学生演示相关动作过程。

(2) 验证性实验：指以加深学生对所学知识的理解、掌握实验方法与技能为目的，验证课堂所讲某一原理、理论或结论；以学生为具体实验操作主体，通过现象衍变观察、数据记录、计算、分析直至得出被验证的原理、理论或结论的实验过程。在本书中，对于继电保护及自动装置基本原理的实验项目多采用试验台进行验证性实验。

(3) 综合性实验：指以强化已学若干知识内容的综合系统运用能力和综合分析、解决较复杂实际问题的能力为目的；实验内容涉及本课程的综合知识或与本课程相关课程的知识，以学生为实验操作主体，提交具备综合分析与应用能力的实验报告的系统过程。本书中的某些实验将继电保护与自动装置的相关技术进行有机地结合，学生通过实验可以综合地、直观地了解电力系统继电保护及安全自动装置的动作过程。

(4) 设计性实验：指以培养学生灵活掌握所学知识和创新能力为目的，在给定实验目的、要求和实验条件，由学生自行设计实验方案并加以实现，通过观察过程描述、记录、计算、分析，提交具有一定见解的实验报告的实验过程。本书所涉及的实验装置及相关仪器仪表为学生们提供了开发研究的平台，可以进行继电保护装置及自动装置异常情况的模拟，如某继电保护装置拒绝动作时，其他保护的动作行为的设计性实验；新型保护原理的设计性实验；同步发电机静态安全运行极限的测定实验；同步发电机参数的离线（在线）测定；同步发电机励磁控制器设计实验等。

学生完成指定实验后，应具备以下能力：

（1）熟悉并掌握基本实验设备、测试仪器的性能和使用方法。

（2）熟悉并掌握本专业所专用的实验设备、测试仪器的性能和使用方法。

（3）掌握实验所采用的继电保护及自动装置的原理与结构特点，能根据需要设计合理的实验电路，采用合理的操作手段进行实验。

（4）能够运用理论知识对实验现象、结果进行分析和处理，解决实验中遇到的问题。

（5）能够综合实验数据，解释实验现象，编写实验报告。

本书所编写的继电保护实验题目主要在由南京工程学院电力工程学院设计，武汉联华电气有限公司生产的电力系统继电保护综合试验台上进行，自动装置实验题目主要在武汉华中科技大学电力自动技术研究所生产的“WDT－Ⅲ型电力系统综合自动化试验台”上进行。备用电源与备用设备自动投入演示实验采用自制试验设备。教师可根据对本专业的理解和掌握，根据各校教学需要进行取舍，选择某些实验项目或者重新进行实验项目的组合。

本书对于验证性实验与演示性实验的指导内容主要有：实验目的、要求、原理、步骤；实验装置系统介绍；主要仪器设备的结构原理、性能与使用注意事项；操作规程与测量方法；原始记录要求及实验报告的内容和要求等。对于综合性实验和设计性实验提供要点提示。

二、实验准备

教师在实验前应严格按照实验教学大纲的要求，认真备课，编写实验教案，做好实验教学组织和课前准备工作。

学生在每次实验前必须进行预习，明确实验目的、要求和基本原理，建议实验教师检查学生的预习情况，从而提高实验质量与效率。在实验前应做到以下几点：

（1）复习教材中与实验有关的内容，熟悉与本次实验相关的理论知识。

（2）通过阅读本教材中的实验指导，了解本次实验的目的和内容。

（3）熟悉主要实验仪器和设备的使用方法，掌握实验原理或接线图。

（4）在实验报告书中填写相关预习的内容，其中包括实验的目的和内容、主要实验仪器和设备名称、实验原理或接线图、实验步骤及注意事项、预习中遇到的疑难问题等。

（5）进行实验分组，除演示实验外，一般情况下每组为2～3人。

三、实验实施

完成理论学习、实验预习等环节后，就可进入实验实施阶段，实验时要做到以下几点：

（1）实验开始前，指导教师要对学生的实验预习情况进行检查，要求学生了解本次实验的目的、内容和方法，只有满足要求后，才能允许其参加实验。

（2）指导教师对实验装置作介绍，要求学生熟悉本次实验使用的实验设备、仪器，明确设备的功能、使用方法。

（3）重视实验接线检查。学生应按实验指导书或自身所设计的实验接线图进行接线，接线必须在确保断电的情况下进行，完成接线后，必须按接线图进行自查，主要检查所使用设备的型号、位置、极性、原始状态、接线等是否正确，特别要注意实验过程中人身是否能接触到带电部分，及时做好相关的防范措施。自查结束后，须经指导教师复查后方可合闸通电，开始实验。

(4) 实验过程中，学生要听从实验教师的管理，严格按照规程认真操作，确保人身与设备安全。改接线路时，必须断开电源。发现异常情况，应及时报告指导教师，并采取相应的措施，避免或减少事故造成的损失。

(5) 实验中应观察实验现象是否正常，所得数据是否合理，实验结果是否与理论相一致。认真做好原始实验数据记录，爱护公物，节约耗材。

(6) 实验完毕后，应请指导教师检查实验数据、记录的波形。应将仪器、工具及时归还，认真整理实验场地和实验台，经实验教师验收后方可离开实验室。

四、实验成绩评定

实验成绩由实验预习、实验表现、实验报告三部分组成。其主要内容如下：

(1) 实验预习：主要考核学生对实验目的和要求、实验主要仪器和设备、实验原理、实验方法与步骤等方面的掌握程度。

(2) 实验表现：主要考核学生实验过程的表现。包括考勤、学习态度、实验态度等。

(3) 实验报告：实验的最后阶段是实验总结，即对实验数据进行整理、绘制波形和图表、分析实验现象、撰写实验报告。实验报告为实验成绩的重要考核依据之一，每个实验须写一份实验报告。实验报告内容包括实验名称、实验预习内容、实验原始记录、实验记录处理（计算过程与结果、数据曲线、图表等）、实验结果分析与结论等。要求图表清晰、字迹工整、原始数据齐全、数据处理准确、讨论和分析问题简明扼要、表达清楚，并按指导教师规定的时间和要求提交实验报告，不得抄袭或臆造。实验报告成绩依据报告的科学性、全面性、规范性及书写态度综合考核。

成绩评定办法应在实验教学大纲中作出明确要求，指导教师要严格按照要求评定实验成绩。本书所涉及实验为课程实验，课程实验是理论课程教学内容的组成部分，课程实验成绩应纳入课程考核总成绩。

第一章　常用仪器仪表使用方法

第一节　概　　述

在进行继电保护实验之前，有必要了解相关仪器仪表的性能和使用方法，避免在实验中因不规范的操作而造成仪器、仪表的损坏，这对养成良好的实验操作习惯将有很大帮助。在仪器、仪表的使用过程中，要掌握以下一些常识：

（1）检查供电电压与仪器的工作电压是否相符。检查仪器的电源电压变换装置是否安插或板置在相应电压值的部位。目前国产仪器电源电压大多采用交流 220V（进口仪器使用的电源电压常有 110V、127V、220V 三种）。对有些仪器的保险丝插塞兼作电源的变换装置，应注意其位置不能插错，当电源电压不符时，会烧断保险丝，严重时会损坏仪器的内部器件，造成重大损失。

（2）仪器在开机通电前，应检查仪器面板上的各种开关、旋钮、度盘、插座等是否完好。对面板上的“增益”、“输出”、“辉度”、“调制”等控制旋钮应旋置于最小位置，防止仪器通电后可能出现的冲击现象，而造成某些损伤或失常。

在被测量值未能估计的情况下，应将仪器的“衰减”或“量程”放在较大部位，以免仪器过载受损。

（3）有“高压”、“低压”开关的仪器接通电源前要格外注意“高压”、“低压”开关是否都在“断开”的部位，然后先接通“低压”开关，待仪器预热 5～10min 后，再接通“高压”开关。否则会损坏仪器整流器件。

对于只有单一电源开关的仪器，也需要预热数分钟，等待电路工作稳定后再行使用。

（4）仪器接通电源后，如发现有异常现象，如嗡嗡声、噼啪声、煳味、冒烟等，应立即切断电源，在未查明故障原因时，不能再行通电，以免故障扩大。

通电后如果保险丝烧断，应切断电源查明原因，并调换相同容量保险丝管再行通电，以免仪器过载损坏。

（5）对于有通风设备的电子仪器，开机通电后应注意仪器内部的电风扇是否运转正常，若发现电风扇有碰触声或旋转缓慢，甚至不转动，应立即切断电源进行检修。

（6）使用仪器时，应注意仪器外壳接地，特别在多台仪器联用时，宜用金属编织线作为多台仪器接地连线，避免杂散电磁场的干扰。

（7）仪器进行测试时，应先连接“低电位”端子（如地线），然后再连接“高电位”端子（如探测器的探针）；反之，测试完毕后，应先拆离“高电位”端子，然后断开“低电位”端子。否则可能导致仪器过负荷，甚至打坏指示电表的指针。

（8）仪器使用完毕后，应先切断仪器的电源开关，然后再拔下仪器的电源线插头，对于有高低压电源开关的仪器，应先切断“高压”电源开关，然后再切断“低压”电源开关。切忌只拔下仪器的电源线插头，而不切断仪器的电源开关，这会使仪器再次使用时，由于先插上电源线插头而造成不应有的冲击。也应防止只切断仪器的电源开关，而不拔下电源线插头，这可能会因为忽略了仪器局部电路的电源切断，而使部分电路一直处于通电状态，以致造成故障。

(9) 仪器使用完毕后，应将面板上的“辉度”、“增益”、“输出”、“幅度”等控制旋钮依反时针方向左转到底，对于“量程”、“衰减”等多挡开关应扳到最大位置。

(10) 仪器使用完毕后，应填写“仪器使用卡”，特别是在发生故障时，应详细记录当时的情况。未经管理人员许可，使用者不得随便打开机壳进行检修。

第二节 调压器与移相器

一、调压器

接触式调压器在继电保护实验和调试等方面广泛用于平滑无级的调节或稳定电源电压。按相数可分为单相调相器和三相调压器。其外形分别如图 1-1、图 1-2 所示。

图 1-1 单相调压器外形图

图 1-2 三相调压器外形图

1. 原理与结构

接触式调压器是原付方线圈匝数比连续可调的自耦变压器，如图 1-3 所示。

使电刷 b 接触在绕组 c 的导电表面上平滑移动或滚动，改变着匝比 N_2/N_1 中 N_2 的数值，将不可调电压 U_1 转换为平滑无级调节的电压 U_2。$U_2=\frac{N_2}{N_1}U_1$。接触调压器因铁芯结构不同分为环式与柱式两种。单元容量在 10kVA 及以下的均为环式，单相、三相容量大于 30kVA 的多为柱式。环式的铁芯卷饶成环状，截面呈正方形。柱式的铁芯叠接成柱状，截面呈圆形。绕组一般均为单层，与电刷接触的部分，经磨削而形成一平整光洁的导电面。电刷采用具有一定导电特性与机械特性的电化石墨制成，与绕组导电表面接触良好。

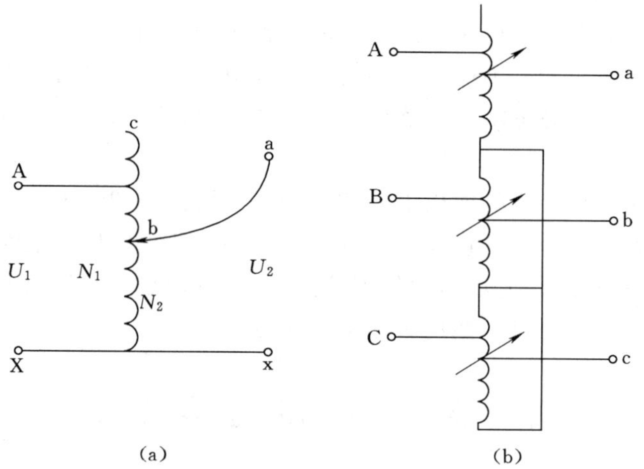

图 1-3　调压器工作原理图

(a) 单相接触调压器工作原理图；(b) 三相接触调压器工作原理图

2. 使用与维护

电刷接触不良，会产生火花灼痕或触点过热，应定期更换磨损的电刷，并清除绕组接触表面灼痕和污垢，使之光洁。调节电压要缓慢均匀。调压器可以恒定电流输出，不可恒定功率输出。若无平衡电抗，调压器不可并联使用。

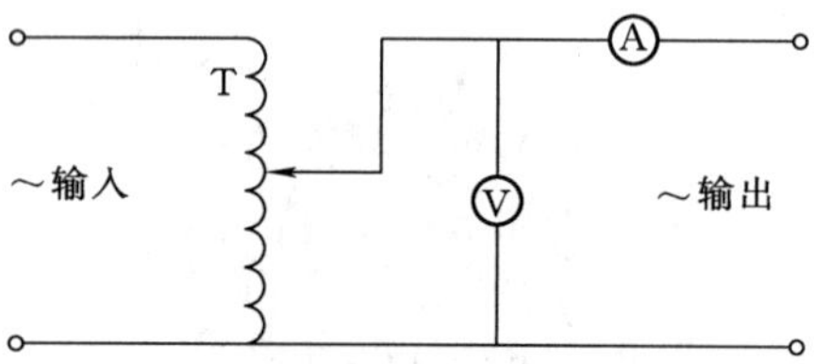

图 1-4　自耦调压器调压法接线

3. 使用举例

(1) 自耦调压器调压法。按图 1-4 接线，可获得可变交流电压和可变交流电流。

(2) LZ-21 型阻抗继电器试验接线图。见图 1-5，其中 T 为三相自耦变压器，T1 为单相自耦变压器。

二、移相器

在继电保护调试过程中，经常需要利用移相设备来改变保护装置及继电器的各种工频输入量之间的相位差。目前常用的工频移相方法有电动机式移相器和微机数字式移相两大类，这里主要讨论电动机式移相器移相。

1. 电动机式移相器移相的结构及原理

电动机式移相器的结构类似一般线绕式异步电动机，但是它的转子被一套涡轮杆卡住不能自由转动，经常处于制动状态下工作，因此其作用原理实际上相当于一台变压器。借助涡轮杆传动可改变转子与定子间的相对位置使转子产生角位移。图 1-6 为移相器的原理接线图。其中，定子绕组接电源，转子绕组经滑杯（或直接）接到负载。

当移相器定子绕组接通三相对称电源后，其绕组中将流过三相电流，并在气隙中产生以同步转速 n_1 旋转的磁场，该磁场在定子绕组和转子绕组中分别产生感应电动势 E_1 和 E_2，其中：$E_2=E_1/K_e$，K_e 为变比，一般固定为 1。E_1 和 E_2 之间的相位取决于定子和转子间的相对位置，转子相对角度改变后，E_1 和 E_2 之间的相位也相应改变。以 A 相绕组

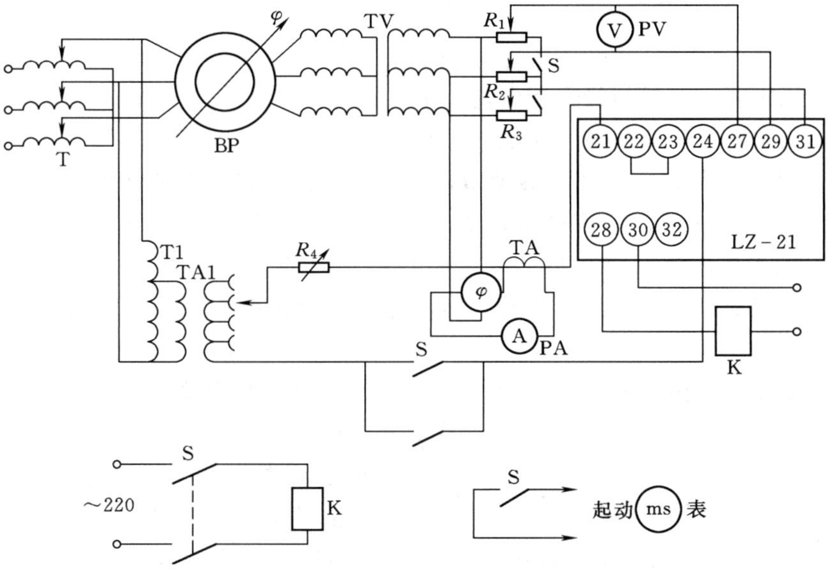

图 1－5　LZ－21 型阻抗继电器试验接线图

为例，令转子 a 相绕组的轴线与定子 A 相绕组的轴线重合时，$\varphi=0$，此时旋转磁场在定子和转子上产生的感应电动势 E_1 和 E_2 相位相同。当转子 a 相绕组顺着旋转磁场移动一个角度 φ 时，由图 1－7 可知，此时旋转磁场将先切割定子 A 相绕组，经 φ 电角度后才切割转子 a 相绕组，因此感应电动势 E_2 相应滞后 E_1 一个电角度 φ。可见调节移相器的定子绕组和转子绕组间的相对角度，即可均匀地改变转子绕组输出电压的相位，在变比 K_e 不变时，只要电源电压保持不变，虽然转子相对角度改变但感应电动势 E_2 的大小不变，即输出电压的大小不会因此而改变，所以称为移相器。

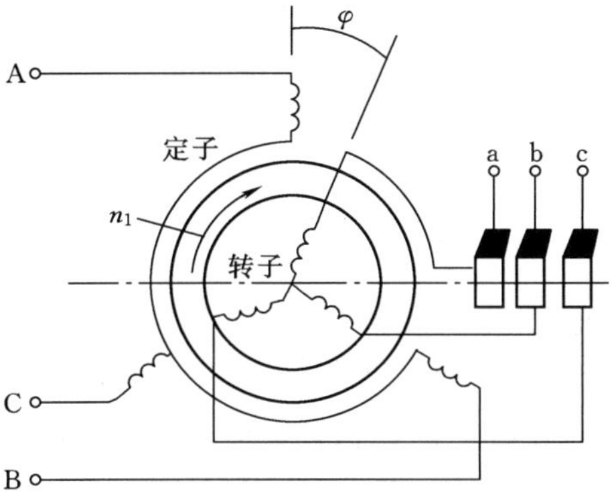

图 1－6　电动机式移相器的接线图

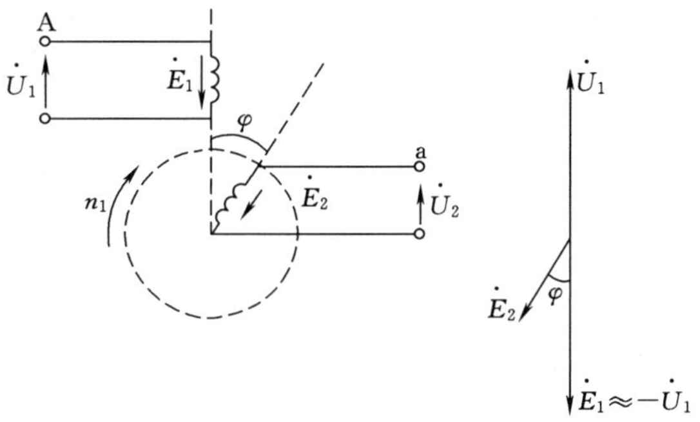

图 1－7　移相器相量图（A 相）

2. 电动机式移相器移相的使用

电动机式移相器是继电保护调试过程中使用较多的工频移相设备，其输出容量规定按下式计算

$$P=\frac{mI_2U_2}{1000}$$

式中　P——输出容量，kVA；

m——相数；

I_2——二次额定负载的最大相电流，A；

U_2——二次额定负载的最大相电压，V。

常用的电动机式移相器为TXSGA型，其输入、输出接线都装在机身接线盒内的接线板上，各有6个接线端子，输入端标有A、B、C和X、Y、Z；输出端标有a、b、c和x、y、z，均可分别连接成星形或三角形以适应各种不同的试验需要。这类移相器可在0°～360°范围内超前或滞后调节，同时进行三相移相，其分辨率为1°，绝对误差可控制在2°～3°范围内。使用中，要求移相器标度盘应与输入、输出电压间的相位差相对应，当输入、输出电压同相时，标度盘指示应为零，否则必须进行校正。校正时将移相器相互绝缘的输入、输出绕组均接成星形并将其一对同名端用试验导线连接，如图1-8所示。

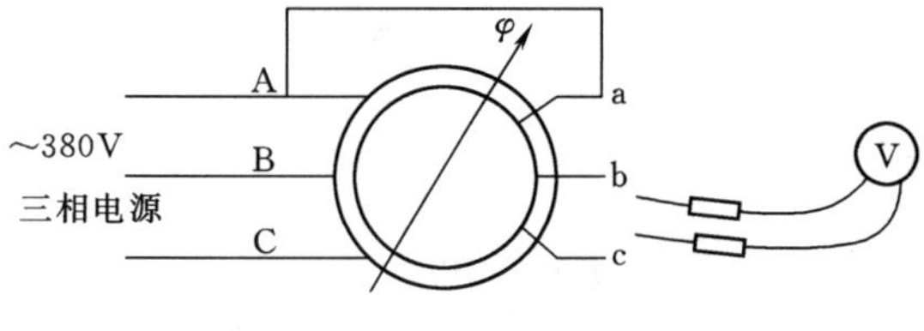

图1-8　移相器较正零位接线图

将A、a两点相连，三相电源加于输入端，然后测量另外两相输入、输出端之间的电压U_{Bc}、U_{Cb}，如果$U_{Bc}=U_{Cb}$，说明输入、输出端电压同相位，其相量如图1-9（a）所示，此时应在不转动转子的情况下将标度盘指针对零。当电压$U_{Bc}<U_{Cb}$时，输出电压超前于输入电压，如图1-9（b）所示；当电压$U_{Bc}>U_{Cb}$时，输出电压滞后于输入电压，如图1-9（c）所示。

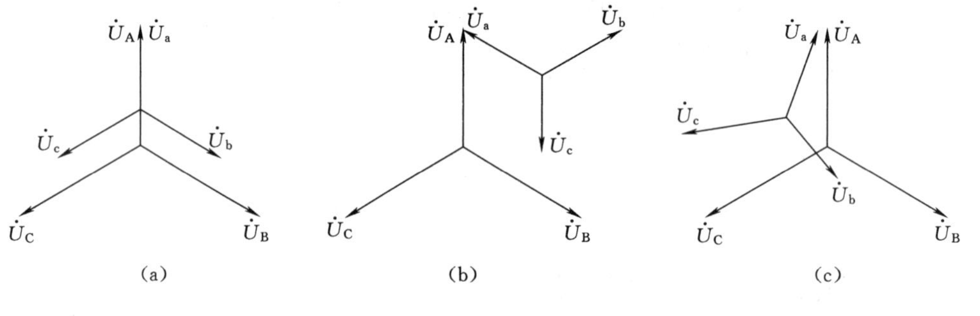

图1-9　移相器输入、输出电压相位关系

（a）输入、输出电压同相；（b）输出电压超前于输入电压；（c）输出电压滞后输入电压

这两种情况均可手摇传动轮移动转子使两电压相等后，再将指针对零。TXSGA型电动机式移相器具有工作可靠、调节方便、输出功率大等优点，但也有缺点，即：①输出波形失真度大；②当输出负载不对称时，阻力显著增大，移相调节困难，必须经三相调压后才能提供给保护装置三相100V电压；③转子出线不用滑环而直接输出的移相器，当调节手轮摇过头时，易造成输出断线等。因此，使用时除调节操作应注意以上3点外，还应确定试验接线时应尽量使移相器三相输出平衡；需要移动电压和电流之间的相位时，应优先考虑“固定电流，移动电压”的方案，以减少移相器负载，从而减轻输出的波形失真及调节难度。

第三节 工 频 电 源

工频电源是数字频率继电器的专用试验仪，目前主要有两种，分别为 GPS 型微机工频电源及频率时间测试仪和 FPZ－1 型频率继电器微机综合测量仪。

一、GPS 型微机工频电源及频率时间测试仪

GPS 型微机工频电源及频率时间综合测试仪可用于进行 SZH 型数字频率继电器的测试实验，同时还可用于工频频率的测量或用作电子毫秒表。其外形如图 1－10 所示。

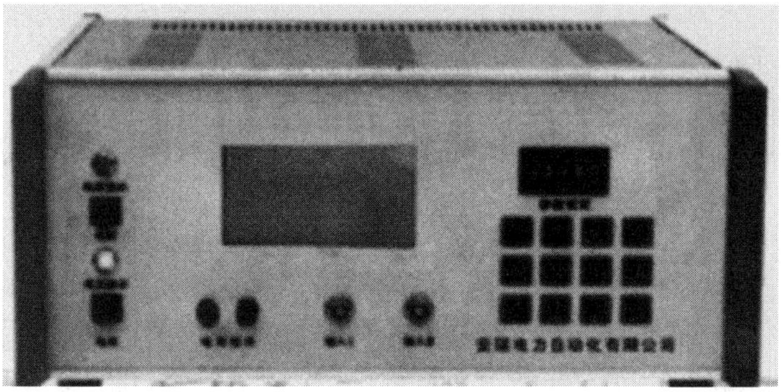

图 1－10 GPS－2 型微机工频电源及频率时间测试仪外形

（一）主要操作部件说明

GPS 型微机工频电源仪器的面板和后板布置如图 1－11 所示，现将主要操作件说明如下：

1. “电源” 开关

作为本仪器的总电源投入和切断的控制。电源开关合上时，其旁边的电源指示灯亮。

2. “输出” 开关

位于工频输出端子的左侧，作为输出通断的控制开关。当此开关断开时，输出电压表指示应为零。

3. “测时控制” 按钮

位于面板中部的 11 个键。1～5 号键为“输入Ⅰ”的方式选择，6～10 号键为“输入Ⅱ”的方式选择。11 号键是内部或外部启动方式的选择。11 号键在弹出位置时，用作频率继电器的时间测量（内部启动计时方式）：在按下位置时，作为常规电子毫秒表使用，其外部启动计时经“输入Ⅰ”引入。“输入Ⅰ”及“输入Ⅱ”分别作为启动及停止电子毫秒表的输入连接口。启动或停止电子毫秒表可以是空触点（不带电位）状态变化或电位突变，这两种变化通过 4 号键或 9 号键来选择。当选用电位突变时，还需选择合适的电平，选择电平用 1～3 号键或 6～8 号键。5 号键或 10 号键用以选择电子毫秒表的启、停状态，如“触点合正跳变”表示仅当触点闭合或电平发生正跳变的瞬间是有效的，相反状态试验仪拒不执行。

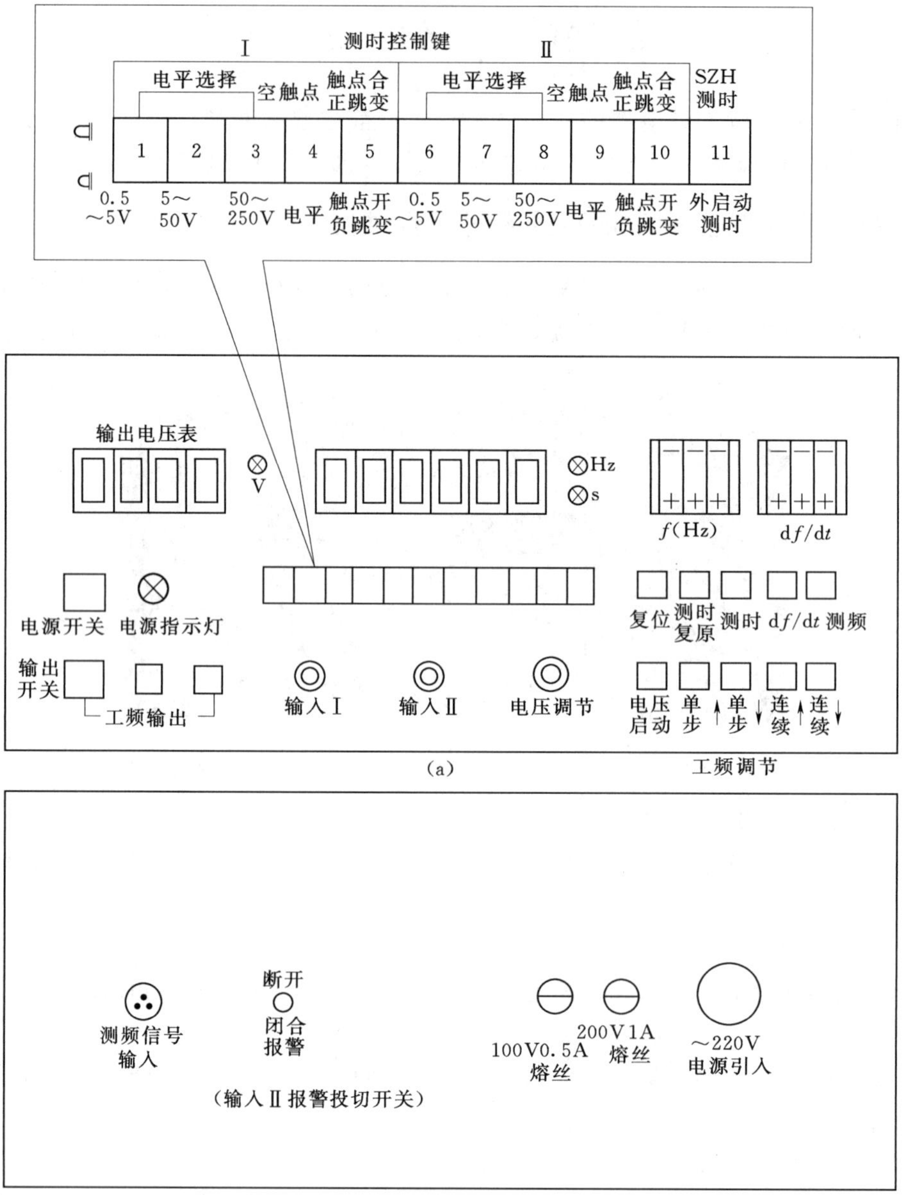

(b)

图 1-11 GPS-1型试验仪的面板及后板布置图

(a) 面板布置图；(b) 后板布置图

4."f(Hz)"频率整定数码拨轮

其作用有以下两点：①在测量SZH型数字频率继电器的动作或返回时间时，作为决定启动电子毫秒表的整定频率数；②在测量SZH型数字频率继电器的df/dt闭锁值时，作为决定试验仪频率变化的最终频率的整定值。

频率整定开关为三位数码开关，其中一位是小数位。如果被测继电器的动作频率是

48.75Hz，它只能整定为48.8Hz，测出动作时间略带微小误差。

5．“d*f*/d*t*”频率滑差整定数码拨轮

用于控制工频试验仪频率变化速率的整定。该开关为三位数码开关，其中一位是小数位。

6．“电压调节”旋钮

它带动多圈调节的电位器，可以准确平滑调节工频电源电压到所需数值。调节范围0～120V，输出电压可在左上角的四位数码管显示出来。

7．“复位”键

用作控制微机程序回到原始准备状态。若遇试验仪异常，可按一下此键，微机可回复到原始准备状态。

8．“电压启动”键

用作启动工频电源，建立工频输出。按下此键后使工频电源恢复到50Hz正常频率。

9．“测时复原”键

使微机进入测量时间功能的原始状态。

10．“测时”键

测量时间的执行键。对外部启动的时间测量，只需按一两下即可。但对SZH数字频率继电器时间测量，需按2～3次，第一次执行启动电子秒表是频率（从*f*数码拨轮开关所整定数值读进），第二次执行频率下降任务。频率下降到整定值且电压从负到正的过零瞬间启动电子秒表，为防止继电器刚动作时，触点抖动影响测时准确度，在启动电子秒表的同时把电源频率再减少0.2Hz。按第三次时，执行使电源频率回升到高于整定频率的任务，达到整定频率后自动增加0.2Hz保证继电器可靠返回、且在电压从负到正变化的过零瞬间启动秒表，只要当时测时控制的10号键在按下位置（即触点开位置），就可自动测量出继电器返回时间。由此可见，使用GPS-1试验仪测量SZH的动作及返回时间都非常稳定、准确而且操作简单，是常规试验设备所无法比拟的。

电压从负变正的瞬间，GPS-1产生启动电子秒表的信号脉冲，而在SZH型数字频率继电器产生一个清零脉冲。因此启动信号与清零脉冲之间有同极性。如果两者同极性输入，即秒表启动信号脉冲与继电器清零脉冲同时产生，则仪表上读数是真正的数据。否则，如果清零脉冲晚半个周波出现，仪表上显示的读数将偏大半个周波，即约10ms左右。此时，应更换工频输出的相对连接极性，并选取动作时间及返回时间中较少的一个测量数据为试验结果。

11．“d*f*/d*t*”键

用于使工频电源从50Hz按整定的d*f*/d*t*频率滑差值变化，以达到预定的终止频率的操作键。进行d*f*/d*t*检验时，需连续按“d*f*/d*t*”键3次。第一次读入变化终止时的整定频率，第二次读入d*f*/d*t*变化率的整定参数，第三次执行操作。

12．“测频”键

按一下此键，可将频率表切换到测频信号输入端（插头位于背板）。

13．“单步↑”或“单步↓”键

每按一下此键，输出频率上升或下降0.00125Hz。

14. “连续↑”或“连续↓”键

按第一次此键，使输出频率连续不断步进上升或下降，按第二次，则停止频率变化，如此循环往复。由于输出频率步进一级仅0.00125Hz，因此若所需频率很低，例如校验动作频率为47Hz，则从50Hz下降至47Hz需花较长时间，为节省时间，可使用df/dt程序将输出频率快速下降，此时可在f(Hz)开关上整定47.2Hz：在“df/dt”开关上整定50.0Hz，然后连续按3次“df/dt”键，则工频电源频率快速降低到47.2Hz，然后按“单步↓”或“连续↓”键，可迅速测出动作频率。

（二）操作方法说明

1. 仪器的开机及其检验

当仪器开机后，经简单检验证明，仪器正常时，才能用仪器校验继电器。开机校验步骤如下：

（1）接入电源，仪器输出端不接线并按下电源琴键开关，此时其旁边的电源指示灯亮、而电压表、频率表均显示为0。

（2）按下“电压启动”键，此时V指示灯和Hz指示灯亮，频率显示应为50.0000Hz。

（3）按下输出琴键开关，调节电压到100V状态。

（4）检查“单步↑”、“单步↓”，“连续↑”，“连续↓”键工作正常。

（5）再按一下输出开关使其关断，此时电压表指示为零，将背后测频信号连接线与输出端两两相连，再按一下输出开关使其输出接通。按一下“电压启动”键使工频电源输出为50Hz，再按一下“测频”键，此时频率表显示非常接近50Hz的一个略有微小变化的频率，证明微机设置频率50Hz，实测频率也是50Hz。

（6）若遇异常可按“复位”键，再重复上述操作，经以上5项试验，证明仪器可使用。

2. 整组试验结线

按图1-12整组试验结线图接线，调节试验电流，使电流表上的读数大于低电流闭锁动作电流的1.2倍，调节工频电源试验仪的输出为100V、50Hz，此时检查继电器的监视级绿灯应点亮。逐步降低通入继电器的电流，直至绿灯熄灭为止，此时电流表上的读数即为低电流闭锁的动作电流。此电流应与制造厂的标称动作电流一致，其误差不应超过±5%。

二、FPZ-1型频率继电器微机综合测量仪

FPZ-1型频率继电器微机综合测量仪可用于数字频率继电器的专用试验，也可用于工频频率或周期的测量或用作电子毫秒表及100Hz、150Hz及250Hz的谐波电源发生器等。

本仪器的正面板与后面板图如图1-13所示。现将主要操作部件说明如下：

1. “电源”开关

为本仪器的总开关，装设在后面板上。

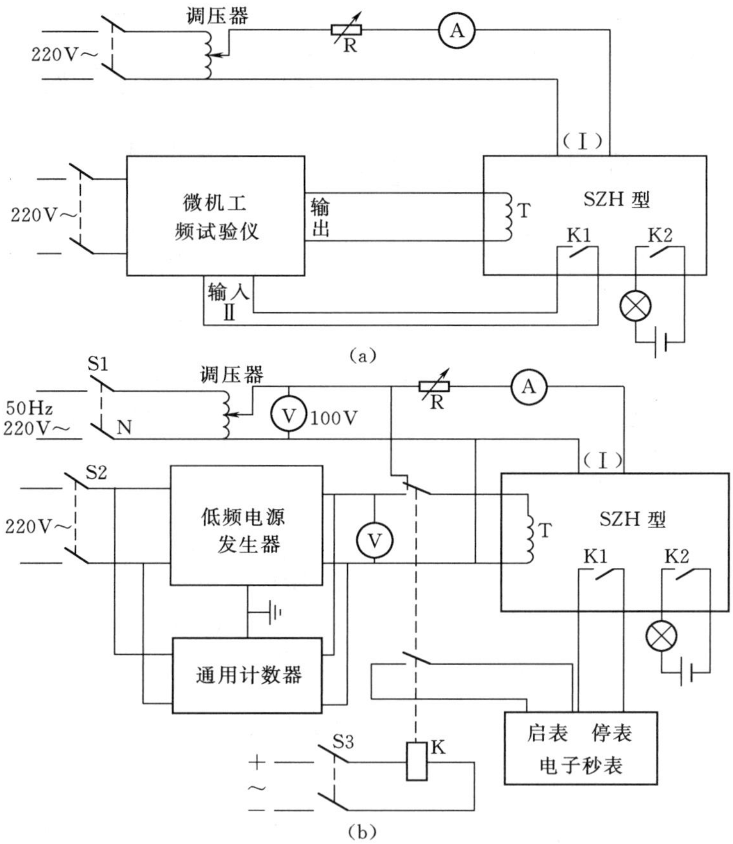

图 1－12　整组试验结线图

(a) 采用微机工频试验仪的接线；(b) 采用常规试验设备的接线

2. “频率/周期”测量切换开关

装设在后面板上。当其放在“～220”位置时，是从本仪器 220V 电源测量出被测电压的频率或周期。当放在“～100”位置时，为外测频率或周期，此时被测信号从“输入Ⅱ”输入，输入电压应在 3～100V 范围之内。

3. “复位”键

用作控制微机程序回到原始状态。一种测量程序过渡到另一种测量程序时，必须先按此键，但单升、单降操作可插入任意程序而不必先按此键。如遇异常亦可按此键。

4. “定值”键

为方便用户校验设置一连串特定频率，每按一次此键，可按预定输出频率：50Hz→49.5Hz→49.26Hz→49Hz→48.7Hz→49.5Hz→50.4Hz→50.7Hz→51Hz 输出。

5. “任意”键

控制输出频率的操作键。其操作步骤如下：

(1) 先按“任意”键，然后按 45～65Hz 范围内的 5 位数码，再按“任意”键，则输出所需的频率。数码未按满 5 位不执行下一步任务。

(2) 按“任意”＋“单降”＋“任意”键时，输出 100Hz 谐波电源，作为调谐滤波

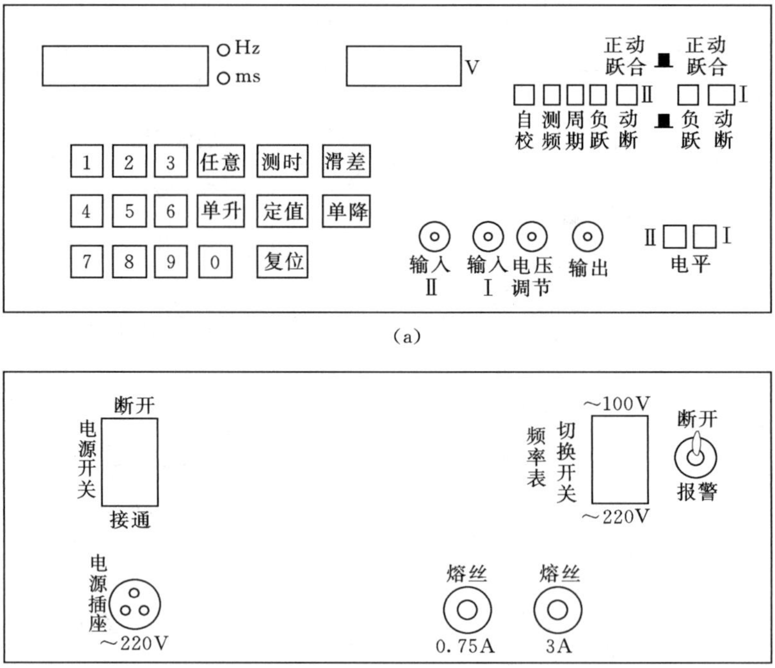

(a)

(b)

图 1-13　FPZ-1 型试验仪前后面板布置图

(a) 前面板；(b) 后面板

器使用。

(3) 按“任意”＋“单升”＋“任意”键时，输出 150Hz 谐波电源，作调谐滤波器使用。

(4) 按“任意”＋“定值”＋“任意”键时，输出 250Hz 谐波电源，作调谐滤波器使用。

6. “单升”、“单降”键

微调输出频率的控制键。每按一次，输出频率上升或下降 0.005Hz。与“任意”键配合使用，可改变谐波电源频率。

7. “滑差”键

使工频电源从某一起始频率按所需要频率滑差 df/dt 值，线性变化地达到预置的终止频率的操作键。操作步骤说明如下：

(1) 第一次按此键，使微机进入 df/dt 试验状态（若仪器从其他测量程序转入 df/dt 程序，则在第一次按此键前，应先按“复位”键），并显示 50.000Hz，这就是原设定的起始频率值。如果同意 50.000Hz 为起始频率，则不需再操作；如果需从某一频率时，则用“定值”键修改并显示设定频率起始值。数字一定要输入 5 位，否则不执行下一步。

(2) 第二次按此键，微机读取起始频率值，并显示为 dF□□□□（□为空格），表示把所需要 df/dt 值写入，此时应输入 3 位数字码。小数位一位小数点自动加入的不必操作。如果输错数字，可继续操作数码键，把原输入的数字删掉，直到显示数字与所需要的数相同，再进行下一步操作。

（3）第三次按此键，则将 df/dt 设置值读入微机。并显示 45.000Hz，这是原设定的终止频率值。如需修改终止频率可使用定值键，将所需频率值写入，需输满 5 位数，小数点也是自动给出的。

（4）第四次按此键才执行操作命令。此时工频试验仪从设定的起始频率按预置 df/dt 变化，达到规定的终止频率变化，最后显示出终止频率值。经过 5s 后，又自动将工频试验仪的频率自动返回到起始频率。

如果不改变上述整定微机参数，而重复校验继电器，可连续按 4 次此键即可。如果想修改其中一项，则可在按“滑差”键到所需修改定值的那一步时，进行修改参数，不需修改的项就按“滑差”键即可。按满 4 次此键就能进行一次 df/dt 的检验。

8.“测时”键

执行测量时间的操作键。当按“复位”＋“测时”键后，仪器进入测量时间的程序。测量时间有以下几种方法：

（1）测量数字频率继电器动作和返回时间：继电器触点由“输入Ⅱ”输入。Ⅱ路选择键按下“动合”键，操作如下：

1）第一次按“测时”键时，显示屏显示 aT，表示仪器已进入测时程序，请求送入所测量继电器的动作频率的实际值，此时你必须送足五位数字码，否则不执行以下任务。

2）第二次按“测时”键时，仪器输出的频率为动作频率＋0.3Hz。故频率继电器闭锁级应动作。

3）第三次按“测时”键，仪器输出频率下降，当频率到整定值时，秒表起动。当继电器动作后，秒表停止，并显示出继电器动作时间。

4）第四次按“测时”键，又使仪器输出频率上升，并高于动作频率，并记下其返回时间。

如不改变参数，反复试验继电器动作及返回时间。继续反复按“测时”键，每两次为一组数据，第一个为动作时间，第二个为返回时间。

（2）测量按 df/dt 频率滑差减载继电器的动作时间：被测继电器的触点从“输入Ⅱ”接入，操作步骤如下：按“测时”＋“滑差”键，则试验仪进入“df/dt 减载测时程序”，再采用第 7 项操作步骤，则可得到按 df/dt 减载继电器的动作和返回时间。不过要注意，此项试验所设置试验仪的 df/dt 值。应该是被测继电器的 df/dt 动作值。

（3）作电子秒表使用。“输入Ⅰ”接起表的触点或电平，“输入Ⅱ”接停表的触点或电平。如果采用电平将“电平”键按下，弹出时为空触点输入方式。当需触点闭合瞬间启动或停止秒表时按下“动合”键，弹出位置为触点断开瞬间起或停秒表。当采用电平输入方式，可根据正跃变或负跃变起停秒表选择“正跃”或“负跃”键。

第一次按“测时”键，秒表进入测量动作时间状态。随着外部信号的输入，记下动作时间。第二次按“测时”键，进入测返回时间状态，秒表随外部信号的输入，记下返回时间。

9.“测频”键

使仪器作为测量频率的功能。

10．“周期”键

使仪器作为测量周期时间功能。

11．“自校”键

作为检查仪器是否正常，当按下此键如显示为 050.000 说明仪器正常。

第四节　相　位　表

在继电保护领域中，相位差的测量一般指 50Hz 工频之间的相位差，两个被测量可能是电压量与电压量或电流量与电流量，也可能是电压量与电流量，被测量的幅值变化范围大，同时可能含有丰富的高次谐波分量，尤其是电流量。因此，要求测量时：①不能因高次谐波分量而影响测量精度；②两个被测量送到相位表时应经电气隔离，以防两被测量经相位表后出现公共电气连接点，从而破坏被测电路原有状态；③测量相位差用的仪表精确度不应底于 1.0 级。常用的工频相位差测量仪表有电动式相位表、钳形相位表和数字式相位表。

一、电动系单相相位表

最常用的电动系单相相位表型号为 D3－φ，用于测量一个电压量和一个电流量之间的相位差，采用比率表的工作原理，其结构示意图及内部简化接线如图 1－14（a）、（b）所示。图 1－14 中，固定线圈与被测电流回路串联，流过被测电流 $\dot{I}$，同一转轴上固定有两个相互交叉成 60°角的无框动圈 B1 和 B2，指针安装在动圈 B2 平面左侧 15°处，动圈 B1

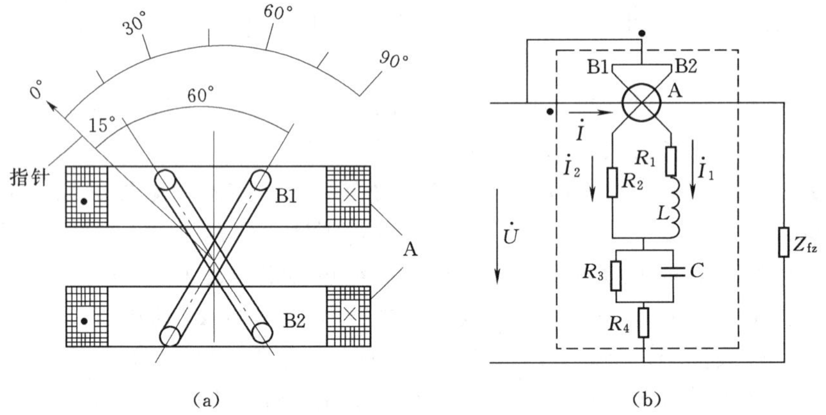

图 1－14　D3－φ 相位表的结构

（a）结构示意图；（b）内部简化接线

与电阻和电感 L 串联，动圈 B2 与电阻串联，两者并联后再与电容 C、电阻构成的并联电路和电阻 R_4 串联构成电压回路，接入被测电压 $\dot{U}$。合理选择电阻 R_1、R_2、R_3 和电感 L、电容 C 的参数，以满足以下几点：

（1）两动圈支路阻抗值相等，即 $I_1=I_2$。

（2）整个电压回路呈电阻性，即总电流 $\dot{I}$ 与总电压 $\dot{U}$ 同相。

（3）使动圈 B2 中电流 $\dot{I}_2$ 超前总电压 $\dot{U}$ 为 30°，动圈 B1 中电流 $\dot{I}_1$ 滞后总电压 $\dot{U}$ 为 30°，即 $\dot{I}_2$ 超前 $\dot{I}_1$ 的相位为 60°，其相量如图 1－15 所示。

两个动圈中电流产生的磁场各自与固定线圈中电流所产生的磁场相互作用，产生方向相反的两个作用力矩，其中：动圈 B1 用来产生工作力矩，动圈 B2 用来产生制动力矩，对于不同的被测相位角，指针偏移到一定的角度时，两个作用力矩达到平衡，此时

$$\alpha = \varphi \tag{1-1}$$

式中　α——相位表活动部分的偏转角；

φ——被测电压 $\dot{U}$ 与被测电流 $\dot{I}$ 的相位差。

即指针指示出被测相位角差。相位表活动部分的偏转角 α 仅取决于被测电压 $\dot{U}$ 与被测电流 $\dot{I}$ 的相位差 φ，相位表的标尺从 0° 到 90°均匀刻度，中心刻度为 45°如图 1－14（a）所示。当 φ＝0°时，指针示值为 0，在被测电流 $\dot{I}$ 滞后于被测电压 $\dot{U}$ 时，φ 为正，指针向右偏转，φ 从 0°变化到 90°时，指针相应的向右偏转到满刻度。因为不使用游丝，不通电时指针可位于刻度盘上的任何位置。若改变内部接线方式，使动圈 B1 与电阻 R_2 串联，动圈 B2 与电阻 R_1 和电感 L 串联，这时指针仍在 0°～90°范围内活动，但

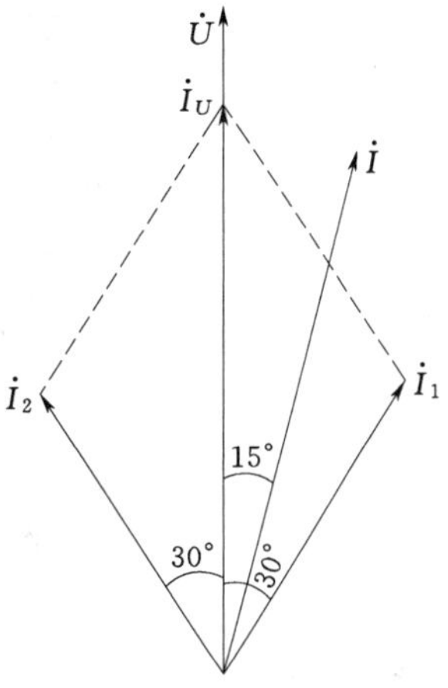

图 1－15　$\dot{U}$、$\dot{I}$、$\dot{I}_1$、$\dot{I}_2$ 的相位关系

$$\alpha = -\varphi \tag{1-2}$$

因此可用同一刻度盘测量负相位差，即测量进相角度。如果将整个动圈中的电流方向倒换一下，负载就不是工作在电动机状态，而是工作在发电机状态。所以利用一个四挡位的象限选择开关可完成“负载端电感”、“负载端电容”、“发电机端电感”、“发电机端电容”等四个象限内的相位差测量。图 1－16 为象限选择开关及被测相位角位置示意图，其中电压相量 $\dot{U}$ 画在正纵轴方向，电流相量 $\dot{I}$ 位于哪个象限要由指针正偏转时象限选择开关置于哪个挡位来定。各挡能反映的相位差范围如下：

（1）负载端电感：被测电流滞后于被测电压 0°～90°。

（2）负载端电容：被测电流超前于被测电压 0°～90°。

（3）发电机端电感：被测电流超前于被测电压 90°～180°。

（4）发电机端电容：被测电流滞后于被测电压 90°～180°。

例如：图 1－16（a）中象限选择开关置于“负载端电容”挡，即第二象限，指针指在刻度盘“60°”位置上时，电流相量 $\dot{I}$ 的位置如图 1－16（b）中虚线箭头所示，表明被测电流超前于被测电压 60°。

当象限选择开关置于不同的挡位时，指针示值 α 和被测电压超前于被测电流的相位差 φ 的关系，如表 1－1 所示。

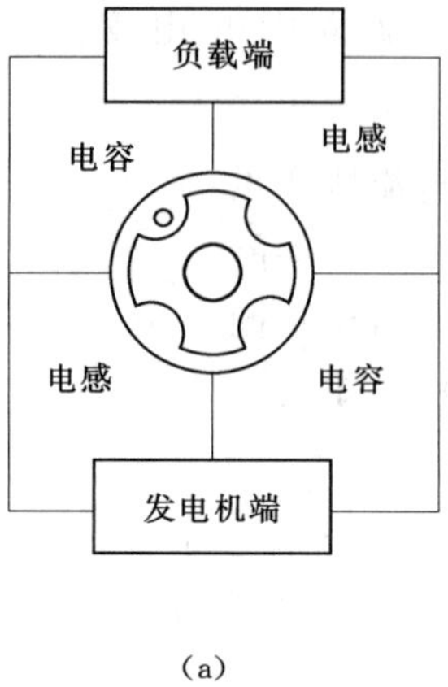

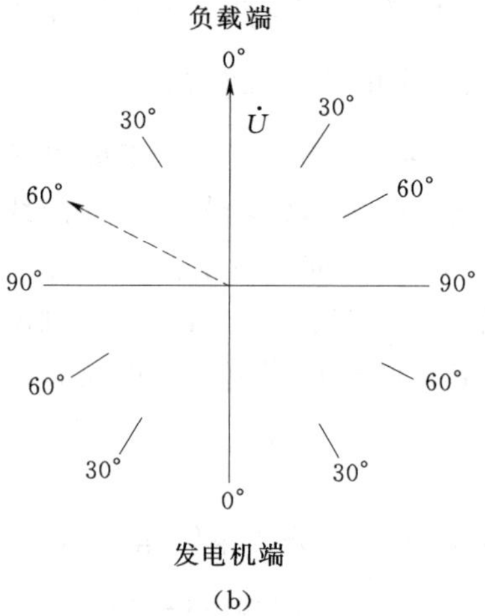

图 1－16　象限选择开关及被测相位角位置示意图

(a) 象限选择开关；(b) 被测相位角位置示意图

表 1－1　　**指针示值 α 和相位差 φ 的关系**

开关位置	测量范围	读数方法	开关位置	测量范围	读数方法
负载端电感	0°～90°	$\varphi=\alpha$	发电机端电感	180°～270°	$\varphi=180°+\alpha$
发电机端电容	90°～180°	$\varphi=180°-\alpha$	负载端电容	270°～360°	$\varphi=360°-\alpha$

D3－φ 相位表测量相位差的接线如图 1－17 所示。相位表 φ 的电压端子与继电器 K 的电压线圈按同极性并联，接被测电压 $\dot{U}$，即被测电压 $\dot{U}$ 的高电位点应接在标有“＊”的电压极性端；相位表 φ 的电流端子与继电器 K 的电流线圈按同极性串联，接被测电流 $\dot{I}$，也就是被测电流 $\dot{I}$ 应从标有“＊”的电流端子进入；相位表 φ 的示值，就是加到继电器 K 的电压 $\dot{U}$ 和电流 $\dot{I}$ 之间的相位差。

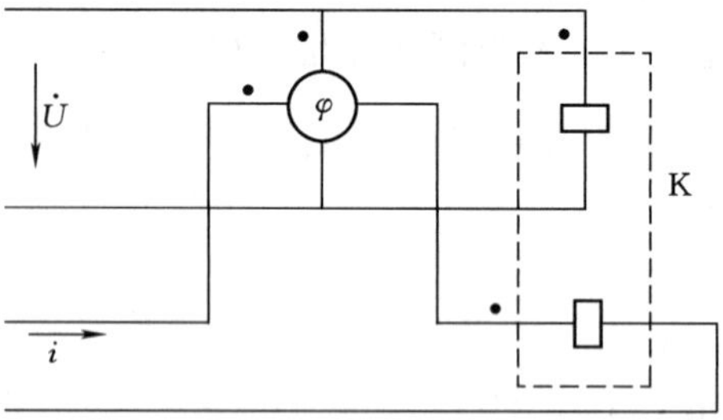

图 1－17　D3－φ 相位表测量相位差的接线

D3－φ 相位表使用时应注意以下事项。

(1) 相位表的电流量限为 5A/10A，要求被测电流必须在额定值的 20％～100％范围内，被测电流超限时，应经二次电流为 5A 的电流互感器接入。电压量限为 100V/220V，被测电压超限时，不可采用电阻分压器分压，以免改变动圈回路参数，影响仪表测量精确度，应经二次电压为 100V 的电压互感器接入。

(2) 仪表必须远离大电流和强磁场设备，并水平放置。

(3) 仪表必须使用在规定的频率范围内，并经过预热后才能读数，否则将影响测量精度。

(4) 象限选择开关应按表 1－1 顺序切换，以避免指针受冲击造成损坏。

在继电保护领域使用 D3－φ 相位表测量相位差，具有接线简单、能直接测量一个电压量和一个电流量之间的相位差等优点，但存在的缺点是：①应用范围太小，不能直接测量两个电压或两个电流之间的相位差，并且不能对小电压、小电流间的相位差进行测量；②操作麻烦，四个象限必须采用象限选择开关切换，且测量结果需要进行换算，测量过程还需切断被测电流回路以接入相位表。

二、数字钳形相位伏安表

数字相位伏安表具有多种电测量功能。其最大特点是：①可以测量工频的电压与电压之间、电流与电流之间及电压与电流之间的相位；②测量相位差时对被测信号幅值要求很低，按仪表的类型不同，电压范围约为 5～500V，电流范围约为 10mA～10A；③测量过程中不必中断被测电流回路；④操作和读数相对简单。数字钳形相位伏安表基本上克服了 D3－φ 相位表的大部分缺点，同时视型号不同还可测量电压、电流、功率等电参数，十分适合继电保护的现场测量。目前使用的数字相位伏安表可分为双钳相位伏安表和三相钳形相位伏安表两大类。

数字双钳相位伏安表外形如图 1－18 所示。

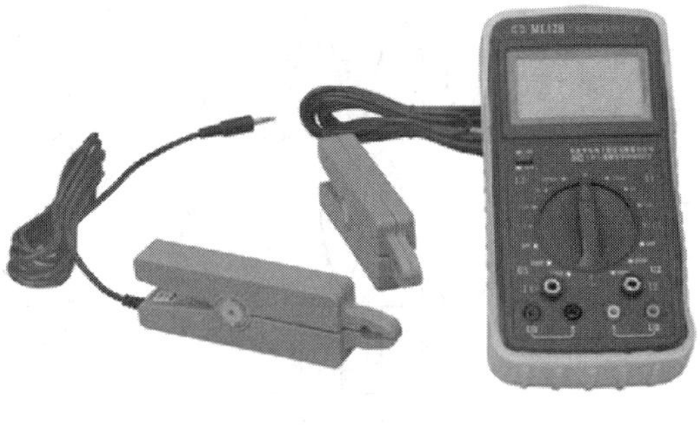

图 1－18　手持式双钳数字相位伏安表

数字双钳相位伏安表属便携式仪表，除测量电压、电流、频率等外，主要用以测量两个电量之间的相位。仪表配备两把电流钳（即双钳），分别对应两路电流回路，在进行电流值或相位测量时非常方便。典型的系统框图如图 1－19 所示。

图 1－19 中，被测电压直接送入 U_1、U_2 输入端，被测电流通过钳形电流互感器取得测量信号送入 I_1、I_2 输入端；“前置 1 电路”支路、“前置 2 电路”支路和鉴相器、滤波器用以相位测量；前置 3 电路和交直流转换器用以交流电压、电流测量；U/V 变换器与“前置 2 电路”支路配合用以频率测量；电源模块将电池经逆变产生多组直流作为整机工作电源。

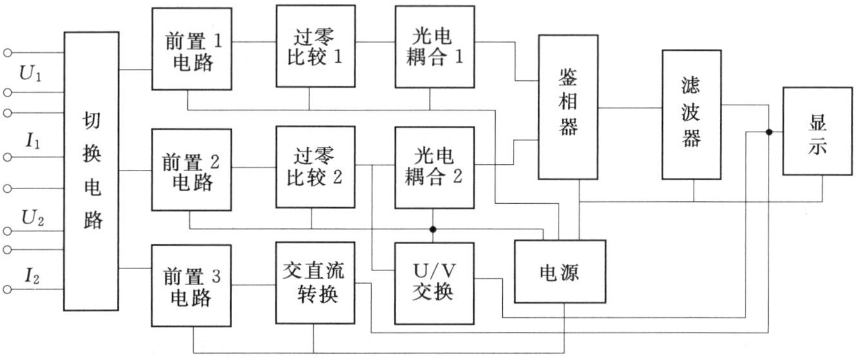

图 1－19　系统框图

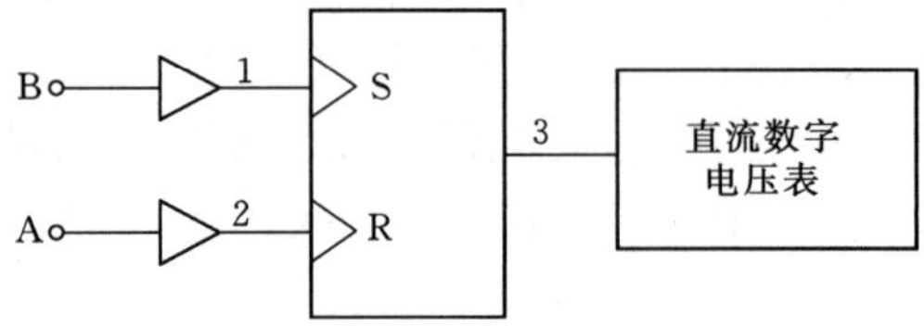

图 1-20　相位测量基本工作原理

相位测量工作原理如图 1-20 所示，采用过零鉴相法。图 1-20 中，两被测正弦波信号分别加到电路输入端 A、B。经前置电路与比较器放大整形后，在正弦波形过零点时变换成前沿与正弦波形过零点相对的方波信号 2 和 1，并通过光电耦合器隔离后送入鉴相器，分别触发双稳电路的复位端 R 和置位端 S。方波信号 1 的每个正半周前沿使双稳电路置位，输出高电平（电源电压）；方波信号 2 每到正半周前沿则使双稳电路复位，输出低电平（0V）。鉴相器输出的鉴相脉冲 3 宽度 τ 正比于两被测正弦波信号间的相位差 φ，其周期与被测正弦波信号周期 T_x 相同，具体波形如图 1-21 所示，即

$$\varphi = 360^\circ \times \frac{\tau}{T_x} \tag{1-3}$$

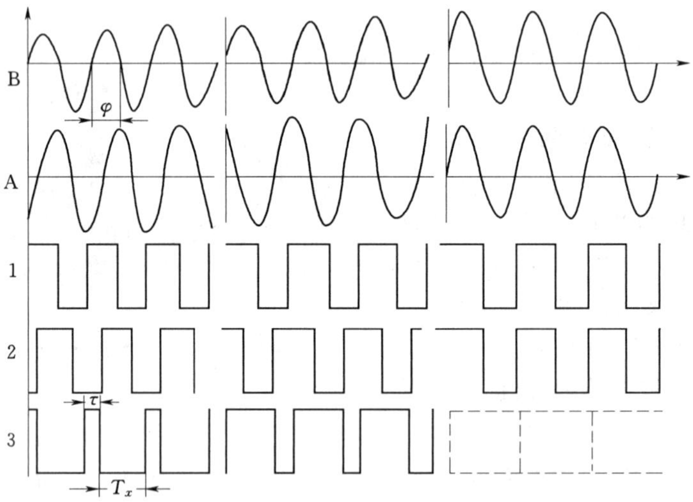

图 1-21　相位测量基本工作波形

当鉴脉冲 3 的幅度恒定为 U_m 时，在 0°～360°相位角范围内，两被测信号之间的相位差愈大，双稳电路输出信号 3 的高电平持续时间就愈长，其平均输出电压 $\overline{U}$ 也就愈高，即

$$\overline{U} = U_m \times \frac{\tau}{T_x} \tag{1-4}$$

比较式（1-3）与式（1-4）可得

$$\varphi = 360^\circ \times \frac{\overline{U}}{U_m} \tag{1-5}$$

经过适当校准，用直流数字电压表测出其平均输出电压 $\overline{U}$，按式（1-5）换算成所测的相位差，即为两被测信号之间的相位角。用这种方法构成的相位表称为相位-电压变换式相

位表。

DG29 型数字双钳相位伏安表为继电保护现场测试常用的便携式仪表。主要用以测量工频的电压与电压之间、电流与电流之间及电压与电流之间的相位差；也可测量交直流电压和交流电流的幅值。相位测量时：允许的电压信号幅值范围为 20～500V，电流信号幅值范围为 10mA～10A，频率范围为 49～51Hz；量程 360°，准确度 1 级。其板面布置如图 1-22 所示。

测量电流，电压幅值只能使用Ⅰ号通道，Ⅱ号通道仅在相位测量时作为第二路信号输入通道，并且测量结果显示的角度总是Ⅰ号通道信号超前Ⅱ号通道信号的相位。接线时：电压信号采用直接输入，H_1、H_2 为同极性端，插入红色测试笔，黑色测试笔插入 L_1、L_2 插孔；电流信号必须经卡钳接入，卡钳的红色插头插入 H_1、H_2，黑色插头插入 L_1、L_2 插孔，

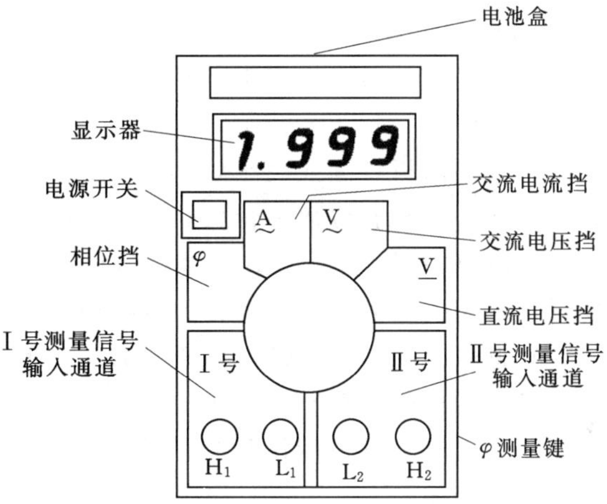

图 1-22　DG29 型数字双钳相位伏安表板面图

相位挡 φ 分为 U_1-U_2、U_1-I_2、I_1-I_2、I_1-U_2 四挡。测量相位时：首先应确定相位测量挡位与Ⅰ号通道，Ⅱ号通道将要输入的信号相符后，方可接入被测信号，同时被测电流应从卡钳的红色“*”符号一侧进入。例如，选择 U_1-I_2 挡时，被测电路的电压应从Ⅰ号通道输入、被测电流经卡钳从Ⅱ号通道插孔输入。若测得相位小于 90°，则电路为感性；测得的相位大于 270°，则电路为容性。

使用时应注意：①严禁仪表电源关闭时接入被测信号，并且禁止被测信号加入仪表后进行挡位切换；②测量前，仪表应预热 5min；③当显示器出现电池符号时，应及时更换电池；④各台仪表上配备的卡钳均有与主机相对应的编号，不可用于其他主机。

三、704-3 型相位频率计

704-3 型相位频率计是用单片机进行控制测量、计算和误差修正，对相位差和频率进行精密测量的电子仪器，适用于实验室和现场继保班组调试继保装置。

704-3 型相位频率计测量原理：其由 8031 单片机进行控制，利用脉冲计数技术再由单片机进行运算，误差修正进行相位和频率的精密测量。整机由分压变流器、预放板、通道板、控制板（单片机系统和接口）及电源组成。输入信号分压分流后处理成幅度规范化的电压信号，再经预放板和通道板进行滤波、放大和整形成方波输出，其输出上升沿和下降沿与正弦波的零点相对应。若两输入信号分别命名为 A 和 B 的话，则由相位差的定义可知，A 信号超前于 B 信号的角度为 $(\varphi_A-\varphi_B)=[(t_A-t_B)/T_A]\times 360°$（其中 t_A 和 t_B 分别为 A、B 信号的过零点时刻，T_A 为输入信号的周期）。本仪器就是利用这一定义进行相位测量。但为了尽量减少谐波对测相的影响（波形失真度每增加 0.17%将会增加 0.1°的

误差），本机设置有专用的滤波器。为了有效克服一般数字式相位计中通道的不对称和漂移，本机采用“单通道二次测相法”，先建立一个和A信号有固有相移和同频的C信号，然后测量 $\varphi_A-\varphi_C$，再测量 $\varphi_C-\varphi_B$。那么 $\varphi_A-\varphi_B=(\varphi_A-\varphi_C)+(\varphi_C-\varphi_B)=\varphi_A-\varphi_B+K\times 360°$，同理 $\varphi_B-\varphi_A=360°-(\varphi_A-\varphi_B)$。

频率的测量是利用定义 $F_A=\frac{1}{T_A}$ 进行的。

704－3型相位频率计的面板布置图见图1－23，其背板布置图见图1－24。

1. 自检查和自校

如不能确信仪器工作正常的话，可通过下述三个步骤后即可大致判断仪器工作是否正常。

（1）先将面板直键开关SA置“滤波通”、“自检”、“φ”、“$\varphi_A-\varphi_B$”、“单次”挡。然后开启电源，此时五位数码管从01234开始每间隔0.8秒按十六进制数每次每位加一进行显示，最后停在F0.1.2.3.，三个符号指示灯应起码亮一次，若每位数码无断笔画及多笔画的话，说明机器数码显示及有关自检部分软硬件工作正常。

（2）将面板SA1、SA2均拨至“1.5～5V”挡。A、B两输入信号测试线反相地夹在背板～5V输出接线柱X9和X10上，将面板SA“自检”挡改为“测量”，面板RP1和RP2推入，启动测试仪后仪器应显示180°±0.1°（注：供电电源波形失真度小于2%，失真度越大，误差越大）。再将SA置“F_A”、“连续”挡，仪器应连续显示供电电源的频率。

2. 测试线的接法和量程选择

在测试前一般先将面板两个调幅带开关电位器RP1和RP2先推入，量程选择开关SA1和SA2应根据输入信号是电压还是电流及有效值的大小再拨合适的量程，然后再开启电源接入被测信号，再拔出RP1或RP2使指示表头PA1和PA2指示幅度值相等后再进行测试。测试线的黑插头接面板黑插座“0V”。若输入电压在150～500V时，红插头应接在“150～500V”这个插座上（相对应的量程选择开关需拨在“50～150V”挡）。若输入电流在“1.5～5A”时，红插头应接在“1.5～5A”插座上（相对应的量程选择开关需拨在“5mA～1.5A”挡）。

3. 测量频率

输入信号接入“A输入”，SA置“测量”、“F_A”挡，测试结果即为被测信号的频率。

4. 测量相位差

（1）“A”和“B”两路均需按“测试线的接法和量程选择”所述输入同频信号，面板直键开关SA置“测量”、“φ”挡。若SA置“$\varphi_A-\varphi_B$”挡，测试结果即为A信号“超前”B信号的角度，若SA置“$\varphi_B-\varphi_A$”挡，测试结果则为A信号“滞后”B信号的角度。

（2）输入信号频率高于500Hz的相位差也可测量，但精度不作考核范围。

5. 面板直键开关“滤波通断”挡选择

当输入信号为频率低于70Hz的正弦波或三角波时，应置“滤波通”挡。当输入方波、矩形波或信号频率高于70Hz时，应置“滤波断”挡。

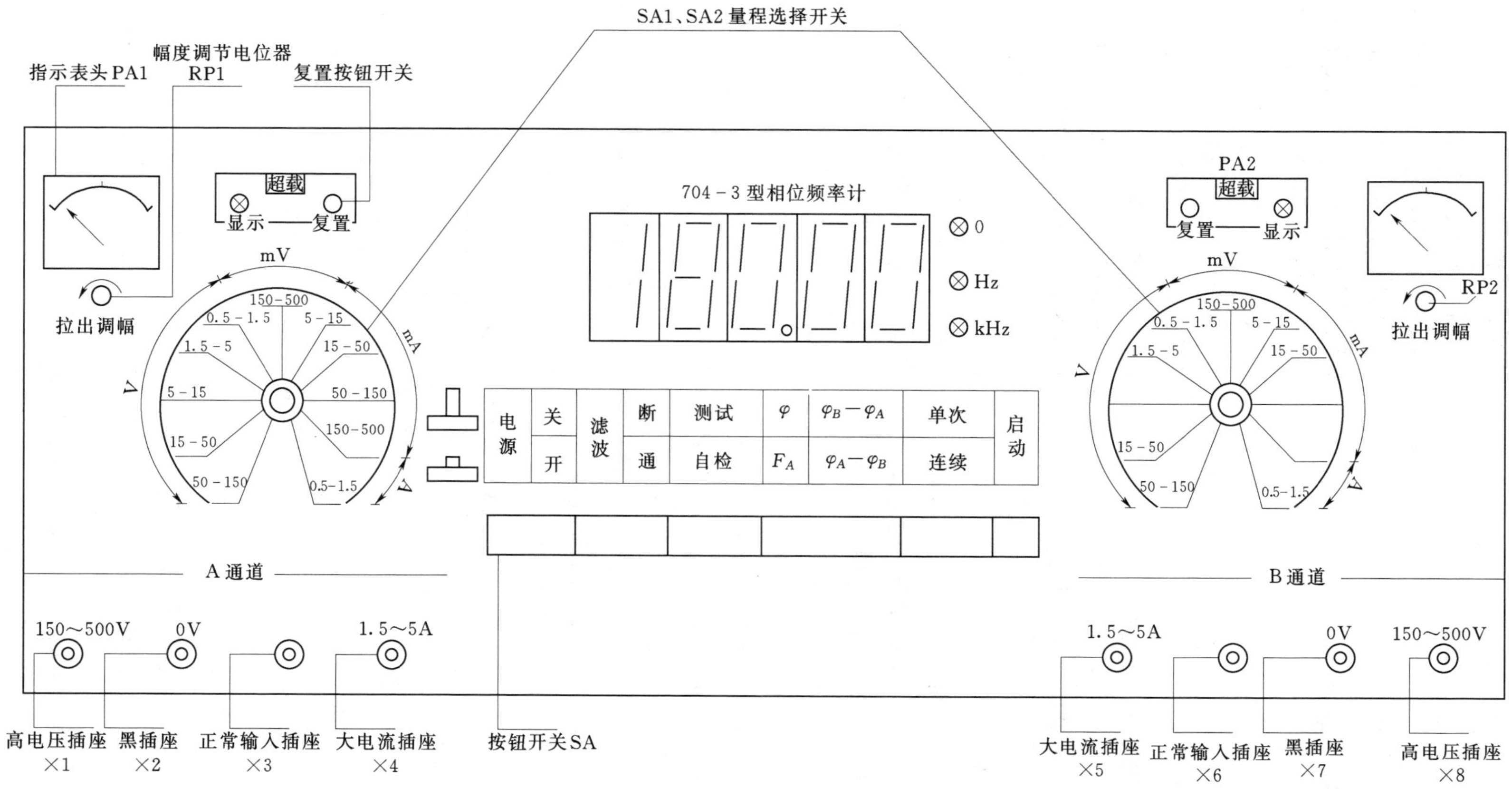
SA1、SA2量程选择开关
幅度调节电位器
指示表头PA1
RP1
复置按钮开关
超载
显示
复置
704-3型相位频率计
0
Hz
kHz
PA2
超载
复置
显示
RP2
拉出调幅
拉出调幅
mV
mA
V
A
150-500
0.5-1.5
5-15
1.5-5
15-50
5-15
50-150
150-500
15-50
50-150
0.5-1.5
电源
关
开
滤波
断
通
测试
自检
φ
F_A
$\varphi_B-\varphi_A$
$\varphi_A-\varphi_B$
单次
连续
启动
A通道
B通道
150～500V
0V
1.5～5A
高电压插座
×1
黑插座
×2
正常输入插座
×3
大电流插座
×4
按钮开关SA
大电流插座
×5
正常输入插座
×6
黑插座
×7
高电压插座
×8

图1-23　面板布置图

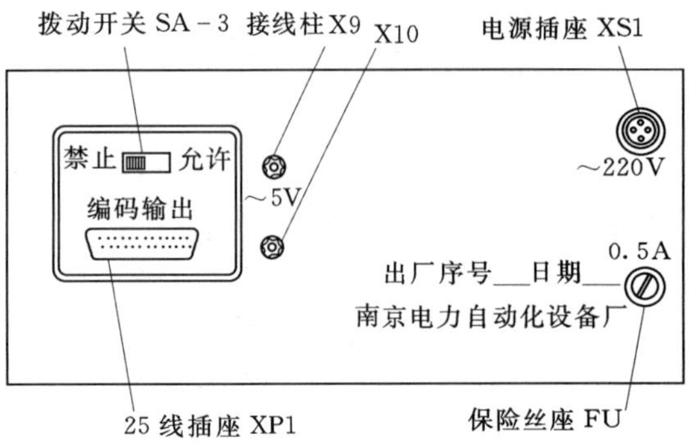

图 1－24　背板布置图

6. 过载保护

当 A 输入信号从输入插座 X3 或 B 信号从 X6 输入时，若输入量大于量程选择开关对应刻度最大示值的 1.6 倍（指正弦波，波形不同会有差异）时，过载保护将会启动，仪器将会切断输入信号，指示灯亮。若信号从"1.5～5A"和"150～500V"这两个插座输入时，输入量过大时会显示"超载"，但不会切断信号的输入。

7. 信号灯显示

在测试过程中"0"、"Hz"、"kHz"三个单位符号指示灯同时兼任类似于一般电子仪器中的闸门指示。当连续测试时，每测一次将闪动一次。

8. 注意要点

为提高测试精度和减少测试值的离散度，应注意以下四点：

（1）量程选择开关应拨在合适的量程，最好使表头指示为满刻度，拔出表头指示较大的那一路调幅电位器进行调节，使两个表头指示相等。

（2）要测"电压⇔电流"的相位差时，应将电流接至 A 输入端，电压接至 B 输入端。

（3）两根输入测试线黑插头必须接面板"0V"接线端子，黑鳄鱼夹须夹在信号源低端，测相位差时应尽量避免 AB 输入的"0V"接线端之间施加交直流电压，当直接施加～150V 以上电压时，将可能会有±0.1°以上的附加误差。

（4）应尽量创造条件使仪器在基准条件下工作，以使仪器达到最佳精度，否则可能带来附加误差。当输入信号和供电频率不满足基准条件时允许有±0.05°的附加误差。在"工作条件下"允许有±0.05°的附加误差。

基准条件和工作条件见表 1－2。

表 1－2　　基准条件和工作条件

影响量	基准条件	工 作 条 件	影响量	基准条件	工 作 条 件
环境温度	10～30℃	0～40℃	外电磁场干扰	应避免	应避免
相对湿度	(45～75)%	≤90%	通风	良好	一般
交流供电电压	220V±2%	220V±10%	阳光照射	避免直射	避免直射
交流供电频率	①	47.5～63Hz	振动	避免	轻度
交流供电波形	正弦波	正弦波	输入信号波形	②	正弦波、方波、三角波、矩形波

① 测相位差时，若被测信号频率和交流供电频率不同且相差±2Hz 以内时，需采取措施改变供电电源的频率。例如用被测信号源供电，使之同频或用音频电源、工频振荡器输出与被测信号频率相差 3Hz 左右的 220V 正弦交流电压供电。

② 测相位差时：输出信号是方波或占空比大于$\frac{1}{4}$且小于$\frac{3}{4}$的巨型波；输入信号电压有效值为 0.3～100V 或电流有效值为 10mA～5A、45～65Hz、失真度不大于 2%的正弦波。

第五节　万　　用　　表

一、模拟量万用表

万用表有数字量和模拟量两种，各有特点。在模拟量万用表中型号繁多，但其工作原理基本相同，即都是采用磁电系测量机构作表头，配合一个或两个转换开关和测量线路，以实现不同功能和不同量限的转换。下面以 MF47 型万用表为例分析其原理和使用方法。其外形见图 1-25。

图 1-25　MF47 型万用表外形图

（一）万用表的组成

万用表在结构上主要由表头（指示部分）、测量电路、转换装置三部分组成。

1. 表头

万用表的表头一般都采用灵敏度高、准确度好的磁电式直流微安表。它是万用表的关键部件，万用表性能如何，很大程度上取决于表头的性能。表头的基本参数包括表头内阻、灵敏度和直线性，这是表头的三项重要技术指标。表头内阻是指动圈所绕漆包线的直流电阻，严格讲还应包括上下两盘游丝的直流电阻。内阻高的万用表性能好。多数万用表表头内阻在几千欧姆左右。表头灵敏度是指表头指针达到满刻度偏转时的电流值，这个电流数值越小，说明表头灵敏度越高，这样的表头特性就越好。通电测试前表针必须准确地指向零位。通常表头灵敏度只有几微安到几百微安。表头直线性，是指表针偏转幅度与通过表头电流强度幅度是相互一致的。

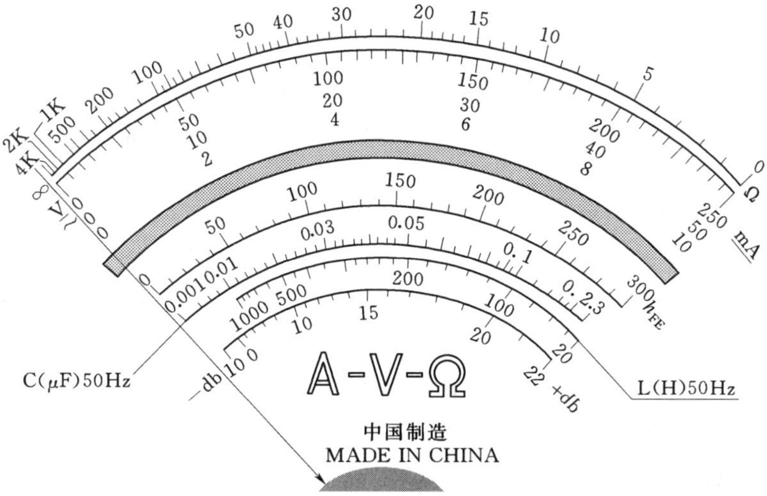

图 1-26　万用表刻度盘

万用表表头的刻度盘上备有对应于不同测量对象的多条标尺，如图 1－26 所示，每一条标尺上都标明着被测量的标志符号。测量值的大小应根据被测量及量限，在相应的标尺上读出指针指示的数值。同时，刻度盘上其余部分还刻有测量所需的符号，其符号及意义见表 1－3 所示。

表 1－3　　万用表表盘常用符号及其意义

符号与数字	表示意义
	整流式磁电系仪表
	外壳与电路的绝缘试验电压为 5kV
－2.5	直流电流和直流电压的准确度为 2.5 级（±2.5%）
～5.0	交流电压和交流电流的准确度为 5.0（±5.0%）
	以标度尺长度百分数表示的准确度等级，例如 2.5 级
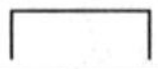	标度尺位置为水平的
Ω	测量直流电阻的刻度
DC V/A	测量直流电压或电流的刻度
ACV	测量交流电压的刻度
dB	测量输出电平的刻度
$\boxed{h_{FE}}$	测量晶体管 β 值的刻度
I_{CEO}	测量晶体管穿透电流 I_{CEO} 的刻度
20kΩ/V（0.15～220V　DC）	直流电压挡级的灵敏度为 20000Ω/V（直流电压范围为 0.15～220V）
9kΩ/V　AC&（500～1500V　DC）	交流电压挡级的灵敏度为 9000Ω/V（被测电压还包括直流 500～1500V 电压）

2. 测量电路

测量电路是万用表的重要部分。正因为有了测量电路才使万用表成了多量程电流表、电压表、欧姆表的组合体。万用表测量电路主要有电阻、电容、转换开关和表头等部件组成。在测量交流电量的电路中，使用了整流器件，将交流电变换成为脉动直流电，从而实现对交流电量的测量。

（1）直流电路的测量电路。

万用表的直流电流测量电路实际上是一个多量程的直流电流表。由于表头的满偏电流很小，所以采用分流电阻来扩大量程，一般万用表采用闭路抽头式环形分流电路，如图 1－27 所示。这种电路的分流回路始终是闭合的。转换开关换接到不同位置，就可改变直流电流的量程，这和电流表并联分流电阻扩大量程的原理是一样的。

（2）直流电压的测量电路。

万用表测量直流电压的电路是一个多量程的直流电压表，如图 1－28 所示。它是由转换开关换接电路中与表头串联的不同的附加电阻，来实现不同电压量程的转换。这和电压表串联分压电阻扩大量程的原理是一样的。

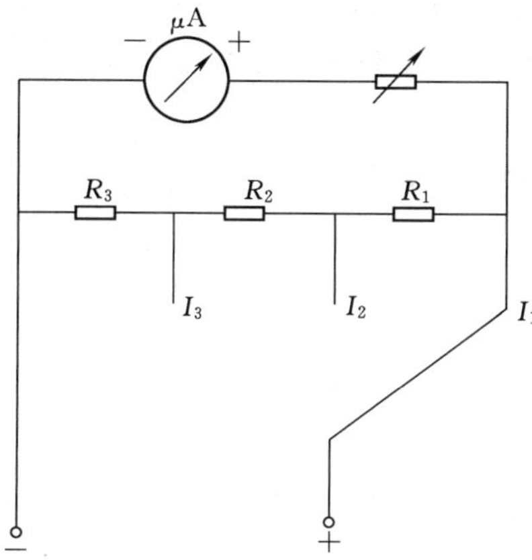

图 1-27　多量程直流电流表原理图

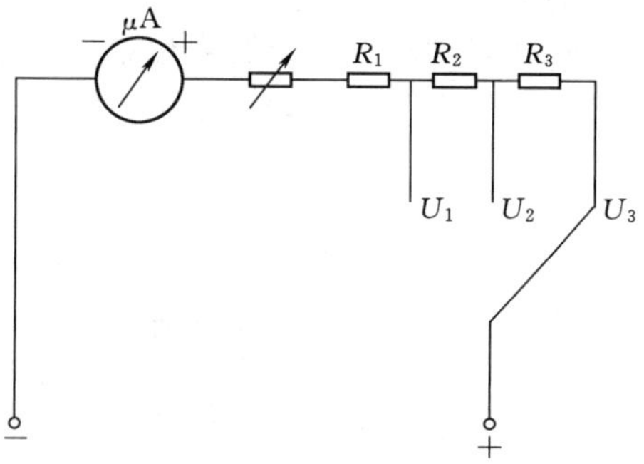

图 1-28　多量程直流电压表原理图

（3）交流电压的测量电路。

磁电式微安表不能直接用来测量交流电，必须配以整流电路，把交流变为直流，才能加以测量。测量交流电压的电路是一种整流系电压表。整流电路有半波整流和全波整流电路两种。整流电流是脉动直流，流经表头形成的转矩大小是随时变化的。由于表头指针的惯性，它来不及随电流及其产生的转矩而变化，指针的偏转角将正比于转矩或整流电流在一个周期内的平均值。流过表头的电流平均值 I_0 与被测正弦交流电流有效值 I 的关系为：

半波整流时　　$I = 2.22I_0$

全波整流时　　$I = 1.11I_0$

由以上两式可知，表头指针偏转角与被测交流电流的有效值也是正比关系。整流系仪表的标尺是按正弦量有效值来刻度的，万用表测交流电压时，其读数是正弦交流电压的有效值，它只能用来测量正弦交流电，如测量非正弦交流电，会产生很大的误差。图 1-29 和图 1-30，为测量交流电压的电路。

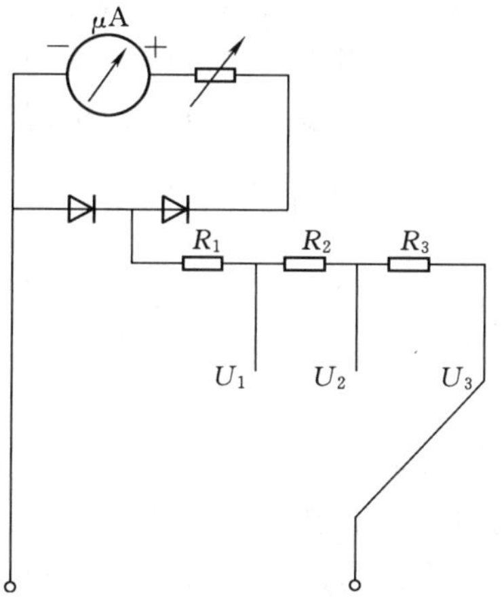

图 1-29　半波整流多量程交流电压表原理图

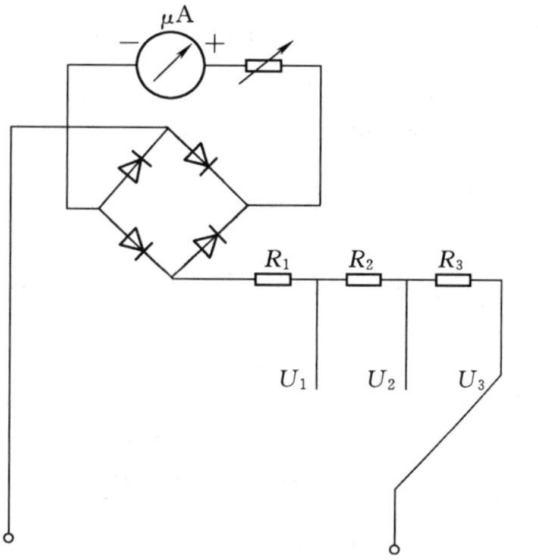

图 1-30　全波整流多量程交流电压表原理图

(4) 直流电阻的测量电路。

在电压不变的情况下，若回路电阻增加一倍，则电流减为一半，根据这个原理，就可制作一只欧姆表。万用表的直流电阻测量电路，就是一个多量程的欧姆表。其原理图如图 1-31 所示。

把欧姆表“+”、“-”表短接，调节限流电阻 R_C 使表针指到满偏转位置，在对应的电阻刻度线上，该点的读数为零。此时电流为

$$I=\frac{E}{R_Z} \quad 或 \quad E=IR_Z$$

式中 R_Z——欧姆表的综合内阻。

$$R_Z=R_C+\frac{R_A R_B}{R_A+R_B}+r_0$$

式中 R_C——限流电阻；

R_A——表头内阻；

R_B——分流电阻；

r_0——干电池内阻。

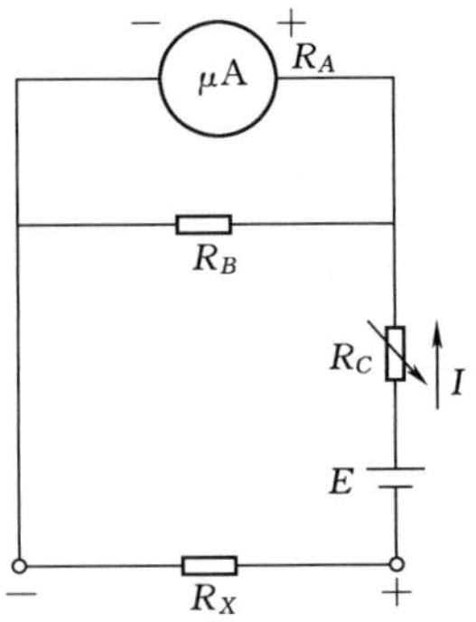

图 1-31 欧姆表测量电阻原理

去掉短路，在“+”、“-”间接上被测电阻，则电流下降为 I'，此时

$$I'=\frac{E}{R_Z+R_X}=\frac{IR_Z}{R_Z+R_X}=\frac{R_Z}{R_Z+R_X}I$$

当 $R_X=0$ 时，$I'=I$

$R_X=R_Z$ 时，$I'=\frac{1}{2}I$

$R_X=2R_Z$ 时，$I'=\frac{1}{3}I$

…

$R_X=\infty$ 时，$I'=0$

由上可知，I' 的大小即反映了 R_X 的大小，两者的关系是非线性的，欧姆标度为不等分的倒标度。当被测电阻等于欧姆表综合内阻时（即 $R_X=R_Z$），指针指在表盘中心位置。所以 R_Z 的数值又叫做中心阻值，称为欧姆中心值。由于欧姆表的分度是不均匀的，在靠近欧姆中心值的一段范围内，分度较细，读数较正确，当 R_X 的值与 R_Z 较接近时，被测电阻值的相对误差较小。对于不同阻值的 R_X 值，应选择不同量程，使 R_X 与 R_Z 值相接近。

欧姆测量电路量程的变换，实际上就是 R_Z 和电流 I 的变换。一般万用表中的欧姆量程有 $R\times1$、$R\times10$、$R\times100$、$R\times1\text{k}$、$R\times10\text{k}$ 等，其中 $R\times1$ 量程的 R_X 值，可以从欧姆标度上直接读得。

在多量程欧姆测量电路中，当量程改变时，保持电源电压 E 不变，改变测量电路的分流电阻，虽然被测电阻 R_X 变大了，而通过表头的电流仍保持不变，同一指针位置所表示的电阻值相应变大。被测电阻的阻值应等于标度尺上的读数，乘以所用电阻量程的倍率，如图 1-32 所示。

电源干电池 E 在使用中，其内阻和电压都会发生变化，并使 R_Z 值和 I 改变。I 值与电源电压成正比。为弥补电源电压变化引起的测量误差，在电路中设置调节电位器 R_P。在使用欧姆量程时，应先将表笔短接，调节电位器 R_P，使指针满偏，指示在电阻的零位。即进行“调零”后，再测量电阻值。

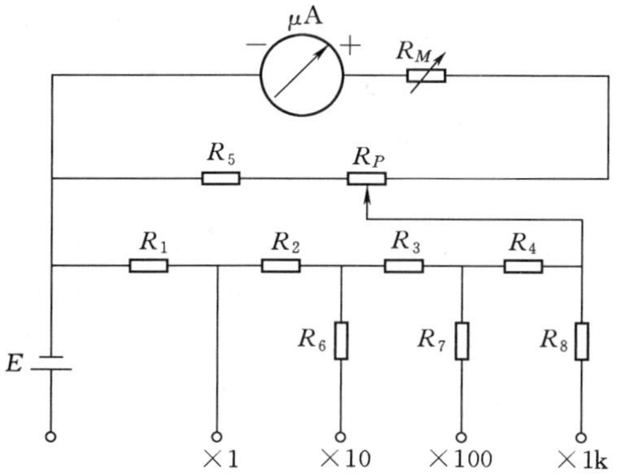

图 1-32　多量程欧姆表原理图

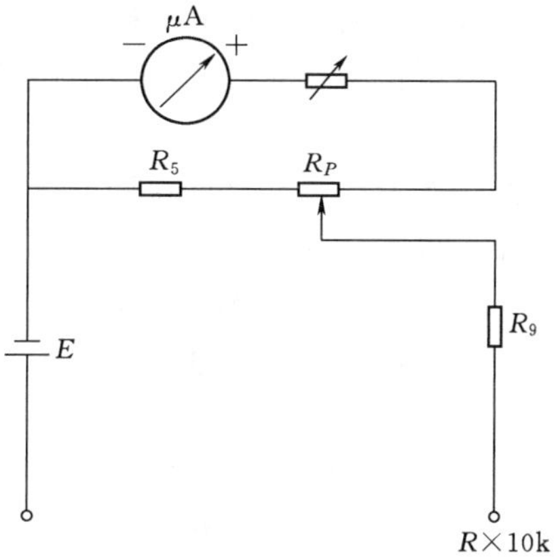

图 1-33　提高电源电压测量高阻值电阻

在 $R\times10$k 量程上，由于 R_Z 很大，I 很小，当 I 小于微安表的本身额定值，就无法进行测量。因此在 $R\times10$k 量程，一般采用提高电源电压的方法来实现扩大其量程，如图 1-33 所示。

（二）正确使用方法

万用表的类型较多，面板上的旋钮、开关的布局也有所不同。所以在使用万用表之前必须仔细了解和熟悉各部件的作用，认真分清表盘上各条标度所对应的量，详细阅读使用说明书。万用表的正确使用应注意以下几点：

(1) 万用表在使用之前应检查表针是否在零位，若不在零位上，可用小螺丝刀调节表盖上的调零器，进行“机械调零”，使表针指在零位。

(2) 万用表面板上的插孔都有极性标记，注意正负极性。用欧姆挡判别二极管极性时，注意“+”插孔是接表内电池的负极，而“−”插孔（也有标为“*”插孔）是接表内电池正极。

(3) 量程转换开关必须拨在需测挡位置，不能拨错。如在测量电压时，误拨在电流或电阻挡，将会损坏表头。

(4) 在测量电流或电压时，如果无法估算被测电流、电压的大小，应先拨到最大量程上试测，防止表针打坏。然后再拨到合适量程上测量，以减小测量误差。注意不可带电转换量程开关。

(5) 在测量直流电压、电流时，正负端应与被测的电压、电流的正负端相接。测电流时，要把电路断开，将表串接在电路中。

(6) 测量高压或大电流时，要注意人身安全。测试表笔要插在相应的插孔里，量程开关拨到相应的量程位置上。测量前还要将万用表架在绝缘支架上，被测电路切断电源，电路中有大电容的应将电容短路放电，将表笔固定接好在被测电路上，然后再接通电源测量。注意不能带电拨动转换开关。

(7) 测量交流电压、电流时，注意必须是正弦交流电压、电流。其频率也不能超过说明书上的规定。

(8) 测量电阻时，首先要选择适当的倍率挡，然后将表笔短路，调节“调零”旋钮，使表针指零，以确保测量的准确性。如“调零”电位器不能将表针调到零位，说明电池电压不足，需更换新电池，或者内部接触不良需修理。不能带电测电阻，以免使坏万用表。在测大阻值电阻时，不要用双手分别接触电阻两端，防止人体电阻并联上去造成测量误差。每换一次量程，都要重新调零。不能用欧姆挡直接测量微安表表头、检流计、标准电池等仪器、仪表的内阻。

(9) 在表盘上有多条标度尺，要根据不同的被测量去读数。测量直流量时，读“DC”或“—”标度尺，测交流量时读“AC”或“～”标度尺，标有“Ω”的标尺为测量电阻时使用。

(10) 每次测量完毕，将转换开关拨到交流电压最高挡，防止他人误用而损坏万用表。也可防止转换开关误拨在欧姆挡时，表笔短接使表内电池长期耗电。

万用表长期不用时，应取出电池，防止电池漏液腐蚀和损坏万用表内零件。

(三) 使用实例

1. 交流电源相线的寻找

在检修 220V 交流电源时，经常需要寻找出电源的相线和零线。如果身边无测电笔的话，利用一块万用表也可迅速、准确、安全地找到。具体方法如下：

(1) 测量法。

将万用表拨到交流 250V 或 500V 挡，第一支表笔接电源的一端，第二支表笔接大地。如果接地良好（例如直接连到水管、暖气片、机床等上面，或者接到比较潮湿的地面上），那么当万用表读数为 220V 左右时，第一支表笔接的就是电源的相线。如果仪表指针不动，说明第一支表笔接的是零线。即使接地表笔对地的接触电阻较大，当用另一支表笔接相线时，指针也会有明显的偏转，据此也能确定相线端。

(2) 非接触法。

非接触法也叫感应法，万用表仍拨到交流 250V 或 500V 挡。将第一支表笔接电源的任意一端，假定它是接到相线上，将第二支表笔悬空放置在桌子上，人体靠近并用一只手握住第二支表笔的绝缘棒（注意手不能接触导电部分）。这时从电源相线→第一支表笔→万用表交流电压挡内阻→第二支表笔的绝缘棒→人体电阻→大地构成了回路，所以有微弱的电流通过表头，表头指针一般可偏转 2～10 格。万用表的灵敏度越高，偏转愈明显，但当测到零线时表头指针就不会动。

此法的优点是测量迅速、安全，且适用于任何型号的万用表，缺点是表头指针的偏转太小。

(3) 接触法。

接触法与非接触法的区别仅在于，接触法需要用一只手直接接触第二支表笔的带电部分，第一支表笔仍接到电源侧。当测到的是相线时，万用表指针必有明显的偏转，若表头指针不动，说明检查到的是地线端。

此法的优点是判断准确、迅速，但必须注意人身安全。为此规定 3 条适用范围，如下：

1）万用表交流电压挡必须拨到 500V 挡，由于该挡内阻较高，测量时通过的人体电流很小，比较安全。

2）万用表的交流电压灵敏度必须在 2kΩ/V 以上，而且此值愈大，500V 挡内阻愈高，使用也愈安全。

3）此法不得用于测量高压（400V 以上）。

注意事项：

1）用接触法寻找相线时，应单手操作。预先将第一支表笔插到电源插座里，或搭在电源引出线上，然后再用手接触第二支表笔头。

2）若第一支表笔碰触任何一根导线，指针都有偏转，其中一次偏转较大，另一次偏转较小，则可判定是零线接地不良，或对地已开路，并且偏转较大的一次碰的是相线。一般零线紧挨着相线排列，在零线上也可感应出几十伏的电压。如果用试电笔检查，会看到两根电源线都"带火"，其中较亮的一根是相线。

2. 判断变压器的同名端

测量电路如图 1-34 所示，合上开关 S 一瞬间，观察电流表 A 指针偏转方向，如果指针向右偏转，则 a、b 为同名端；如果指针向左偏转，则 a、b 为异名端。

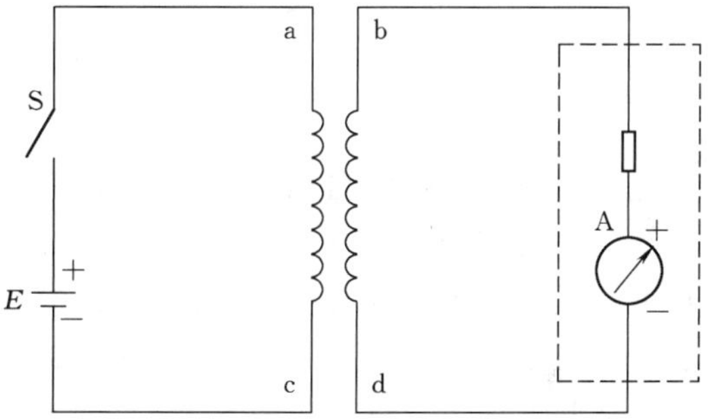

图 1-34 判断变压器同名端

3. 电平的测量

万用表只适用测量音频电平。其电平测量刻度是利用交流 10V 挡，并按 600Ω 负载设计的。这是因为我国通信线路普遍是采用特性阻抗为 600Ω 的架空明线，通信终端设备及测量仪表的输入、输出阻抗也是按 600Ω 设计的。零电平表示在 600Ω 阻抗上产生 1mW 的电功率，它所对应的电压为 0.775V。电平的测量与测交流电压的原理相同。如果被测的负载 Z 不等于 600Ω，应按下式进行修正。

$$\text{实际值} = \text{万用表 db 端读数} + 10\lg\frac{600}{Z}$$

4. 判定电解电容的正负极

电解电容器属于有极性元件，在电路中不允许反接，否则容易击穿损坏。对于无标记的电解电容器，可以根据该器件的正向漏电电阻大于反向漏电电阻的特点，来判断正负极。万用表拨到 $R\times1\text{k}$ 挡，用交换表笔的办法分别测正、反向漏电阻。最后以漏电电阻较大的一次为准，此时负表笔接的是电解电容正极，正表笔接的是负极。

注意事项：

（1）若被测电解电容器的容量较大，在交换表笔进行第二次测量时极易打表，应先将电容短路一下，以便把第一次测量过程中所充电的电荷泄放掉。注意，测大容量电解电容时的充电电流也较大，可能出现表针打表的现象，但不会损坏表。

（2）对于刚使用不久的电解电容器，必须把两极短路后再测，避免电容器内积存的电荷经万用表放电，烧毁表头。

（3）不能用此法判定正向漏电严重的电解电容器的极性，因测出的正、反向电阻相差甚微。这种电容应废弃不用。

5．判定电动机定子绕组的始端与末端

三相异步电机的定子绕组为三相对称绕组，通常有星形和三角形接法，见图 1-35。为了确定定子绕组引出线的连接方式，需要找出定子绕组的始端与末端。

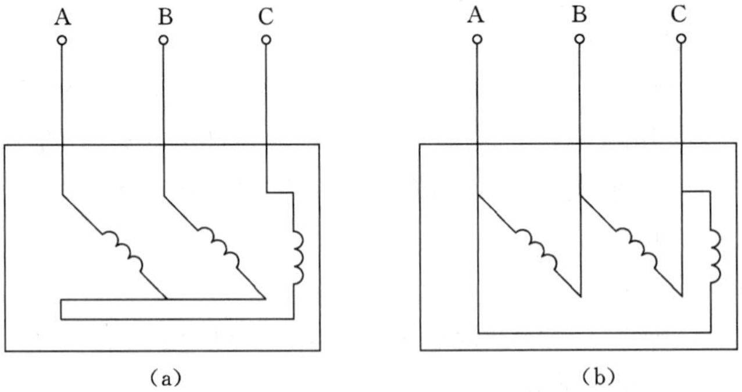

图 1-35　定子绕组的两种接法

（a）星形接法；（b）三角形接法

先按判断变压器同名端方法找出哪两端为同极性端，然后再参照图 1-36（a）的电路，利用万用表 50μA 挡判定定子绕组的始、末端。在合上 S 的一瞬间，若表针的摆动幅度较大，说明绕组②和绕组③是始端与末端相接的（即首尾相接），因此感应电动势相加，见图 1-36（b）。若表针几乎不动，说明绕组②和绕组③是始端与始端相接，产生的感应电动势彼此抵消了，见图 1-36（c）。

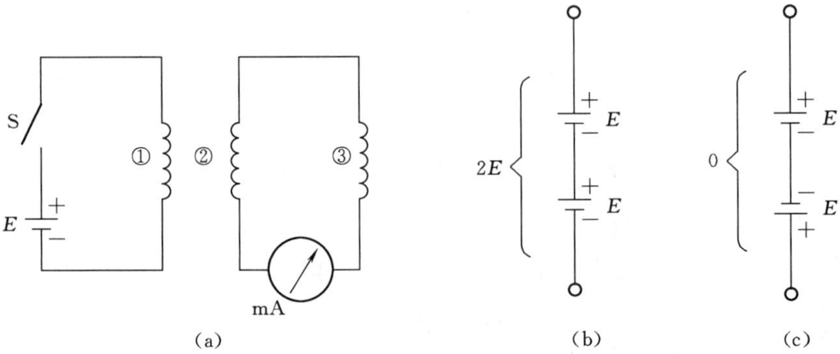

图 1-36　判定定子绕组的始、末端

6．检查发光二极管的好坏

发光二极管也具有单向导电的特性，使用 $R\times 1k$ 挡可测出其正、反向电阻，但不能检查其能否正常发光。一般发光二极管的正向压降 U_F 为 1.5～2.3V，而万用表的 $R\times 1$

或 $R\times10$ 挡使用 1.5V 电池，所以不能使管子正向导通发光。$R\times10\text{k}$ 挡的电池电压虽然较高，但内阻太大，提供的工作电流太小，管子也不会发光。

采用双表法可以检查发光二极管的发光情况。最好选用同一种型号的两块万用表，均拨到 $R\times1$ 或 $R\times10$ 挡，按图 1－37（a）所示串联使用，以提供较高的正向电压。等效电路见图 1－37（b）。图中 VD 表示发光二极管。

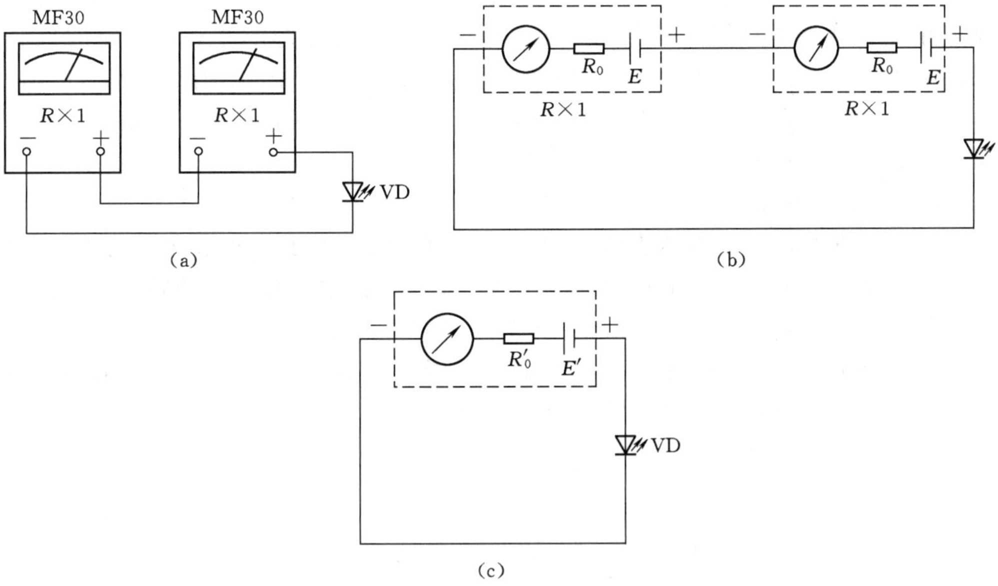

图 1－37　利用双表法检查发光二极管

假定两块万用表均采用 MF30 型，并且均拨到 $R\times1$ 挡。因为一块表的电池电压 $E=1.5\text{V}$，欧姆中心值 $R_0=25\Omega$，所以总电压和总电阻分别是

$$E'=2E=2\times1.5=3(\text{V})$$

$$R'_0=2R_0=2\times25=50(\Omega)$$

如果看成一块新表，就得到图 1－37（c）。新表的满度电流是

$$I'_{\text{M}}=\frac{E'}{R'_0}=\frac{2E}{2R_0}=\frac{E}{R_0}=I_{\text{M}}$$

可见满度电流值并未改变。

发光二极管在工作时应加限流电阻 R，使工作电流 I_{F} 在 10～30mA，最大不超过 50mA，否则功耗太高，会损坏管子。一般典型工作电流可选 10mA。I_{F} 的计算公式为

$$I_{\text{F}}=\frac{E-U_{\text{F}}}{R}$$

图 1－37（c）中，R_0 起限流电阻作用，故不必另加限流电阻。磷砷化镓发光二极管的正向压降最低，为 1.5V 左右。将 $E'=3\text{V}$，$R'_0=50\Omega$ 代入上式，可求出用双表法测量时的工作电流为

$$I_{\text{F}}=\frac{E'-U_{\text{F}}}{R'_0}=\frac{3-1.5}{50}=30(\text{mA})<50(\text{mA})$$

因此对管子没有危险。电路接通后，管子能发出红光。

二、数字量万用表

数字量万用表是采用集成电路模/数转换和液晶显示器，将被测量的数值直接以数字形式显示出来的一种电子测量仪表。

数字万用表主要特点：①数字显示，直观准确，无视觉误差，并具有极性自动显示功能；②测量精度和分辨率都很高；③输入阻抗高，对被测电路影响小；④电路的集成度高，便于组装和维修，使数字万用表的使用更为可靠和耐用；⑤测试功能齐全；⑥保护功能齐全，有过压、过流保护，过载保护和超输入显示功能；⑦功耗低，抗干扰能力强，在磁场环境下能正常工作；⑧便于携带，使用方便。

（一）组成与工作原理

数字万用表是在直流数字电压表的基础上扩展而成的。为了能测量交流电压、电流、电阻、电容、二极管正向压降、晶体管放大系数等电量，必须增加相应的转换器，将被测量转换为直流电压信号，再由 A/D 转换器转换成数字量，并以数字形式显示出来。数字万用表的基本结构如图 1-38 所示。它由功能转换器、A/D 转换器、LCD 显示器（液晶显示器）、电源和功能/量程转换开关等构成。

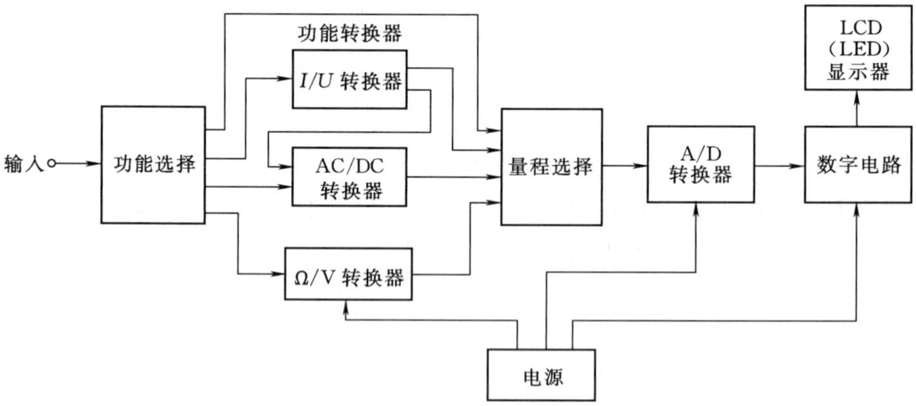

图 1-38　数字万用表的基本结构

常用的数字万用表显示数字位数有三位半、四位半和五位半之分。对应的数字显示最大值分别为 1999、19999 和 199999，并由此构成不同型号的数字万用表。

（二）数字万用表的使用方法

DT9101 型数字万用表是一种操作方便、读数准确、功能齐全、体积小巧、携带方便、用电池作电源的手持袖珍式大屏幕显示三位半数字万用表。本仪表可用来测量直流电压/电流、交流电压/电流、电阻、二极管正向压降、晶体三极管 h_{FE} 参数及电路通断等。

DT9101 面板如图 1-39 所示。

1. 直流电压测量

（1）将黑色表笔插入 COM 插孔，红色表笔插入 VΩ 插孔。

（2）将功能开关置于 DCV 量程范围，并将表笔并接在被测负载或信号源上。在显示电压读数时，同时会指示出红表笔的极性。

注意：

1）在测量之前不知被测电压的范围时应将功能开关置于高量程挡后逐步调低。

2）仅在最高位显示“1”时，说明已超过量程，须调高一挡。

3）不要测量高于 1000V 的电压，虽然有可能读得读数，但可能会损坏内部电路。

4）特别注意在测量高压时，避免人体接触到高压电路。

2. 交流电压测量

（1）将黑色表笔插入 COM 插孔，红色表笔插入 VΩ 插孔。

（2）将功能开关置于 ACV 量程范围，并将测试笔并接在被测量负载或信号源上。

注意：

1）同直流电压测试注意事项 1）、2）、4）条。

2）不要测量高于 750V 有效值的电压，虽然有可能读得读数，但可能会损坏万用表内部电路。

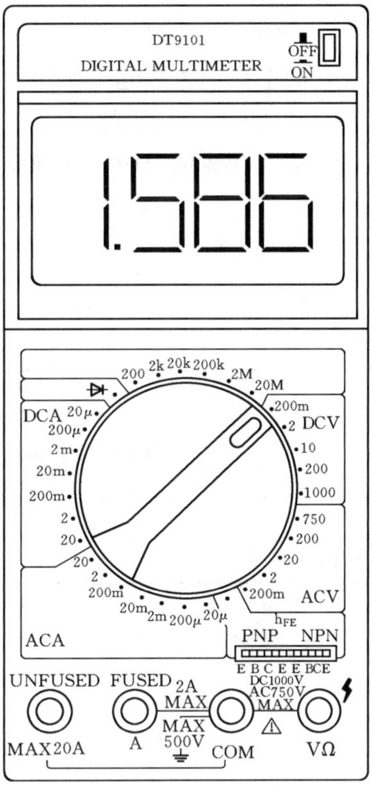

图 1-39 DT9101 型数字万用表面板

3. 直流电流测量

（1）将黑色表笔插入 COM 插孔。当被测电流在 2A 以下时红表笔插 A 插孔；如被测电流在 2～20A 之间，则将红表笔移至 20A 插孔。

（2）功能开关置于 DCA 量程范围，测试笔串入被测电路中。红表笔的极性将在数字显示的同时指示出来。

注意：

1）如果被测电流范围未知，应将功能开关置于高挡后逐步调低。

2）仅最高位显示“1”说明已超过量程，须调高量程挡级。

3）A 插口输入时，过载会将内装保险丝熔断，须予以更换保险丝规格应为 2A（外型 Φ5mm×20mm）。

4）20A 插口没有保险丝，测量时间应小于 15s。

4. 交流电流测量

测试方法和注意事项同直流电流测量。

5. 电阻测量

（1）将黑色表笔插入 COM 插孔，红表笔插入 VΩ 插孔（注意：红表笔极性为“+”）。

（2）将功能开关置于所需 Ω 量程上，将测试笔跨接在被测电阻上。

注意：

1）当输入开路时，会显示过量程状态“1”。

2）如果被测电阻超出所用量程，则会指示出量程“1”须换用高挡量程。当被测电阻在 1MΩ 以上时，本表须数秒后方能稳定读数。对于高电阻测量这是正常的。

3）检查在线电阻时，须确认被测电路已关去电源，同时电容已放电完毕。方能进行测量。

4）有些器件有可能被进行电阻测量时所加的电流而损坏，表 1-4 列出了各挡的电压值和电流值。

表 1-4　电阻测量挡各挡电压值、电流值

量　程	A (V)	B (V)	C (mA)	量　程	A (V)	B (V)	C (mA)
200Ω	0.65	0.08	0.44	200kΩ	0.65	0.43	0.007
2kΩ	0.65	0.3	0.27	2MΩ	0.65	0.43	0.001
20kΩ	0.65	0.42	0.06	20MΩ	0.65	0.43	0.0001

注　A 是插座上开路电压；B 是跨接相当于满量程电阻上的电压值；C 是通过短路输入插口的电流值（以上所有数字均为典型值）。

6. 二极管测量

（1）将黑色表笔插入 COM 插孔，红表笔插入 VΩ 插孔（注意：红表笔极性为“+”）。

（2）将功能开关置于 ⊣▷⊢ 挡，将测试笔跨接在被测二极管上。

注意：

1）当输入未接入时，即开路时，显示过量程“1”。

2）通过被测器件的电流为 1mA 左右。

3）本表显示值为正向压降伏特值，当二极管反接时则显示过量程“1”。

7. 音响通断检查

（1）将黑色表笔插入 COM 插孔，红表笔插入 VΩ 插孔。

（2）将功能开关置于 O))) 量程并将表笔跨接在欲检查之电路两端。

（3）若被检查两点之间的电阻小于 30Ω 蜂鸣器便会发出声响。

注意：

1）当输入端接入开路时显示过量程“1”。

2）被测电路必须在切断电源的状态下检查通断，因此任何负载信号将使蜂鸣器发声，导致判断错误。

8. 晶体管 h_{FE} 测量

（1）将功能开关置于 h_{FE} 挡上。

（2）先认定晶体三极管是 PNP 型还是 NPN 型，然后再将被测管 E、B、C 三脚分别插入面板对应的晶体三极管插孔内。

（3）此表显示的则是 h_{FE} 近似值，测试条件为基极电流 10μA，U_{ce} 约 2.8V。

第六节　时 间 测 试 仪 器

一、401（405）型电秒表

电秒表可用于测量继电器、开关及其他转换装置的动作时间，即带有常开（或常闭）触点的电器装置的吸合或释放时间，任何两对触点短路或断路的时间。常用电秒表有401型、405型两种，其外形见图1-40。

1. 电秒表的内部结构和工作原理

该类电秒表属携带式，精密短时段测时仪器，能在字盘直接读出指示值。401型电秒表的最长测量时间为60s，字盘有两圈刻度：外圈100格，每格1/100s，以长针指示；内圈60格，以短针指示，长针转一圈，短针转一格，时间为1s，短针转一圈，时间为60s。405型最长测量时间为600s，字盘上有三圈刻度：外圈100格，每格1/100s，以长针指示，内圈60格，每格1s，以短针指示，长针转一圈，短针转一格；小圈刻度十大格，每大格60s，以小针指示，短针转一圈，小针转一大格，小针转一圈，时间为600s。

图1-40　401（405）型电秒表外形图

401（405）型电秒表有机械和电气两部分组成。机械部分包括离合器、减速齿轮系、仪表指针和指针回零装置。当离合器啮合时，同时微电机经减速齿轮系带动仪表指针转动，离合器离开时，仪表指针不动。电器部分由同步微电机M、继电器K1、K2、电源指示灯HL、工作方式选择开关S和整流电源等部分组成，其电气接线如图1-41所示。

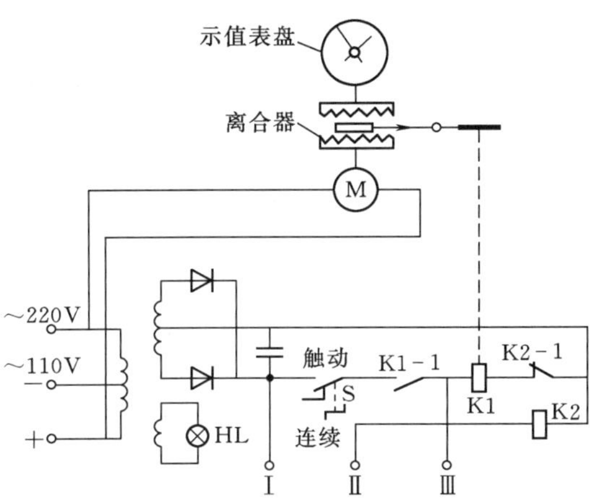

图1-41　401（405）型电秒表内部电气接线

图1-41中：端子Ⅰ、Ⅲ为计时启动端子，当端子Ⅰ、Ⅲ被接通时，电秒表开始计时。端子Ⅰ、Ⅱ为计时停止端子，当端子Ⅰ、Ⅱ被接通时，电秒表停止计时。工作方式选择开关S有“连续性”和“触动性”两种位置，处于“连续性”位置时S断开，当外部触点接通端子Ⅰ、Ⅲ时，整流电源经动断触点K2-1加到继电器K1线圈，K1励磁动作，离合器被啮合，同步微电机M立即拖动指针计时。当外部触点断开而使端子Ⅰ、Ⅲ不通时，K1失磁返回，离合器断开，指针立即停止计时。因此，在开关S断开时，只有在端子Ⅰ、Ⅲ处于连续接通状态，指针才能不停顿的计时，称为“连续性”控制启动。当工作方式选择开关S处于“触动性”位置时S闭合，只要端子Ⅰ、Ⅲ瞬时接通一下，继电器K1励磁动作，

电秒表开始计时，并经触点 K1－1 自保持，此时，即使端子Ⅰ、Ⅲ再被断开，指针仍然继续转动计时，直到计时停止端子Ⅰ、Ⅱ被接通，继电器 K2 励磁动作，动断触点 K2－1 断开，K1 失磁返回，电秒表才停止计时，称为“触动性”控制启动。

2. 电秒表测量时间参数的使用及典型接线

根据电秒表的工作原理可知其指针的指示值取决于在电秒表启停之间的时间内所加到同步微电机 M 的交流周期数，因此测量前应先接通电源，让微电机空转数秒钟以达到同步，同时根据所测时间的性质，将工作方式选择开关 S 置于“连续”或“触动”位置，然后手按“回零”按钮使指针回到“0”位，方可开始测量，使用时应十分注意以下几点：

（1）仪表指针转动时，不准按“回零”按钮，以免损坏齿轮传动系。

（2）端子Ⅰ、Ⅱ的权数高于端子Ⅰ、Ⅲ，当端子Ⅰ、Ⅱ接通时，即使端子Ⅰ、Ⅲ再接通，计时也不会被启动。

（3）Ⅰ、Ⅱ、Ⅲ端子不准有外接电源接入，只可接无电的触点，以避免内部整流电源损坏。

（4）Ⅰ、Ⅱ、Ⅲ端子间有 30～75V 电压，改变接线时应防止短路或触电。

（5）电秒表可连续工作 8h，但端子Ⅰ、Ⅲ或Ⅰ、Ⅱ连续接通时间不能超过 15min，否则可能损坏高灵敏的控制继电器 K1、K2。

利用电秒表可以测量继电器各种触点的时间参数，图 1－42 为测量动合触点动作时间的接线，测量时，合上 S1，端子Ⅰ、Ⅲ短接，电秒表启动，同时被测继电器 K 动作，动合触点闭合，接通端子Ⅰ、Ⅱ，电秒表计时停止，指针示值即为动合触点动作时间。图 1－43为测量动断触点返回时间的接线，其中：S1、S2、S3 合上，端子Ⅰ、Ⅱ和Ⅰ、Ⅲ均被短接，电秒表不动，被测继电器 K 动作，动断触点断开，接着断开 S3，端子Ⅰ、Ⅱ断开，Ⅰ、Ⅲ还短接，电秒表开始计时直到被测继电器 K 失磁其动断触点闭合，接通端子Ⅰ、Ⅱ使计时停止，电秒表示值即为动断触点的返回时间。

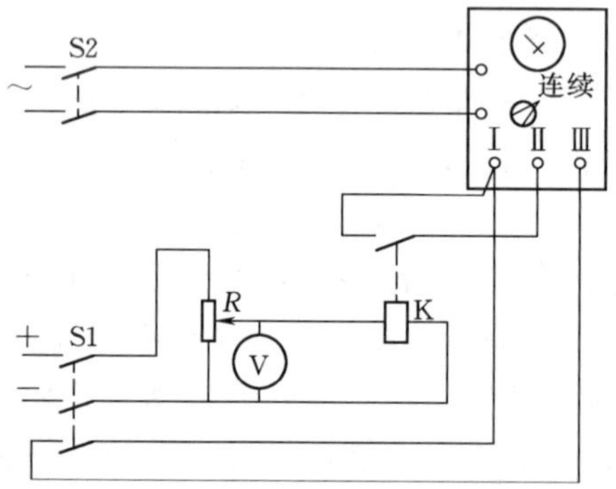

图 1－42　测量动合触点动作时间的接线

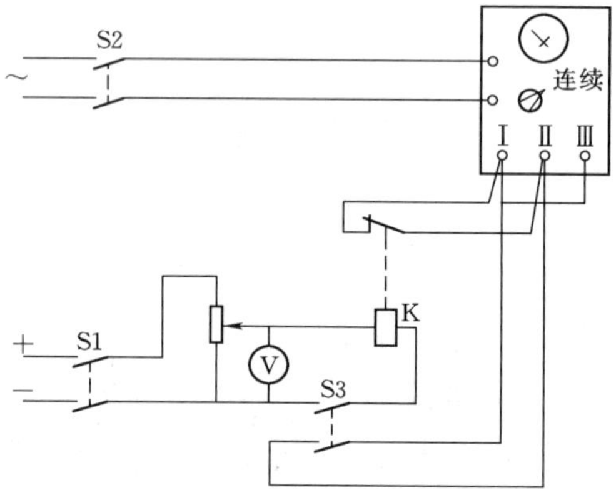

图 1－43　测量动断触点返回时间的接线

图 1－44 为测量两个动合触点动作间隔时间的接线，其中被测继电器 K 的一个动合触点用以启动电秒表计时，另一触点用以停止电秒表计时，合上 S1 后若电秒表指针不动，则可能是停止触点动作速度高于启动触点，应将这两触点接线对换后重测。

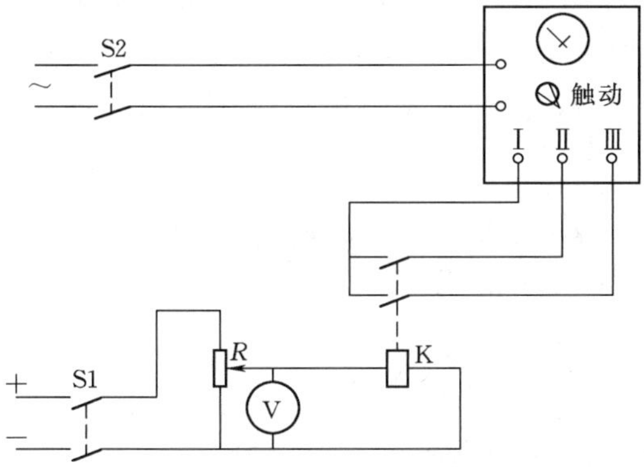

图 1-44　测量两个动合触点动作间隔时间的接线

电秒表测时的主要不足之处是精确度不高，其表现如下：

(1) 分辨率低，仅为 10～20ms，小于 10ms 时就无法测量。

(2) 误差较大，在被测时间为同一数量级时，测得值离散度较大，不够稳定。

影响电秒表测时精确度的主要因素包括：离合器的离合时间误差，继电器 K1、K2 的动作返回时间误差，回零误差，微电机电源频率变化所引起的误差。要求在规定的使用条件（输入电压为 110/220V±10%，50Hz，温度 15～25℃，湿度不大于 80%）和额定测量范围内，一次测量的前两项误差之和不应超过±0.006s，当采用不回零而累计 n 次测量时，其示值的总误差须乘上累计次数，即

$$\Delta t = n\Delta t_1 \tag{1-6}$$

式中　Δt_1——一次测量误差；

n——累计测量次数。

实际测量时，电秒表的测时精确度主要取决于电源频率的稳定性，要求测量精确度较高时，应同时测量电源频率并按下式进行修正

$$t = t_x \times \frac{50}{f} \tag{1-7}$$

式中　t_x——电秒表示值；

f——电源频率。

通常较简捷的办法是选用频率稳定度高的电源。

实际测量中，影响测时精确度的另一重要因素是测量方法，对于同一时间参数，不同的测量方法，测出的时间可能不同。例如，测量动断触点返回时间的方法有开路法和短路法两种。图 1-43 采用的是开路法，开关 S3 断开后被测继电器 K 的线圈电流立即被切断，强迫线圈磁场能量立即消耗掉，触点返回快，测得的返回时间短。而图 1-45 采用的是短路法，开关 S3 合上后被测继电器 K 的线圈处于短路状态，线圈磁场能量缓慢消耗在线圈电阻上，触点返回较慢，测得的返回时间较长。因此测量时根据被测继电器的实际工作情况来确定具体测时方法，如对于正常励磁动作，线圈被断开时返回的继电器，测量动断触点返回时间时应采用开路法而不是采用短路法。

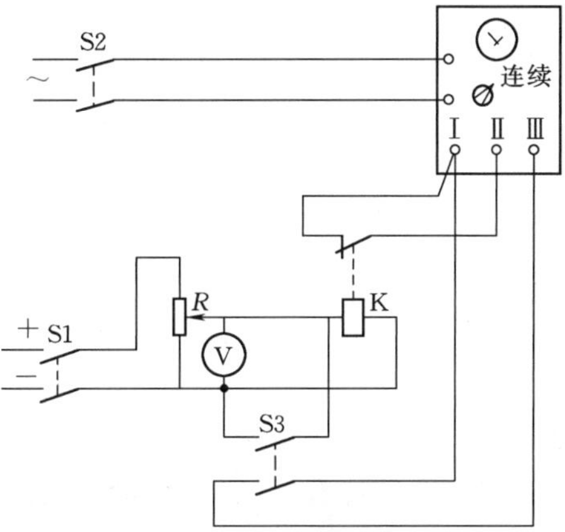

图 1-45　用短路法测动断触点返回时间的接线

二、702-2 型数字式毫秒计

702-2 型数字式毫秒计是用于测量各种有接点

装置和无接点装置的动作时间与时间间隔的数字式仪表。由四位液晶显示器直接显示测量结果，仪器分辨率为 0.01ms，输入信号可以是电位跃变，也可以是机械的接点动作，而无需进行转换，适合于电厂、变电站、继电器厂、有线电厂等部门使用。其外形如图 1－46 所示。

图 1－46　702－2 型数字式毫秒计外形图

（一）工作原理

基本工作原理框图见图 1－47。由时基电路给出周期为 10μs、100μs、1ms、10ms 的标准时基脉冲送受被测时间量控制的主控门，经量程切换电路后进入十进计数及显示电路。信号开启主控门，计数器开始计数，信号停止，主控门关闭，计数器停止计数，并记下了该段被测时间内进入的时基脉冲，从而代表了被测量的时间，通过液晶显示器，直接显示出测量结果。

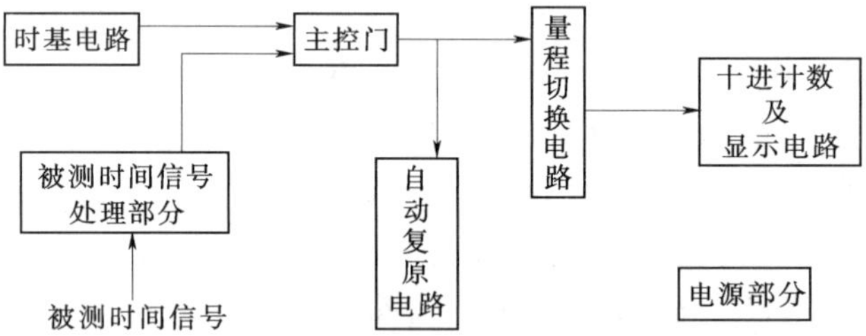

图 1－47　702－2 型数字式毫秒基本工作原理框图

图 1－47 中各部分的功能如下：

（1）时基电路：产生 10μs、100μs、1ms、10ms 的标准时基脉冲作为被测时间量的度量标准。

（2）十进计数器及显示电路：记录主控门送来的时基脉冲数，并显示测量结果。

量程切换电路：根据被测时间量的长短，自动切换计数显示电路的时基脉冲类型。

（3）主控门：在被测时间量控制下，完成开启、关闭计数器作用。

（4）自动复原电路：被测量显示 10s 以后将自动复原，为下次测量计数做准备。

（5）被测信号处理部分：将各种不同形式输入信号处理成主控门所需要的控制方式，方波宽度与被测时间量一致，它由信号通道及波段开关 S1 和 S2、指针式电位器 V_{RP1} 和 V_{RP2} 及琴键开关组成。

（二）使用方法

1. 仪器正确性检查

本仪器前后面板布置如图 1－48、图 1－49 所示，测试前应对其工作的正确性进行检查，方法如下：

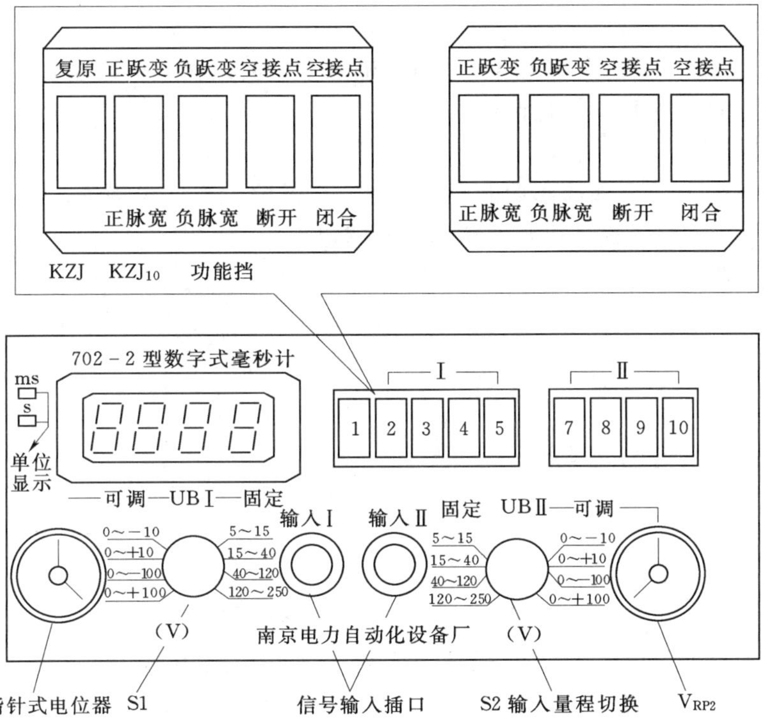

图 1－48　702－2 型前面板布置图

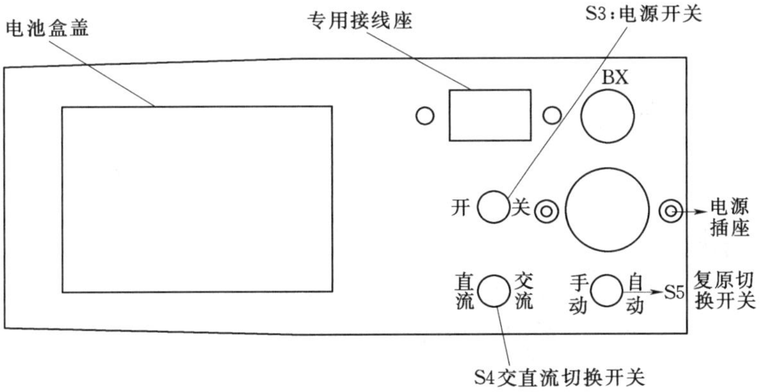

图 1－49　702－2 型后背板布置图

(1) 置“自动”复原挡，合上 S3 接通电源，液晶显示器应有数码显示。

(2) 功能开关全部退出，仪器开始自检，显示器从最高位起，逐位进行数码检查，按下 KZJ_1“复原”功能挡，显示器停止计数，松开后仪器继续计数。

(3) 按下 KZJ_4“空接点断开”功能挡时，显示器开始从“00.00”ms 起向 99.99ms→999.9ms→9.999s→99.99s 计数。按下 KZJ_1“复原”功能挡时，显示器被清零，松开后，又继续从“00.00”ms 开始计数，当“输入Ⅰ”测试线的两短接时，显示器停止计数，并延迟 10s 后自动复原。

(4) 同时按下 KZJ_4 与 KZJ_9 时，输入Ⅰ、输入Ⅱ接上测试线，将“输入Ⅰ”测试线的两夹由短路松开，计数器开始计数，再将“输入Ⅱ”测试线的两夹由短路松开，计数器则停止计数。

(5) 同时按下 KZJ_5 与 KZJ_{10} 时，将“输入Ⅰ”测试线短接，计数器开始计数；“输入Ⅱ”测试线短接，计数器停止计数。

2. 时间测试

根据测试对象，合理选择功能开关位置，以及输入测试线接法，结合实例说明如下。

(1) SGC－1 型装置时间元件动作延时测定。

该元件电路与波形图如图 1－50 所示。

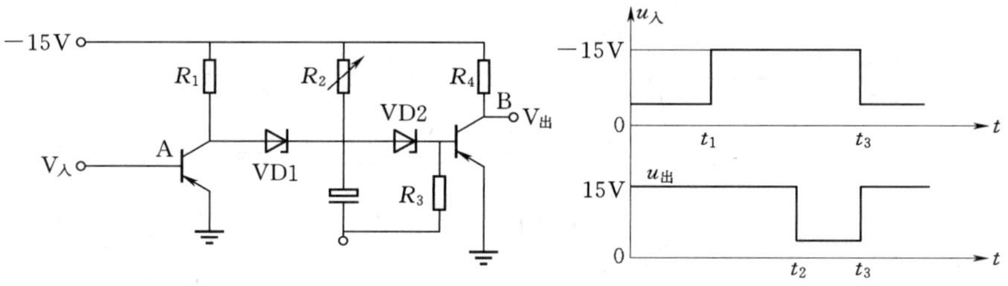

图 1－50　时间元件电路与波形

需测的时间是 $\Delta t = t_2 - t_1$，“输入Ⅰ”红夹子接电路中 A 点，“输入Ⅱ”红夹子接 B 点，两黑夹子接地。将 S1、S2 放在0～－10V 挡，V_{RP1}，V_{RP2} 旋至 3～6 间，按下 KZJ_3 负跃变挡，再按下 KZJ_7 正跃变挡，按过“复原”键后，即可进行测试。

(2) 测交流继电器启动、返回时间。

由于仪器不能适应交流突变信号，故用同步开关的辅助接点办法，电路与接法如图 1－51所示。

A、B 为“输入Ⅰ”测试夹的接线点，C、D 与 E、F 为“输入Ⅱ”测试夹的接线点。接线正确后，使仪器处于复原状态（手动按下 KZJ_1），然后启动信号，毫秒计即可测出被测时间量。

（三）注意事项

(1) 使用时应注意仪器技术特性，不得超指标运行。

(2) 使用时应根据被测对象具体情况结合本仪表特点，正确地选择测试方法，就能方便地得到精确的结果。

以图 1－52 为例，求图 1－52 (a) 中所示的开关，从 A 挡转到 B 挡的转换时间（即

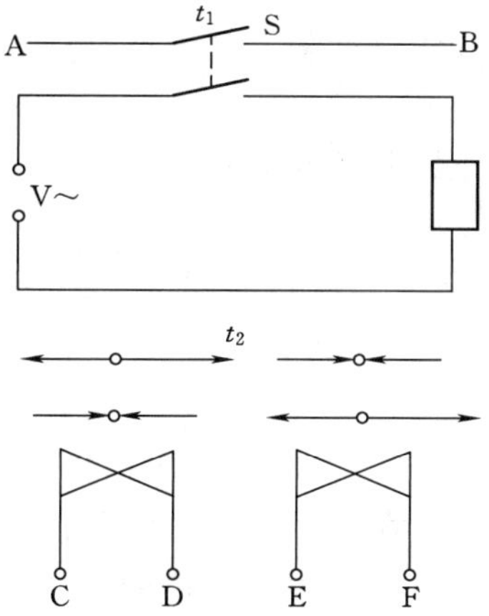

项目	K_1K_2	$KZJ_1 \sim KZJ_{10}$			
		输入Ⅰ		输入Ⅱ	
常开接点起动	5～15V挡	A、B	空接点闭合	C、D	空接点闭合
常开接点返回		A、B	空接点断开	C、D	空接点断开
常闭接点起动		A、B	空接点闭合	E、F	空接点断开
常闭接点返回		A、B	空接点断开	E、F	空接点闭合

图 1-51　交流继电器的测试

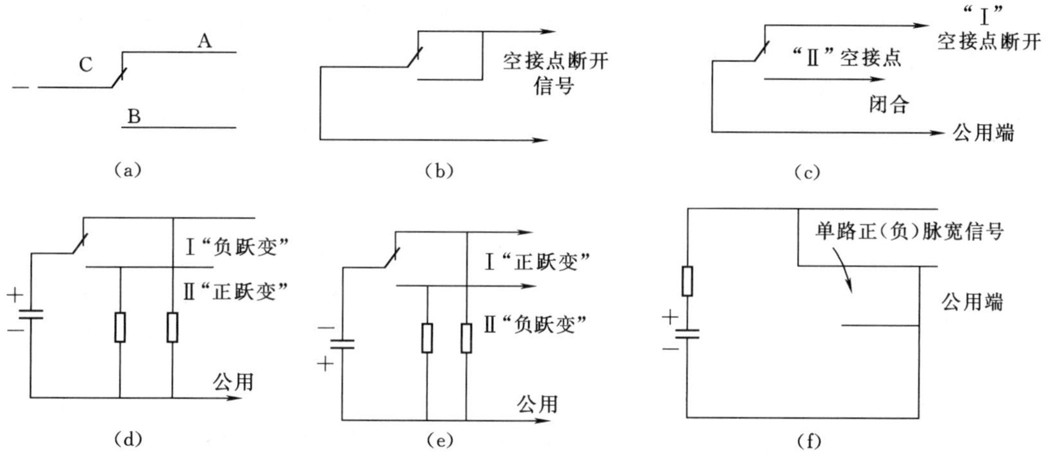

图 1-52　开关转换时间举例

CA 通至 CB 通的时间)，这个开关可能是一般的波段开关、钮子开关、行程开关，也可能是各种电磁继电器的接点或者是由其他转动装置带动的大型调压用开关等，测量时，根据具体条件选择合适的方式。

当开关是“空接点”时，可以像图 1-52（b）中所示，用单路“空接点断开”方式测，也可以像图 1-52（c）中所示，用双路来测，其中“输入Ⅰ”置“空接点断开”、“输入Ⅱ”置“空接点闭合”；如果开关连接在某一直流负荷的情况下，对图 1-52（d）中情况用双路的“负跃变”→“正跃变”方式；对图 1-52（e）中情况用双路的“正跃变”→“负跃变”方式测；对图 1-52（f）中情况用单路正（负）的脉宽办法测。

(3) 交流继电器的测试应借助于同步开关来完成，因为本仪器只适用于直流跃变信号，如图 1-51 所示，利用同步开关 S，将交流继电器启动时间转化为空接点 A、B 与空接点 E、F 之间的动作时差，当然引进了同步开关不是真正同步，而带来的误差（约 0.1～0.4ms）但可以先测出“A、B”与“C、D”之间的时间差来修正。

（4）应注意触发电压与被测时间的关系。本仪器有四挡固定触发电压与四挡可调触发电压，固定电压为±2.5V、±7.5V、±20V、±60V（面板上刻度是5～15V、15～40V、40～120V、120～250V）可调电压为0～+10V、0～−10V、0～+100V、0～−100V（与面板刻度相同）。在无接点系统中，会遇到变化慢的跃变信号，如图1-53所示，此时被测时间与触发电压关系很大，需要正确选用触发电压。

1）当采用固定触发电压挡，触发电压为2.5V时，测得时间为：$\Delta t_1=t_{12}-t_1$；触发电压为7.5V时，测得时间为：$\Delta t_2=t_{10}-t_3$；而当选用20V为触发电压时，测得时间为$\Delta t_3=t_7-t_6$。显然$\Delta t_1\neq\Delta t_2\neq\Delta t_3$

2）当采用可调触发电压挡时，S1可选在0～+100V挡（根据需要也可选在0～+10V挡），此时旋转面板VRP，当VRP指向不同值时，测得时间不同，当VRP指向“1”时，测得的时间为$\Delta t=t_9-t_4$；当VRP指向“1.5”时，测得的时间为$\Delta t_5=t_8-t_5$，可见随着VRP的指向不同，测的Δt也不同，最后根据所在电路的实际使用，合理的选择触发电压值。

根据上述如遇到图1-53这样的波形时，可以采用可调触发电压挡，这样可以通过改变触发电压值得到电压波形的上升、下降特性及脉宽时间。

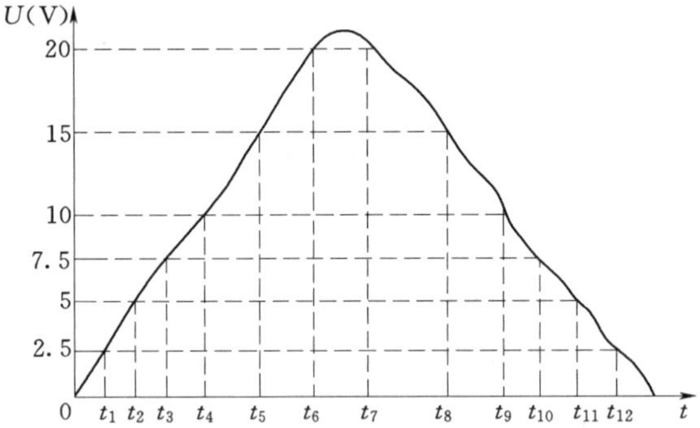

图1-53 触发电压对被测时间的影响

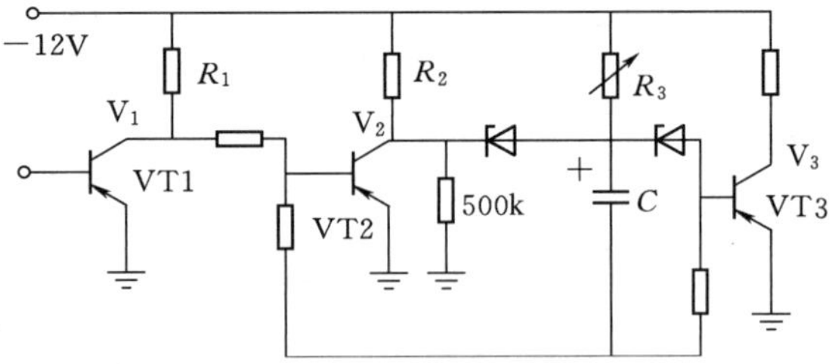

图1-54 输入阻抗对测试结果的影响

（5）应当注意输入阻抗对测试结果的影响。702-2输入阻抗为500kΩ，对于有接点系统足够了，但对于无接点系统中的某种情况下，可能存在某些影响，但只要合理地选择信号源是可以克服的。如图1-54所示电路，如果以V_2作为“输入Ⅰ”输入信号。702-2输入阻抗500kΩ跟R_2组成分压器，那么电容C的起始电压应是$u'_\infty=\dfrac{500}{R_2+500}\times12$（V），显然当没有接702-2时，$u_\infty=12$V相差为$u_\infty-u'_\infty=\left(1-\dfrac{500}{R_2+500}\right)\times12$（V），当$R_2$越大相对500kΩ的差值就越大。合理的测试方法应以V_1作为“通道Ⅰ”输入信号。

（6）当单路空接点有抖动现象，可将后背S5拨向“手动复原”后进行测试。

（7）对电磁型继电器测试时，被测试对象应按其工作状态位置摆放，切勿随意摆放测试，否则测试结果有一定离散。

（8）进行测试时每次间隔应适当长一些，否则由于该仪器内部电容充电等原因，可能使测试结果出现一定离散。

第七节　晶 体 管 毫 伏 表

当测量交流电压时，在某些场合使用普通指针式电压表（如电磁系、电动系或整流系）是不能满足测量要求的。例如当被测电压数量级较小时，由于灵敏度低，往往不能使指针偏转或偏转很小而无法读数。当被测电路的阻抗较大时，由于普通电压表的内阻相对较低，在一定程度上将被测电路分流，从而破坏电路工作状态，使仪表示数不是实际值，影响测量精度。如果被测电压频率较高，由于普通电压表工作频率低，仪表的读数小于真实值，产生了测量误差。在上述情况下为了满足测量要求，就要使用晶体管毫伏表。

DA-16 型晶体管毫伏表是现场和实验室常用的一种仪表，其测量过程是，首先将被测交流电压经交流放大器放大后，再加到检波器进行检波变成直流，最后用磁电系表头指示读数。所以是一种“放大检波”式电压表。由于采用了高阻分压器、射极输出器和低阻分压器组成的复合衰减器，从而获得了低噪声电平及高输入阻抗。同时放大器使用负反馈，有效地提高了电压表的频率响应、刻度特性与温度稳定性。

（一）主要技术指标

（1）测量电压范围为 0～300V。

量限挡位为 1mV、3mV、10mV、30mV、0.1V、0.3V、1V、3V、10V、30V、300V 共 11 挡。

（2）频率范围为 20Hz～1MHz。

（3）输入阻抗：在 1kHz 时输入电阻大于 1MΩ。

输入电容：1mV～0.3V 各挡约 70pF。

1～300V 各挡约 50pF。

（4）固有误差：小于各挡量限满度值的±6%。

（5）工作误差：（各量限满度值之误差）20Hz～1MHz≤±8%。

（二）使用方法

1. 面板控制作用及表头标尺刻度介绍

（1）量限选择开关。量限选择开关是仪器分压电路中的分压选择开关，共有 11 挡位置。量限下面的分贝数供仪表电平使用。

（2）输入线。采用同轴电缆作为被测电压的输入引线。在接入被测电压时，被测电路的地端应与毫伏表输入端同轴电缆的屏蔽线相连。

（3）零点调整旋钮。零点调整旋钮是仪表检波电路中的一个电位器，当仪表输入端信号电压为零时（即两输入端短路时），表头指示应为零，否则需调节该旋钮。

（4）表头标尺刻度。表头上有三条刻度线，供测量时读数之用。第一条是 0～10 刻度线，为 1mV、10mV、0.1V、1V、10V 五挡量限时的读数刻度。第二条是 0～3 刻度线，为 3mV、30mV、0.3V、30V、300V 六挡量限时的读数刻度。第三条是－12～＋12dB 刻度线，作电平测量时的分贝（dB）读数刻度。

（5）电源开关和指示灯。电源开关控制电源的通断，接通后指示灯亮，说明电源开始工作。

图 1-55 为 DA-16 型晶体管毫伏表的面板图。

2. 使用方法

(1) 将电压表垂直放置后，先将输入端短接，接通电源，待仪表指针摆动数次约 1min 后观察是否指示为零。若不为零，应调整表头的调零电位器，将指针调整为零。

(2) 根据被测电压的大小，将量限开关置合适的量限上。若事先不知道被测电压的大小，可先选大量限进行测试，然后根据电表的示值再选择合适的量限进一步测试，以减小测量误差。

(3) 当被测信号频率小于 100kHz，其幅值大于几十毫伏时，可使用普通测量导线进行测量，当被测电压大于 100kHz，幅值小于 10mV 时，必须使用屏蔽线。

(4) 根据量限选择开关的位置读相应的标尺刻度。当 DA-16 型晶体管毫伏表测电平时，被测点的实际电平分贝数为表头指示分贝数与量限选择开关所示电平分贝数的代数和。

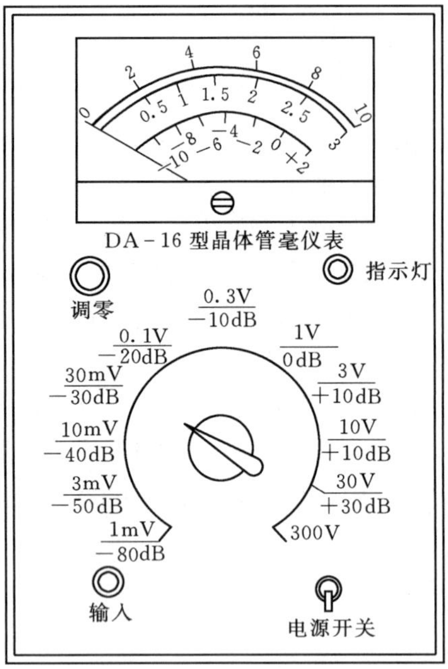

图 1-55　DA-16 型晶体管毫伏表的面板图

(5) 当使用较高灵敏度挡时（毫伏级挡），应先接地端，后接高压端。测量完毕拆线时，应按相反的顺序进行，应先断开高压端，后拆去地线，以免外界感应信号使指针偏转超过量限而打坏指针。

3. 注意事项

(1) 被测交流电压中的直流分量不得大于 300V，否则会损坏仪表。

(2) 输入端短路时，在低量限挡允许指针稍有偏转，但应在厂家说明书中规定的正常范围（1mV 挡不大于满度值的 2%）。

(3) 当使用高灵敏度挡（100mV 以下挡）时，应尽量避免输入端开路，以免仪表过载。

(4) 测量市电时，有可能使机壳带电，故必须使相线接高压端，中线接地端，切勿接反，以免发生危险。测量 36V 电压以上时，应注意机壳是否带电，保证人身安全。

(5) 由于仪器灵敏度提高，使用时必须正确选择良好的接地点，以免造成测试错误。

(三) 使用举例

1. 测量正弦波形电压

DA-16 毫伏表的表盘刻度是按正弦波的有效值刻度的，所以用它来测量正弦波形的电压时，可以由表盘直接读取电压有效值。

2. 测量非正弦波电压的有效值

因为模拟式表计多采用半波式或全波式检波器，而这两种检波器属于平均值检波器，其表头指针的偏转角 α 与被测电压平均值成正比，仪表刻度盘的刻度则用正弦波的有效值来定度，读数 $U_a=K_a\overline{U}$（K_a 为定度系数），所以只有当被测电压为正弦波时，读数即为该正弦波的有效值。对于非正弦波，读数 U_α 没有直接意义，既不等于其平均值 $\overline{U}$ 也不等于其有效值。但可由读数 U_α 换算出平均值和有效值。以全波式整流器为例，换算步骤如下：

第一步，按“平均值相等示数也相等”的原则将示值 U_α 折算成被测电压的平均值则有

$$\overline{U}=\frac{U_\alpha}{K_\alpha}=\frac{1}{1.11}U_\alpha\approx 0.9U_\alpha$$

注意：有效值为1V的正弦波，经全波整流后的平均值为$\frac{2\sqrt{2}}{\pi}$V，所以 $K_\alpha=\frac{U_\alpha}{\overline{U}}=\frac{1}{2\sqrt{2}/\pi}\approx 1.11$，如为半波整流，则 $\overline{U}\approx 0.45U_\alpha$。

第二步，再根据波形因数 K_F，将上式代入下式，求出被测电压的有效值为

$$U=K_F\overline{U}=0.9K_FU_\alpha$$

注意：若为半波整流，$U=K_F\overline{U}=0.45K_FU_\alpha$。

不同波形的信号具有不同的波形因数 K_F，常用的波形因数有：正弦波 $K_F=1.11$；全波整流 $K_F=1.11$；半波整流 $K_F=1.57$；方波 $K_F=1$；三角波 $K_F=1.15$。

综上可知，在用模拟式表计测量交变电压时，对非正弦波要进行波形换算。换算方法为：在测量任意波形电压时，先将刻度盘上的示数读取的示值除以定度系数，折算成正弦波电压的平均值；然后按平均值相等、示值也相等的原则用波形系数换算出被测的非正弦电压有效值。

【例1-1】 用模拟式万用表（全波整流式）分别测量正弦波、方波及三角波电压，电压表示值为10V，问被测电压的有效值分别是多少伏？

解：（1）对于正弦波，示值就是有效值，故正弦波的有效值 $U=10$V。

（2）对于方波，因为方波的波形系数 $K_F=1$，示值 $U_\alpha=10$V，所以方波电压的有效值为

$$U=0.9K_FU_\alpha=0.9\times1\times10=9(\text{V})$$

（3）对于三角波，因为三角波的波形系数 $K_F=1.15$，示值 $U_\alpha=10$V，所以三角波电压的有效值为

$$U=0.9K_FU_\alpha=0.9\times1.15\times10=10.35(\text{V})$$

第八节 继电保护测试仪

新型继电保护装置特别是微机保护装置的推广应用，对测试技术有了更高的要求，涉及计算机自动测试等先进技术的微机型继电保护测试装置已成为不可缺少的专用设备。

微机型继电保护测试装置是用来对各种类型继电器（电压、电流、功率、差动、阻抗、频率、中间、时间等继电器）和各种类型的成套保护装置（集成电路型、微机型、数字式等保护装置）进行调试的试验装置。

微机型继电保护测试装置以微机为主体，由它产生电压、电流信号，然后经电压放大

器和电流放大器对信号进行放大，得到继电保护测试中所需要的电压和电流激励量。主要特点有：

（1）测试仪一般要和 PC 机配合使用，测试软件界面存在于 Windows 操作系统中，使测试仪具备同时控制保护和测试装置的实时多任务能力。用户还可以充分利用 Word、Excel 和 Foxpro 等文字处理、电子表格以及数据库等软件对试验报告和测试数据进行制表、编辑以及文字和图形打印。

（2）可任意设置输出量的变化步长、变化时间及变化方式，可对各种交直流继电器进行手动和程控测试。

（3）在试验中除模块电压、电流量外，还可模拟和确定电流变化率 di/dt、电压变化率 dv/dt、频率变化率（滑差）df/dt 和工频变化量阻抗 ΔZ 的数值大小。可以自动搜索各种原理继电器的定值、动作时间及动作特性曲线。

（4）因为不同性能的保护对“暂态故障”和“静态故障”的反应不一样，采用微机型继保测试装置能自动搜索方向阻抗继电器分别在正向和反向短路故障时的暂态阻抗动作特性以及正方向故障时的静态阻抗特性。

（5）能正确模拟电力系统各种类型的瞬时、永久以及转换性故障，并可以设置故障时的合闸角、故障时间以及在故障时叠加非周期分量。

（6）可模拟负荷电量，负荷电流从空载到满载可随意设置。通过功率角的设置，可模

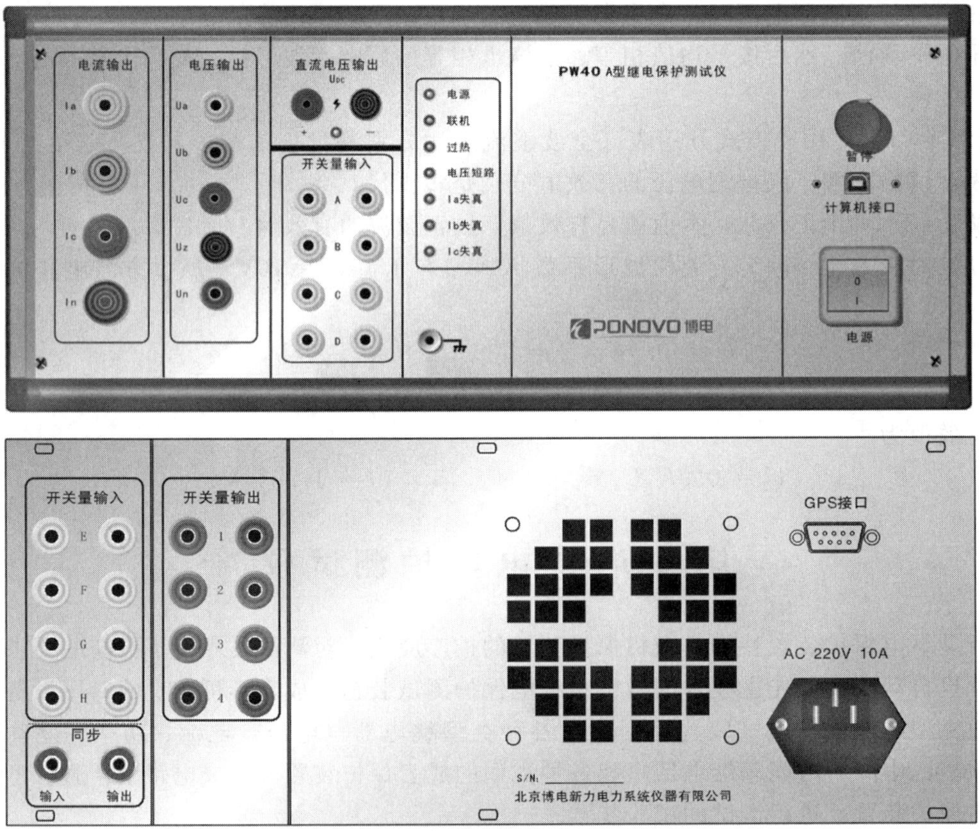

图 1-56　PWA 测试系统面板背板示意图

拟因负荷电流而引起的附加阻抗对送电侧或受电侧保护装置的影响。

(7) 可仿真现场实际断路器的动作，当测试装置接收到保护跳闸信号后，断路器延迟一段时间动作，切除故障相电流。当测试装置接收到合闸信号后，断路器延迟合闸。延迟时间可设置。

(8) 测试仪可以仿真系统振荡以考验保护的躲振荡的能力。测试仪可设置系统电源和负荷参数、振荡周期和功角摇摆范围以测试保护装置的动作特性。

(9) 可实验故障录波再现。把通过故障录波装置或其他记录方式记录到的现场故障数据，通过测试装置输出再现当时故障。

(10) 可采用卫星定位系统（GPS）对测试装置的输出量进行远程同步，实现对线路纵联保护的调试。

图 1-56 示出了 PW（A）系列测试系统的面板背板示意图。

具体 PW（PWA）系列继电保护测试系统软件安装及模块简介及相关模块的使用方法介绍见附录 A。

第九节　故障录波仪（DF1024）

DF1024 便携式波形记录仪是故障录波仪中的一种，能够对各种强弱电信号进行信号测量、波形记录、信号分析处理及结果打印输出。该仪器体积小，携带方便，既能用于室内测量，又适合野外测试。

DF1024 便携式波形记录仪采用数字信号处理器（DSP）、大规模可编程逻辑电路、多 AD 高速同步采样、多层 PCB 结构等先进技术，其操作软件以 Win3.X/Win95/Win98 为运行平台。在电力系统中，DF1024 便携式波形记录仪可用于继电保护装置试验、发电机组试验、励磁系统试验、开关断路器试验、变压器特性试验、PT、CT 特性试验、电力系统动态模拟试验、电力系统数字仿真试验、电力系统事故分析试验、电力系统故障录波、输变电工程投产调试、其他电器设备检修调试等。

一、DF1024 功能特点和技术指标

1. 功能特点

(1) 多通道：每台 DF1024 可测量 8 路模拟量信号和 16 路开关量信号。

(2) 可扩展：利用多机组合方式实现 4 台 DF1024 共 32 路模拟信号和 64 路开关信号同步采样记录。

(3) 高速度：多通道同步采样速率可达 50kbit/s，采样速率用户可调。

(4) 大容量：具有 1MB/2MB/4MB/8MB 四种容量规格。

(5) 接口功能强大：开关量通道既可监测无源触点又可监测有源触点的通/断状态；采用积木式结构的模拟量输入变换器、可随意插拔更换。灵活组合的电压（电流）变换器，能够测量各种不同类型的强弱电信号。

(6) 通信方便可靠：通过标准并口实现 DF1024 便携式波形记录仪与便携式计算机或台式计算机连接。利用计算机可以对 DF1024 进行各项操作，如测量、录波、波形显示、

信号分析和处理、录波数据的储存、波形打印等。内置断点续传功能，数据传输稳定可靠。

（7）多种启动方式：具有手动、遥控、定时、判据自启动等多种录波触发方式。判据自启动包括模拟量信号越限和开关量信号状态改变等多种触发判据。

（8）追忆录波功能：可以根据用户的要求将录波触发前一段时间和触发后一段时间的信号波形完整连续地记录下来。

（9）标准 Win9X 界面风格，运行于中文平台，可利用 Windows 支持的任何打印机和打印格式输出波形图。

（10）波形编辑灵活方便：可以多页面显示波形、根据需要对波形进行截取、随意对波形进行移动、压缩、展开、浏览及颜色、名称设置。

（11）信号分析功能丰富：可对记录的信号进行多种分析处理，如进行信号瞬时值、平均值、有效值、相位角、频率、谐波分析；开关信号的动作时序分析；以及开关特性包括对开关分、合时间、速度、行程、接触电阻及同期性进行分析。

（12）实时跟踪功能：装置可同时以数字表、趋势图、棒形图、相关图、矢量图等方式显示模拟量信号和开关量信号的实时动态测量值，并具有自动数据抄表功能。

（13）谐波图：装置能对某一时刻数据的谐波含量以棒形图方式显示。

（14）曲线运算功能：提供近 30 个曲线运算公式，可方便地对曲线进行各种代数运算，不仅能绘制信号的频率、有效值曲线及 P、Q、S 曲线，也能绘制其他相关曲线。

（15）故障录波功能：可以设置启动判据对电力系统及设备异常运行状况和故障进行自动录波。

（16）具有波形备注、标注、合并、截取、抽样、通道组合输出等功能，可以将录波文件转换为文本格式或 COMTRADE 格式的数据，以供其他分析软件使用。

2. 技术指标

（1）采样速率：最高 50kbit/s 多通道同步采样。

（2）记录容量：1MB/2MB/4MB/8MB 四种容量规格可选。

（3）测量精度：模拟量信号测量误差不大于 1.0%。

（4）通道数量：单机 8 路模拟量测量通道，16 路开关量测量通道。可以四机并联运行。

（5）通讯接口：通过专用电缆与计算机并口连接。

（6）打印输出：Windows 支持的各种打印机及页面格式。

（7）开关量测量接口：光电隔离，可以监测无源开关触点状态、有源开关触点状态和电压信号状态。

（8）电压变换器：每个变换器 4 路电压信号测量通道，交直流通用，具有四挡量程切换，通道对地、通道之间全隔离。

（9）电流变换器：每个变换器 4 路电流信号测量通道，交直流通用，具有四挡量程切换，通道对地、通道之间全隔离。

（10）外形尺寸：121H×348W×313D（DF1024D）。

（11）重量：9kg（DF1024D）。

（12）工作电源：交流 220V±15%，频率 47～63Hz。

（13）电源功耗：不大于 50W。

（14）工作环境：工作温度－5～＋40℃，相对湿度 5%～95%。

二、用户环境

用户应具有一台 Pentium 以上的台式或便携式计算机，计算机的并行接口（打印口）设置为 ECP 工作模式，计算机装有具备“中文环境”的 Win3. X、Win95 或 Win98 操作系统，有 10M 以上的自由硬盘空间，16M 以上的系统内存。如需打印波形图，则要配置一台 Windows 支持的打印机。

三、DF1024 使用注意事项

在使用 DF1024 时，需注意以下问题：

（1）波形记录仪和计算机的电源安全接地极（E）一定要同工作场所的安全接地系统可靠连接。

（2）在进行连接操作之前一定要关掉计算机和波形记录仪的工作电源。

（3）使用完毕在拆除连线之前一定要先关掉计算机和波形记录仪的工作电源。

（4）要使用厂家提供的专用 25 芯“PC－DF”电缆（该电缆两端分别标有“上连接口 UL”和“PC 并口”），不可使用普通的 25 芯电缆。

（5）DF1024 运行时，禁止其他运行程序操作 DF1024 所连接的 LPT 口，以防数据损坏。

（6）多机运行时必须设置为不同的机器号。

（7）在一台或多台 DF1024 运行情况下，如果出现通讯警告，请关闭电源管理和屏幕保护程序，将电源管理设置为“始终打开”

四、DF1024 使用方法

DF1024 启动界面如图 1－57 所示，其使用方法如下。

（一）数据采集

1. 数据采集准备

启动“波形管理”程序，这时系统开始进行初始化设置和复位操作，经过几秒钟后系统复位完毕，屏幕上弹出如图 1－58 所示的信息窗口图，在该窗口中显示了与 DF1024 相连的计算机并口的地址、当前联机运行的 DF1024 的机号及其记录容量。确认无误后，按下“确定”按钮后进入图 1－59 主菜单。

注意：如果程序运行后不出现连接信息画面而直接进入主菜单，表示计算机没有与任何 DF1024 装置相连，此时只能打开以前的录波文件进行编辑、分析和打印，而不能进行录波。实时跟踪等操作（相应菜单将灰化）。当出现该现象时，用户应进行以下检查：

（1）计算机是否与 DF1024 正确相连。

（2）DF1024 电源是否接通。

（3）是否使用厂家提供的专用通信电缆。

图 1－57　DF1024 启动界面图

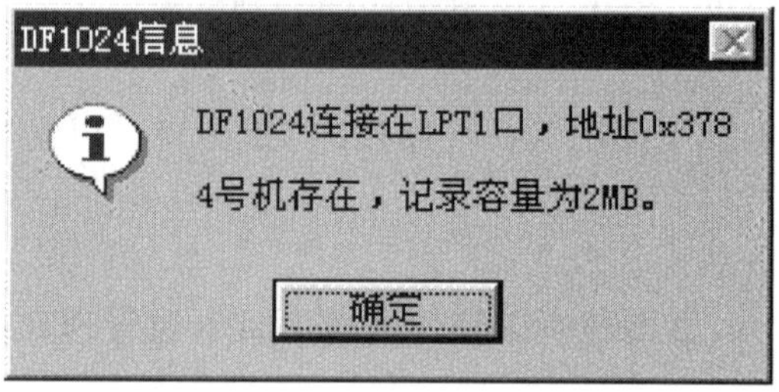

图 1－58　DF1024 连接信息窗口

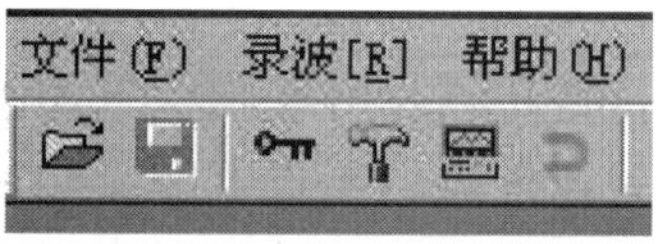

图 1－59　主菜单

（4）计算机的并口是否设置为 ECP 模式。

2. 系统复位

选择“系统复位”功能时，系统对所有 DF1024 都进行一次复位操作，同时系统自动进行查询，以确定有多少台 DF1024 与系统相连，以及各台 DF1024 的机号和记录容量。复位完成后会出现连接信息画面，将查询到的信息显示出来。当复位成功时，DF1024 前面板上的 S 和 T 指示灯同时发亮，持续时间约 1s 左右。

如果 DF1024 没有与计算机正确连接，或 DF1024 电源没有接通，或计算机的并行口没有设置为 ECP 工作模式，运行程序后与录波有关操作的窗口菜单将被灰化。

正常情况下，用户不需要使用该项功能，因为系统启动运行时会自动进行一次复位操作。只有当 DF1024 工作电源失电或系统运行异常时才需要使用该功能使系统恢复正常。系统复位的操作方法如下：

（1）选择主菜单中的“录波”菜单下的“系统复位”命令。

（2）按“Ctrl＋I”快捷键。

（3）用鼠标点击工具栏上的 。

（二）录波设置

选择“录波”菜单的“录波设置”或单击工具栏上的按钮系统弹出图 1－60 通道初始化窗口，其中的序号为通道号，用户可以对 DF1024 的测量通道进行初始化设置。该菜单包括两部分内容：模拟量通道初始化设置和开关量通道初始化设置。

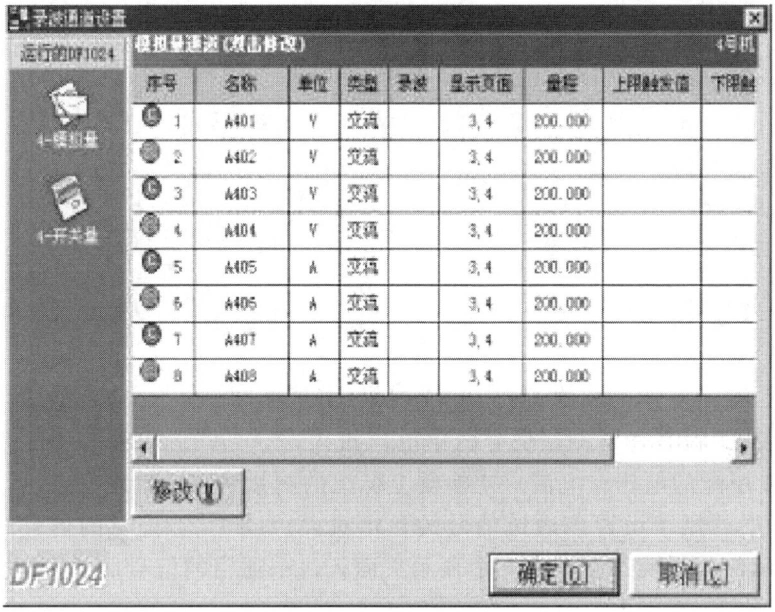

图 1－60　通道初始化窗口

1．模拟量通道设置

选择该功能，用户可以对每台 DF1024 的 8 路模拟量信号进行初始化设置。首先用户可以利用通道初始化中的“运行的 DF1024”栏选择将要进行初始化设置的 DF1024，然后再对选中的 DF1024 各通道进行初始化设置，方法如下：

（1）用鼠标点击如图 1－60 所示通道初始化中左侧绿栏中的“模拟量”，则将出现图 1－61 模拟量通道设置信息。

（2）用鼠标点击要修改的模拟量通道的“名称”栏，然后点击“修改”按钮，（修改某一通道最快捷的方法是直接双击通道初始化窗口中的相应通道的“名称”栏）系统弹出模拟量通道设置窗口，如图 1－61 模拟量初始化所示，这时用户可以对相应的通道参数进行设置。

“信号类型”栏用于设置通道测量信号的类型，有“交流”和“直流”两种选择。

“信号名称”栏用于设置通道测量信号的名称，如“U_a”、“I_b”、“功率”、“转速”等。

“量程”栏用于设置通道的测量量程，该参数应根据 DF1024 所配的电压（电流）变换器上标注的测量量程正确填写。

“量程变比”栏用于设置通道的量程变比，缺省值为 1，如果用户希望今后进行波形分析时显示的测量值为一次值，可输入电压或电流互感器的比例系数。注意：量程变比需输入变比系数，如比例系数为 1250/5，不能输入“1250/5”，正确的输入值应为 250。

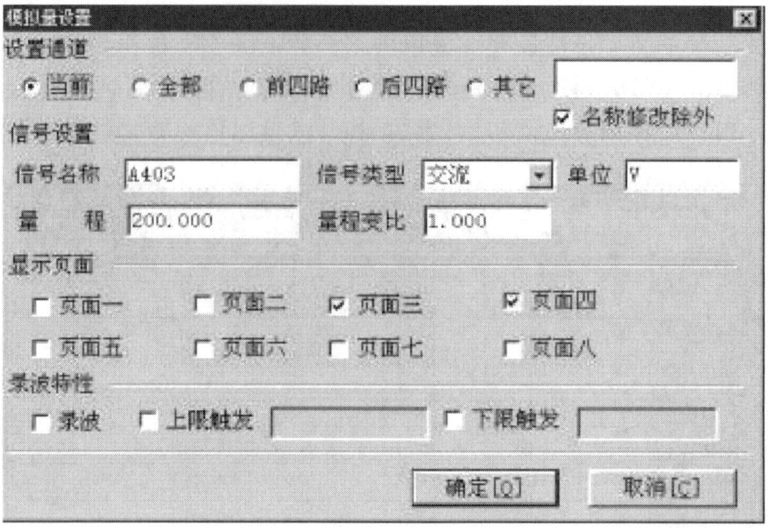

图 1-61　模拟量初始化设置窗口

“单位”栏用于设置通道测量信号的单位，如“V”、“A”、“kW”、“Hz”等，该参数应根据 DF1024 所配的电压（电流）变换器上标注的测量量程正确填写。

“显示页面”栏用于设置该通道信号的显示页面。DF1024 记录的信号曲线是以页面的方式进行显示的，系统共设计有 8 个显示页面，每一通道的信号曲线可以显示在这 8 个页面中的一个或多个页面上。

“录波”选择栏用于选择是否对该通道信号进行录波。每台 DF1024 具有 8 路模拟量信号测量通道和 16 路开关量信号测量通道，在录波时用户可以利用该功能来选择需要录波的通道，关闭不需要录波的通道，以减少总录波数据量，加快录波数据传输速度，减小录波文件存储空间。

“上限触发”和“下限触发”栏用于判据自启动录波，如果用户选择了“上限触发”和/或“下限触发”功能，并输入了相应的上限定值和/或下限定值，在预录波状态下一旦相应的测量信号大于上限定值或小于下限定值时 DF1024 便自动启动录波。

所有的自启动判据均是逻辑“或”的关系，即只要其中任何一个判据符合自启动条件，系统便自动启动录波。

完成上述设置后按“确定”按钮返回通道初始化窗口，设置数据生效；若欲放弃本次设置，则点击“取消”按钮返回模拟量初始化设置窗口。

在模拟量初始化的对话框中可利用“通道选项”一次同时修改多路模拟量，选择“全部”则当前修改将适用于所有模拟量，“前四路”则修改将适用于前四路模拟量，“后四路”则修改将适用于后四路模拟量，“其它”用于用户自定义修改通道，如选择修改 1、3、5 通道，则可在“其它”后的编辑框中填入“1，3，5”，注意各通道编号间用逗号分隔。

注意：

（1）“通道名称”和“量程”栏必须要输入正确内容，不能空缺。

（2）“上限触发”和“下限触发”均是针对信号的瞬时值进行判断的，对交流类型信号也是如此。

(3) 对于当前没有联机运行的DF1024，其各项设置可以查看但不能被修改。

2. 开关量通道设置

选择该功能，用户可以对每台DF1024的16路开关量信号进行初始化设置。首先用户可以利用通道初始化中的“运行的DF1024”栏选择将要进行初始化设置的DF1024，然后再对选中的DF1024各通道进行初始化设置，方法如下：

(1) 用鼠标点击通道初始化中左侧绿栏中的“开关量”，则通道初始化中将出现图1-62开关量通道设置信息。

(2) 用鼠标点击要修改的开关量通道的“名称”栏，右上角将出现当前选择通道号提示。然后点击“修改”按钮，系统弹出开关量信号采样设置窗口，如图1-62开关量初始化所示，这时用户可以对相应的通道参数进行设置。

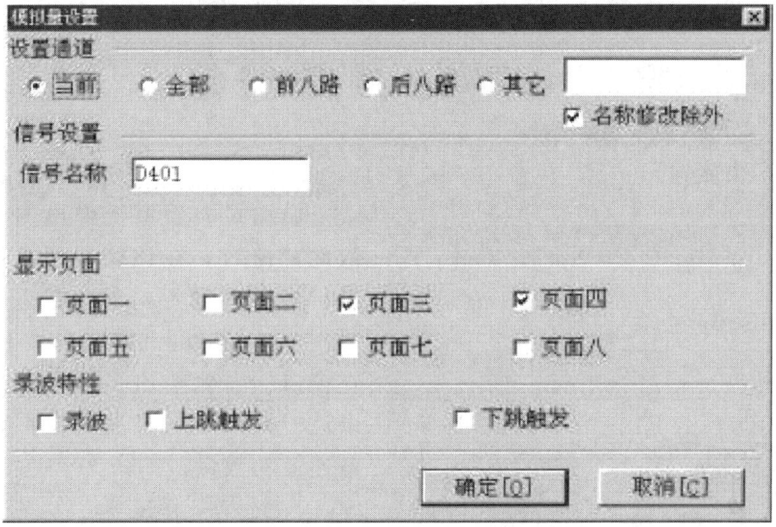

图1-62 开关量初始化设置窗口

选择某一通道最快捷的方法是直接双击初始化图中的相应通道的名称栏。

“信号名称”、“显示页面”、“设置通道”和“录波”栏的设置同模拟量通道。

“上跳触发”和“下跳触发”功能用于判据自启动录波，用户选择“上跳触发”和/或“下跳触发”，在预录波状态下一旦相应的测量信号发生上跳或下跳变位时DF1024便自动启动录波。

所有的自启动判据均是逻辑“或”的关系，即只要其中任何一个判据符合自启动条件，系统便自动启动录波。

完成上述设置后按“确定”后返回图通道初始化窗口，设置数据生效；如欲放弃输入数据，则点击“取消”返回图通道初始化窗口。

注意：

(1) “通道名称”栏必须要输入正确内容，不能空缺。

(2) 对通道初始化图中的“录波”、“上跳触发”和“下跳触发”栏进行设置时，可以直接用鼠标点击相应的栏格。

(3) 对于当前没有联机运行的 DF1024，其各项设置可以查看但不能被修改。

当通道初始化设置完毕后，用户可以根据列举窗口的信息，校对各项设置是否正确，如完全正确，按“确定”存盘返回，否则重新进行修改。

3. 通道设置技巧

当修改如“录波”、“上跳触发”、“下跳触发”时可直接用鼠标点击相应通道的设置行对应位置，当出现“★”时表示选中，当不显示“★”时表示取消。修改“信号类型”的方法类似。

页面设置可直接在相应通道的设置行对应位置输入用逗号分隔的数字，例如显示设置 1、3、5 页，则可输入“1，3，5”。

(三) 设置录波参数

当各台 DF1024 的通道设置好之后，便可以进行录波操作。具体有以下三种方法启动录波功能：

(1) 在主菜单上选择“录波”菜单下的“录波”命令。

(2) 点击工具栏上的  图标。

(3) 按 F9 快捷键。

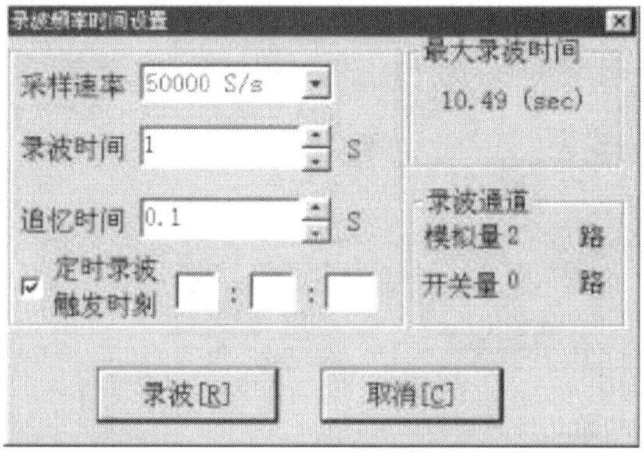

图 1-63　录波参数设置窗口

启动录波后系统弹出图 1-63 录波参数设置窗口，在该窗口中，用户可对录波进行最后的设置，它包括采样速率、录波时间、追忆时间和定时触发时刻四项内容。在窗口的右侧给出了本次录波的最大允许录波时间、参与录波的模拟量通道和开关量通道的数量。

1. 选择采样速率

用户下拉“采样速率”列举窗口，用鼠标点击选择适当采样速率。

如果用户在录波设置中将某些通道设置为“交流”信号类型时，为了保证记录波形的可观察性，系统将不允许选定 1000S/s 以下的采样速率。如果用户需要以低于 1000S/s 的采样速率进行录波以获得更长的录波时间，可以在通道初始化的窗口中将当前联机运行的所有 DF1024 的 8 路模拟量通道都设置为“直流”信号类型。

2. 输入录波时间

用户可根据实际需要，在最大录波时间范围内，输入任意时间值，作为本次录波的实际录波时间。

对于每台 DF1024，其最大允许录波时间与采样速率的关系如下：

最大允许录波时间 (s) ＝缓存容量 (Byte) / [2×等效录波通道数×采样速率 (S/s)]

式中的等效录波通道数是这样定义的，每路模拟通道等效 1 路录波通道，所有 16 路开关通道等效 1 路录波通道。例如，当用户选择 4 路模拟量、12 路开关量进行录波时，等效录波通道数便是 4＋1＝5 路。

当有多台 DF1024 并联运行时，系统的最大录波时间是由并联运行的所有 DF1024 中录波时间最短的一台确定的。

3. 输入追忆时间

所谓追忆，就是记录仪对录波触发时刻之前的信号进行记录的功能。例如，录波时间设为 3s，追忆时间设为 1s，那么在记录的录波图上触发点以前的录波时间为 1s，触发点以后的录波时间为 2s，总录波时间为 3s。

追忆时间不能大于录波时间。

4. 输入定时录波触发时刻

定时录波是指当计算机时钟指向用户设定的时刻时，系统自动启动录波的功能。如果用户需要使用该功能，则用鼠标点击定时录波选择框，使其出现“3”符号，同时输入触发时刻，触发时刻分为时、分、秒三段，其中小时数按照 24 小时制，为 00～24 之间的整数，分钟、秒数为 00～60 之间的整数。

（四）启动录波

当正确输入以上四项内容后，用鼠标点击“录波”命令钮（此时回车键不能作为快捷键），系统进入预录波状态，弹出图 1－64 预录波状态的窗口，同时主 DF1024 前面板上的“S”和“L”指示灯发亮，其余各台 DF1024 前面板上的“S”指示灯发亮。

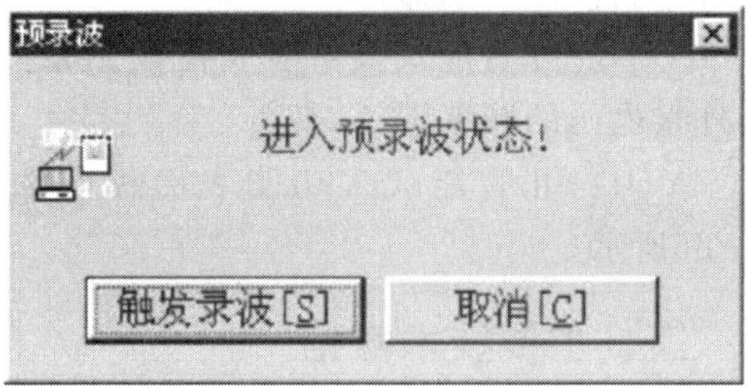

图 1－64　预录波状态

在图 1－64 所示的状态下，有四种方式可以触发录波。

（1）直接按回车键（或用鼠标点击“触发录波”按钮）触发录波。

（2）定时触发。当计算机时钟指向设定的定时录波触发时刻时，系统自动触发启动录波。

（3）遥控触发。通过开关信号输入接线盒上的遥控接口（TRG），可以利用外部其他装置的常开接点或手动按钮的闭合信号来触发录波。

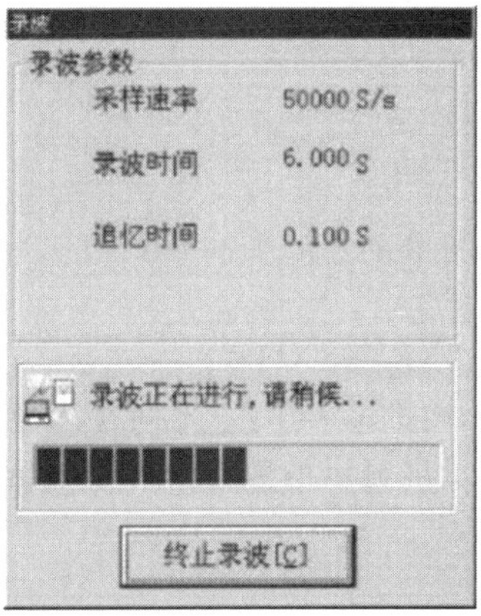

图 1－65　录波进度窗口

（4）判据自启动。有两种类型的触发判据，一种是模拟量信号越上限或越下限触发，另一种是开关量信号上跳或下跳触发。当所有的判据中有任何一个符合自启动条件，系统便自动启动录波。

当利用上述四种方法中的一种触发录波后，系统便进入录波状态，弹出图 1－65 录波进度窗口，同时主 DF1024 前面板上的“S”、“T”和“L”指示灯发亮，其余各台 DF1024 前面板上的“S”和“T”指示灯发亮。

在此窗口中，给出此次录波的有关信息以及录波完成进度条。在此状态下，用户可以按 Esc 键或者用鼠标点击“终止录波”按钮终止录波，系统将返回到录波参数设置所示的窗口。当录波完成后，系统弹出数据传输窗口，此时用户尽量不要进行其他操作，以免影响通信过程。

当录波完成后，各台DF1024便依次向后台计算机传送录波数据，这时波形记录仪前面板上“S”和“T”指示灯同时熄灭，“L”指示灯开始闪烁。一旦录波数据传送完毕，“L”指示灯熄灭，系统对录波数据进行处理，稍候本次录波的波形图将在屏幕上显示出来。

第十节　YHD-Ⅱ智能式多功能表使用说明

一、用途及特点

YHD-Ⅱ智能式多功能表采用美国INTEL公司高档16位微机处理器——80C196KC作为中央处理器（CPU）。80C196KC内部资源丰富，集成度高，功能强大，极有利于构成各种高性能控制器。

YHD-Ⅱ智能式多功能表可以用来测量外接电流、电压之间的相位，测量动作时间和外接电压的频率。

YHD-Ⅱ智能式多功能表面板图如图1-66所示。

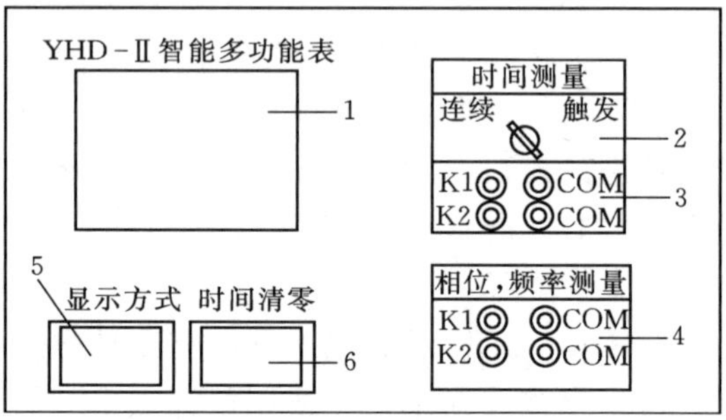

图1-66　YHD-Ⅱ多功能表面板图

1—液晶屏；2—时间测量方式选择开关，有连续测量方式和触发测量方式；3—测量时间用插孔；4—相位频率测量单元；5—屏幕显示方式选择开关；6—时间清零

二、主要技术数据

工作电压：220V交流。

测量电压范围：4～100V。

测量电流范围：0.1～5A。

测量精度：时间1ms；相位1°；频率0.1Hz。

频率测量范围：20～1000Hz。

相位测量范围：－180°～＋180°。

时间测量范围：1～9999ms。

三、使用方法

1. 频率测量方法

图1-66中4是YHD-Ⅱ智能式多功能表中相位频率测量单元的平面布置图，当测量频率时，操作步骤如下：

（1）当测量本机频率时，液晶显示屏显示电源频率为：“XX.XXXHz”。

（2）当测量外接电压的频率时，在相位频率测量单元内的U与$U_{地}$之间接入电压（注意：接入电压的幅值不应太小或超过100V）。此时，显示屏显示的数据为外接电压的频率。

2. 相位测量方法

相位测量步骤为：①在YHD-Ⅱ智能式多功能表的相位频率测量单元的U、$U_{地}$之间接入电压信号，在 I、$I_{地}$ 之间串联接入电流信号；②显示屏显示的数据即为引入的电压信号与引入的电流信号之间的相位差值；③相位频率测量单元中的“超前”、“滞后”的定义如下：当电压超前电流时，“超前”指示灯亮，当电压滞后电流时，“滞后”指示灯亮。例如，当显示值为 57.6，且“滞后”指示灯亮时，表示经电压接线柱引入的电压信号在相位上要滞后经电流接线柱引入的电流信号角度为 57.6°。

注意：

(1) 在进行相位测量时，电压信号与电流输入信号不要接错了位置，且电压信号是并联接入的，电流信号是串联在回路中的。

(2) 在进行相位测量时，位于“超前”、“滞后”指示灯下面的开关应置于“外接频率”一侧。否则，测量所用的电压信号就是装置的电源电压信号。

(3) 要注意电压、电流输入信号与装置上所标注的接线柱的极性间的对应关系。

(4) 当电压或电流输入信号的幅值变化较大时，为保证测量准确性，应先将移相器置于 0°位置，按压面板正中下方的“清零”按钮直到显示屏显示为零后再放开“清零”按钮，然后开始进行测量。

3. 时间测量方法

图 1-66 中 2、3 是 YHD-Ⅱ智能式多功能表中的时间测量单元的平面布置图。各按钮功能如下：

(1) 清零按钮：使显示屏显示零，每次进行时间测量前均应先压“清零”。

(2) 连续、触发开关：当开关置于“连续”一侧时，时间记录是连续进行的，即当给出了时间测量的启动信号后，显示屏开始计量时间的大小，直到人为地给出停止计数的控制信号计数才停止，不管启动信号是否消失，显示屏都不会停止计数；当开关置于“触发”一侧时，显示屏显示的值为触发脉冲持续的时间，即有触发脉冲时，开始计量时间的大小，当触发脉冲消失时，自动停止计数。

(3) 公共线与输入 1 配合使用时作为启动信号。

(4) 公共线与输入 2 配合使用时作为停止信号。

四、应用举例

1. 测量时间继电器动作时间

接线如图 1-67 所示，将时间测量单元的开关倒向“连续”一侧，启动信号为 S 开关两端接公共线与输入 1，停止信号为 K 触点两端接公共线与输入 2。测量时按图接好线，当 S 合上时，一对接点接通时间继电器 K，表示故障开始，另一对接点同时启动计时，当 K 动作，触点闭合时，即停止计时，显示屏显示的数据即为时间继电器的动作时间。

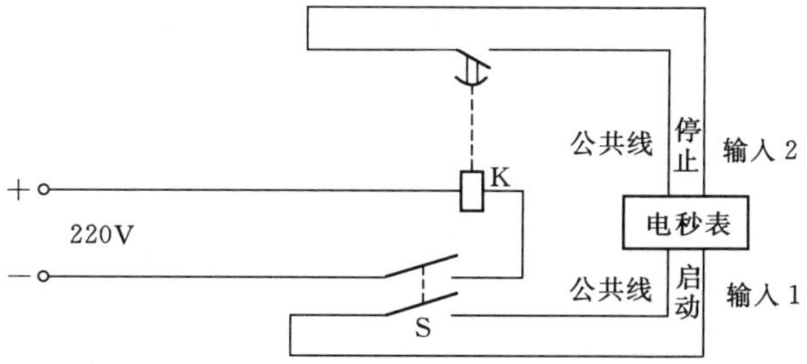

图 1-67　时间继电器动作时间测试原理图

2. 测量故障的持续时间（或波形的脉冲宽度）

接线如图 1-67 所示，将时间测

量单元的开关倒向“触发”一侧，S开关接点两端接公共线与输入1，K的接点不接。当S合上时，一对接点接通时间继电器表示故障开始，另一对接点同时计时，S拉开，则计时结束，显示屏显示的时间即为故障持续时间，或脉冲宽度。当短路再次出现（S再次合上）时，若没有按压“清零”键，则时间测量显示值在原基础上继续增加，显示值为两次短路的持续时间，所以测量故障持续时间时，应在每次测量开始前人为地按压“清零”键。

五、注意事项

（1）测量电压不得超过100V，测量电流不得超过5A。

（2）测量电压、电流小于最小测量电压、电流时，多功能表工作不稳定是正常现象。

（3）测量相位时，必须将相位频率测量单元的开关置于外接频率处。

第二章　验证性与演示性实验

第一节　电磁型电压、电流继电器的特性实验

一、实验目的

（1）了解继电器基本分类方法及其结构。

（2）熟悉几种常用继电器，如电流继电器、电压继电器、时间继电器、中间继电器、信号继电器等的构成原理。

（3）学会调整、测量电磁型继电器的动作值、返回值和计算返回系数。

（4）测量继电器的基本特性。

（5）学习和设计多种继电器配合实验。

二、电磁型继电器的构成原理

下面仅对常用的电磁型继电器的构成及原理作简要介绍。

1．电磁型电流继电器

电磁型继电器的典型代表是电磁型电流继电器，它既是实现电流保护的基本元件，也是反应故障电流增大而自动动作的一种电器。

下面通过对电磁型电流继电器的分析，来说明一般电磁型继电器的工作原理和特性。图 2－1 为 DL 系列电流继电器的结构图。

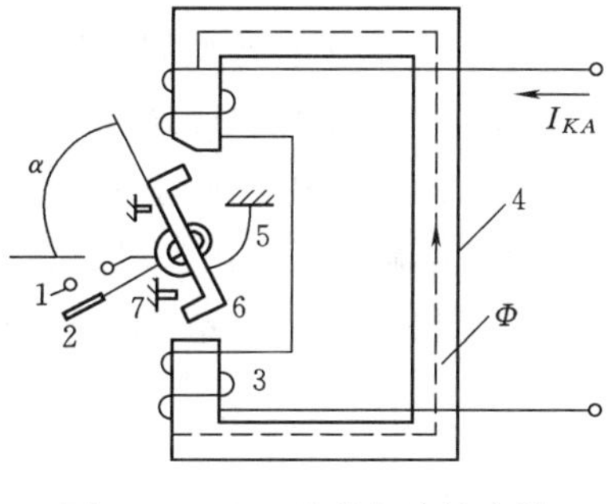

图 2－1　DL 系列电流继电器

1—固定触点；2—可动触点；3—线圈；4—铁芯；5—弹簧；6—转动舌片；7—止挡

当线圈中通过电流 I_{KA} 时，铁心中产生磁通 Φ，它通过由铁芯、空气隙和转动舌片组成的磁路，将转动舌片磁化，产生电磁力 F_e，形成一对力偶。由这对力偶所形成的电磁转矩，将使转动舌片按磁阻减小的方向（即顺时针方向）转动，从而使继电器触点闭合。电磁力 F_e 与磁通 Φ 的平方成正比，即

$$F_e = K_1\Phi^2$$

其中
$$\Phi = I_{KA}N_{KA}/R_C$$

所以
$$F_e = K_1 I_{KA}^2 N_{KA}^2/R_C^2$$

式中　N_{KA}——继电器线圈匝数；

R_C——磁通 Φ 所经过的磁路的磁阻。

分析表明，电磁转矩 M_e 等于电磁力 F_e 与转动舌片力臂 l_{KA} 的乘积，即

$$M_e = F_e l_{KA} = K_1 l_{KA} \frac{N_{KA}^2}{R_C^2} I_{KA}^2 = K_2 I_{KA}^2 \tag{2-1}$$

$$K_2 = K_1 l_{KA} \frac{N_{KA}^2}{R_C^2}$$

式中　K_2——与磁阻、线圈匝数和转动舌片力臂有关的一个系数。

从式（2－1）可知，作用于转动舌片上的电磁力矩与继电器线圈中的电流 I_{KA} 的平方成正比，因此，M_e 不随电流的方向而变化，所以，电磁型结构可以制造成交流或直流继电器。除电流继电器之外，应用电磁型结构的还有电压继电器、时间继电器、中间继电器和信号继电器。

为了使继电器动作（衔铁吸持，触点闭合），它的平均电磁力矩 M_e 必须大于弹簧及摩擦的反抗力矩之和（M_S+M）。所以由式（2－1）得到继电器的动作条件是

$$M_e = l_{KA} K_1 \frac{N_{KA}^2}{R_C^2} I_{KA}^2 \geqslant M_S + M \tag{2-2}$$

当 I_{KA} 达到一定值后，式（2－2）即能成立，继电器动作。能使继电器动作的最小电流称为继电器的动作电流，用 I_{OP} 表示，在式（2－2）中用 I_{OP} 代替 I_{KA} 并取等号，移项后得

$$I_{OP} = \frac{R_C}{N_{KA}} \sqrt{\frac{M_S + M}{K_1 l_{KA}}} \tag{2-3}$$

从式（2－3）可见，I_{OP} 可用下列方法来调整：

（1）改变继电器线圈的匝数 N_{KA}。

（2）改变弹簧的反作用力矩 M_S。

（3）改变能引起磁阻 R_C 变化的气隙 δ。

当 I_{KA} 减小时，已经动作的继电器在弹簧力的作用下会返回到起始位置。为使继电器返回，弹簧的作用力矩 M'_s 必须大于电磁力矩 M'_e 及摩擦的作用力矩 M'。继电器的返回条件是：

$$M_S \geqslant M_e + M = k_1 l_{KA} \frac{N_{KA}^2}{R'^2_C} I_{KA}^2 + M \tag{2-4}$$

当 I_{KA} 减小到一定数值时，式（2－4）即能成立，继电器返回。能使继电器返回的最大电流称为继电器的返回电流，并以 I_{re} 表示。在式（2－4）中，用 I_{re} 代替 I_{KA} 并取等号且移项后得

$$I_{re} = \frac{R_C}{N_{KA}} \sqrt{\frac{(M_S - M)}{K_1 l_{KA}}} \tag{2-5}$$

返回电流 I_{re} 与动作电流 I_{OP} 的比值称为返回系数 K_{re}，即 $K_{re}=I_{re}/I_{OP}$。反应电流增大而动作的继电器 $I_{OP}>I_{re}$，因而 $K_{re}<1$。对于不同结构的继电器，K_{re} 不相同，且在 0.1～0.98 这个相当大的范围内变化。

2. 电磁型电压继电器

电压继电器的线圈是经过电压互感器接入系统电压 U_s 的，其线圈中的电流为

$$I_r = \frac{U_r}{Z_r}$$

式中　U_r——加于继电器线圈上的电压，等于 U_s/n_{TV}（n_{TV}为电压互感器的变比）；

Z_r——继电器线圈的阻抗。

继电器的平均电磁力 $F_e = KI_r^2 = K'U_s^2$，K'_1 为 $K/n_{TV}^2Z_r^2$，因而它的动作情况取决于系统电压 U_s。我国工厂生产的DY系列电压继电器的结构和DL系列电流继电器相同。它的线圈是用温度系数很小的导线（例如康铜线）制成，且线圈的电阻很大。

DY系列电压继电器分过电压继电器和低电压继电器两种。过电压继电器动作时，衔铁被吸持，返回时，衔铁释放；而低电压继电器则相反，动作时衔铁释放，返回时，衔铁吸持。亦即过电压继电器的动作电压相当于低电压继电器的返回电压；过电压继电器的返回电压相当于低电压继电器的动作电压。因而过电压继电器的 $K_{re}<1$；而低电压继电器的 $K_{re}>1$。DY系列电压继电器的优缺点和DL系列电流继电器相同。它们都是触点系统不够完善，在电流较大时，可能发生振动现象。触点容量小不能直接跳闸。

3. 时间继电器特性

时间继电器是用来在继电保护和自动装置中建立所需要的延时。对时间继电器的要求是时间的准确性，而且动作时间不应随操作电压在运行中可能的波动而改变。

电磁型时间继电器由电磁机构带动一钟表延时机构组成。电磁启动机构采用螺管线圈式结构，线圈可由直流或交流电源供电，但大多由直流电源供电。

其电磁机构与电压继电器相同，区别在于：当它的线圈通电后，其触点须经一定延时才动作，而且加在其线圈上的电压总是时间继电器的额定动作电压。

时间继电器的电磁系统不要求很高的返回系数。因为继电器的返回是由保护装置启动机构将其线圈上的电压全部撤除来完成的。

4. 中间继电器特性

中间继电器的作用是：在继电保护接线中，用以增加触点数量和触点容量，实现必要的延时，以适应保护装置的需要。

它实质上是一种电压继电器，但它的触点数量多且容量大。为保证在操作电源电压降低时中间继电器仍能可靠地动作，因此中间继电器的可靠动作电压只要达到额定电压的70%即可，瞬动式中间继电器的固有动作时间不应大于0.05s。

5. 信号继电器特性

信号继电器在保护装置中，作为整组装置或个别元件的动作指示器。按电磁原理构成的信号继电器，当线圈通电时，衔铁被吸引，信号掉牌（指示灯亮）且触点闭合。失去电源时，有的需手动复归，有的需电动复归。信号继电器有电压启动和电流启动两种。

三、实验内容

1. 电流继电器特性实验

电流继电器动作电流和返回电流测试实验。

实验电路原理图如图2-2所示。

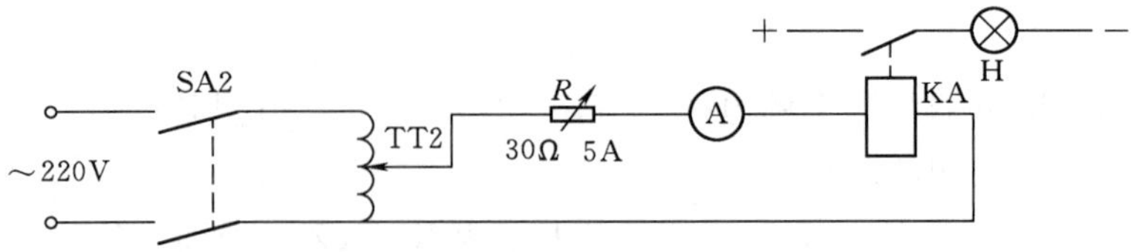

图 2-2 电流继电器动作电流值测试实验原理图

实验步骤如下：

(1) 按图 2-2 接线，将电流继电器的动作值整定为 2A，使调压器输出指示为 0V，滑线电阻的滑动触头放在中间位置。

(2) 查线路无误后，先合上三相电源开关（对应指示灯亮），再合上单相电源开关和直流电源开关。

(3) 慢慢调节调压器使电流表读数缓慢升高，记下继电器刚动作（动作信号灯亮）时的最小电流值，即为动作值。

表 2-1 电流继电器动作值、返回值测试实验数据记录表

	动作值 (A)	返回值 (A)
1		
2		
3		
平均值		
误差		整定值 I_{zd}
变差		返回系数

(4) 继电器动作后，再调节调压器使电流值平滑下降，记下继电器返回时（指示灯灭）的最大电流值，即为返回值。

(5) 重复步骤 (2) ～ (4)，测三组数据。

(6) 实验完成后，使调压器输出为 0V，断开所有电源开关。

(7) 分别计算动作值和返回值的平均值即为电流继电器的动作电流值和返回电流值，实验数据记录表如表 2-1 所示。

(8) 计算整定值的误差、变差及返回系数，计算公式如下：

误差＝（动作最小值－整定值）/整定值

变差＝（动作最大值－动作最小值）/动作平均值×100%

返回系数＝返回平均值/动作平均值

2. 电流继电器动作时间测试实验

电流继电器动作时间测试实验原理图如图 2-3 所示。

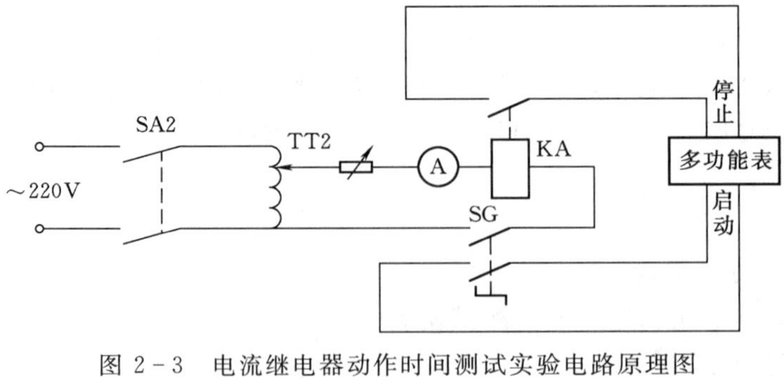

图 2-3 电流继电器动作时间测试实验电路原理图

实验步骤如下：

(1) 按图 2-3 接线，将电流继电器的常开触点接在多功能表的“输出 K2”和“公共线”，将开关 SG 的一条支路接在多功能表的“输入 K1”和“公共线”，使调压器输出为 0V，将电流继电器动作值整定为 2.4A，滑线电阻的滑动触头置于其中间位置。

(2) 检查线路无误后，先合上三相电源开关，再合上单相电源开关。

(3) 打开多功能表电源开关，使用其时间测量功能（对应“时间”指示灯亮），工作方式选择开关置“连续”位置，按“清零”按钮使多功能表显示清零。

(4) 慢慢调节调压器使其输出电压匀速升高，使加入继电器的电流为 2.4A。

(5) 先拉开开关（SG），复位多功能表，使其显示为零，然后再迅速合上 SG，多功能表显示的时间即为动作时间，将时间测量值记录于表 2-2 中。

(6) 重复步骤（5）的过程，测三组数据，计算平均值，结果填入表 2-2 中。

表 2-2　电流继电器动作时间测试实验数据记录表

I (A)	2.4				3.0				3.6				4.8			
	1	2	3	平均	1	2	3	平均	1	2	3	平均	1	2	3	平均
t (ms)																

(7) 先重复步骤（4），使加入继电器的电流分别为 3.0A、3.6A、4.8A，再重复步骤（5）和（6），测量此种情况下的继电器动作时间，将实验结果记录于表 2-2。

(8) 实验完成后，使调压器输出电压为 0V，断开所有电源开关。

(9) 分析四种电流情况时读数是否相同，为什么？

3. 电压继电器特性实验

电压继电器动作电压、返回电压测试实验（以低电压继电器为例）。

低电压继电器动作值测试实验电路原理图如图 2-4 所示。

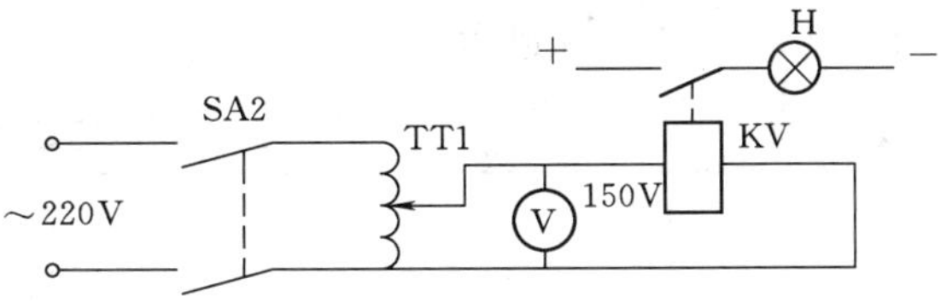

图 2-4　低电压继电器动作值测试实验电路原理图

实验步骤如下：

(1) 按图 2-4 接线，检查线路无误后，将低电压继电器的动作值整定为 60V，使调压器的输出电压为 0V，合上三相电源开关和单相电源开关及直流电源开关（对应指示灯亮），这时动作信号灯亮。

(2) 调节调压器输出，使其电压从 0V 慢慢升高，直至低电压继电器常闭触点打开（信号指示灯熄灭）。

(3) 调节调压器使其电压缓慢降低，记下继电器刚动作（动作信号灯刚亮）时的最大电压值，即为动作值，将数据记录于表 2-3 中。

(4) 继电器动作后，再慢慢调节调压器使其输出电压平滑地升高，记下继电器常闭触点刚打开，H 刚熄灭时的最小电压值，即为继电器的返回值。

(5) 重复步骤（3）和（4），测三组数据。分别计算动作值和返回值的平均值，即为低电压继电器的动作值和返回值。

（6）实验完成后，将调压器输出调为 0V，断开所有电源开关。

（7）计算整定值的误差、变差及返回系数。

表 2－3　低电压继电器动作值、返回值测试实验数据记录表

	动作值（V）	返回值（V）
1		
2		
3		
平均值		
误差		整定值 U_{set}
变差		返回系数

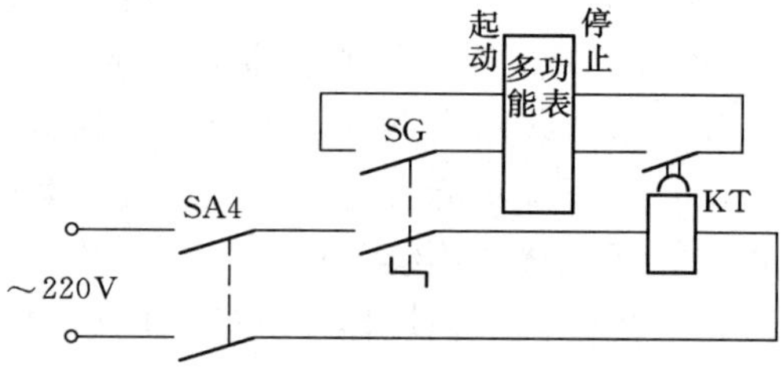

图 2－5　时间继电器动作时间测试实验电路原理图

4. 时间继电器特性测试实验

时间继电器特性测试实验电路原理接线图如图 2－5 所示。

实验步骤如下：

（1）按图 2－5 接好线路，将时间继电器的常开触点接在多功能表的“输入 K2”和“公共线”，将开关 SG 的一条支路接在多功能表的“输入 K1”和“公共线”，调整时间整定值，将静触点时间整定指针对准一刻度中心位置，例如可对准 2s 位置。

（2）合上三相电源开关，打开多功能表电源开关，使用其时间测量功能（对应“时间”指示灯亮），使多功能表时间测量工作方式选择开关置“连续”位置，按“清零”按钮使多功能表显示清零。

（3）断开 SG 开关，合上直流电源开关，再迅速合上 SG，采用迅速加压的方法测量动作时间。

（4）重复步骤（2）和（3），测量三次，将测量时间值记录于表 2－4 中，且第一次动作时间测量不计入测量结果中。

表 2－4　时间继电器动作时间测试

	整定值	1	2	3	平均	误差	变差
t（ms）							

（5）实验完成后，断开所有电源开关。

（6）计算动作时间误差。

5. 多种继电器配合实验

（1）过电流保护实验。

该实验内容为将电流继电器、时间继电器、信号继电器、中间继电器、调压器、滑线变阻器等组合构成一个过电流保护。要求当电流继电器动作后，启动时间继电器延时，经过一定时间后，启动信号继电器发信号和中间继电器动作跳闸（指示灯亮）。过电流保护实验原理接线图如图 2－6 所示。

实验步骤如下：

1）图 2－6 为多个继电器配合的过电流保护实验原理接线图。

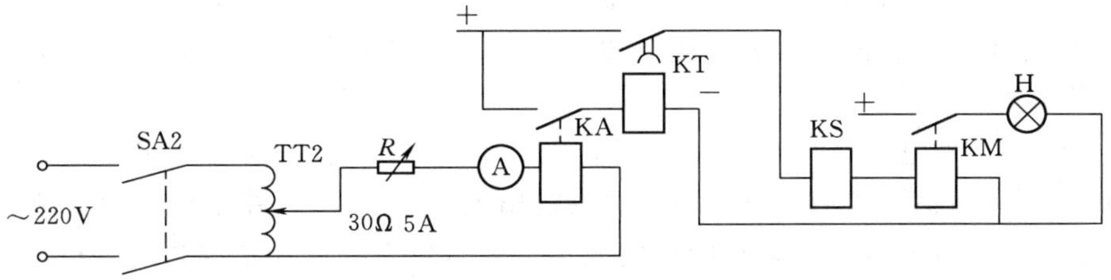

图 2-6　过电流保护实验原理接线图

2）按图 2-6 接线，将滑线变阻器的滑动触头放置在中间位置，实验开始后可以通过改变滑线变阻器的阻值来改变流入继电器电流的大小。将电流继电器动作值整定为 2A，时间继电器动作值整定为 2.5s。

3）经检查无误后，依次合上三相电源开关、单相电源开关和直流电源开关。各电源对应指示灯均亮。

4）调节单相调压器输出电压，逐步增加电流，当电流表电流约为 1.8A 时，停止调节单相调压器，改为慢慢调节滑线电阻的滑动触头位置，使电流表数值增大直至信号指示灯变亮。仔细观察各种继电器的动作关系。

5）调节滑线变压器的滑动触头，逐步减小电流，直至信号指示灯熄灭。仔细观察各种继电器的返回关系。

6）实验结束后，将调压器调回零，断开直流电源开关，最后断开单相电源开关和三相电源开关。

（2）低电压闭锁的过电流保护实验。

过电流保护按躲开可能出现的最大负荷电流整定，启动值比较大，往往不能满足灵敏度的要求。为此，可以采用低电压启动的过电流保护，以提高保护的灵敏度。

实验步骤如下：

1）图 2-7 为多个继电器配合的低电压闭锁过流保护实验原理接线图。

2）按图 2-7 接线；试验台上单相调压器 TT2（实验台面板上标为 TY2）输出端的接法与上个实验电流回路接法相同；单相调压器 TT1（实验台面板上标为 TY1）的输出端 a、0 接到电压继电器的线圈端子 A、B 上，同时并上一块交流电压表。整定电流继电

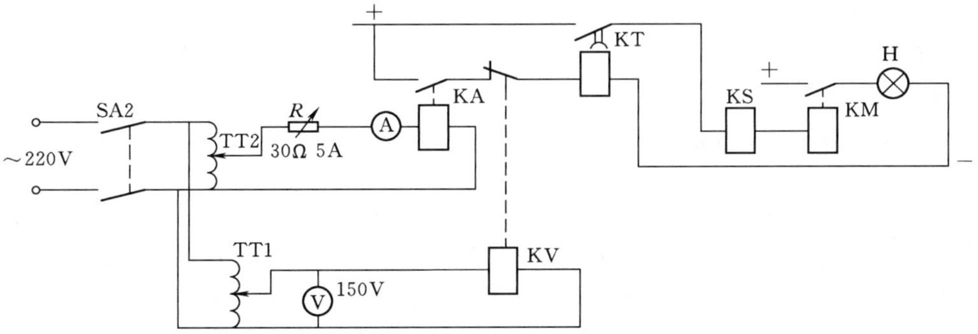

图 2-7　低电压闭锁过流保护实验原理接线图

器为 2A，电压继电器为 20V（也可以在量程 0～60 任意选择）。

3）经检查无误后，依次合上三相电源开关、单相电源开关和直流电源开关。各电源对应指示灯均亮。

4）先调 TT1 使电压表读数为 50V；再调 TT2，逐步增加电流，使电流表读数为表 2－5中的给定值，然后调 TT1 减小调压器的输出电压至表 2－5 中的给定值。观察各种继电器的动作关系，对信号指示灯在给出的电压、电流值下亮、灭情况进行分析。也可自行设定电压、电流值进行实验。

5）实验完毕后，注意将调压器调回零，断开直流电源开关，最后断开单相电源开关和三相电源开关。

表 2－5　低电压闭锁过流保护实验数据记录表

I（A）	U（V）	动作信号灯亮熄情况
1.0	40	
3.0	30	
3.0	10	

四、实验仪器

实验仪器包括：①电流继电器；②电压继电器；③中间继电器；④信号继电器；⑤单相调压器；⑥电流表；⑦电压表；⑧多功能表；⑨滑线电阻；⑩信号灯；⑪开关。

五、思考题

（1）电磁型电流继电器、电压继电器和时间继电器在结构上有什么异同点？

（2）如何调整电流继电器、电压继电器的返回系数？

（3）电磁型电流继电器的动作电流与哪些因素有关？

（4）过电压继电器和低电压继电器有何区别？

（5）在时间继电器的测试中为何整定后第一次测量的动作时间不计？

（6）为什么电流继电器在同一整定值下对应不同的动作电流，有不同的动作时间？

第二节　LG－11 型功率方向继电器特性实验

一、实验目的

（1）学会运用相位测试仪器测量电流和电压之间相角的方法。

（2）掌握功率方向继电器的动作特性、接线方式。

（3）研究接入功率方向继电器的电流、电压的极性对功率方向继电器的动作特性的影响。

二、LG－11 型功率方向继电器简介

在单侧电源的电网中，电流保护能满足线路保护的需要。但是，在两侧电源的电网（包括单电源环形电网）中，只靠简单电流保护的电流定值和动作时限不能完全取得动作的选择性，为此，必须在保护回路中加方向闭锁，构成方向性电流保护，要求只有在流过断路器的电流的方向从母线流向线路侧时才允许保护动作。保护动作的方向性，可以利用功率方向继电器来实现。

1. LG－11 功率方向继电器的工作原理

LG－11 型功率方向继电器是整流型功率方向继电器，其比较幅值的两电气量动作方程为

$$|\dot{Z}_k\dot{I}_m+\dot{Z}_y\dot{U}_m|\geqslant|\dot{Z}_k\dot{I}_m-\dot{Z}_y\dot{U}_m| \tag{2-6}$$

式中 $\dot{I}_m$——测量电流；

$\dot{U}_m$——测量电压；

$\dot{Z}_k$——电抗变换器的变换系数；

$\dot{Z}_y$——电压变换器的变换系数。

继电器的原理接线如图 2－8 所示，其中图 2－8（a）为继电器的交流回路图，也就是比较电气量的电压形成回路，加入继电器的电流为 $\dot{I}_m$，电压为 $\dot{U}_m$。电流 $\dot{I}_m$ 通过电抗变压器 TX 的一次绕组 W_1、二次绕组 W_2 和 W_3 端钮获得电压分量 $\dot{Z}_k\dot{I}_m$，它超前电流 $\dot{I}_m$ 的相角就是转移阻抗 $\dot{Z}_k$ 的阻抗角 φ_k，绕组 W_4 用来调整 φ_k 的数值，以得到继电器的最灵敏角。电压 $\dot{U}_m$ 经电容 C_1 接入中间变压器 TV 的一次绕组 W_1，由两个二次绕组 W_2 和 W_3 获得电压分量 $\dot{Z}_y\dot{U}_m$，$\dot{Z}_y\dot{U}_m$ 超前 $\dot{U}_m$ 的相角为 90°。TX 和 TV 标有 W_2 的两个二次绕组的连接方式如图，图 2－8（b）所示，得到动作电压 $\dot{Z}_y\dot{I}_m+\dot{Z}_y\dot{U}_m$，加于整流桥 U1 输入端；TX 和 TV 标有 W_3 的二次绕组的连接方式如图 2－8（b）所示，得到制动电压 $\dot{Z}_y\dot{I}_m-$

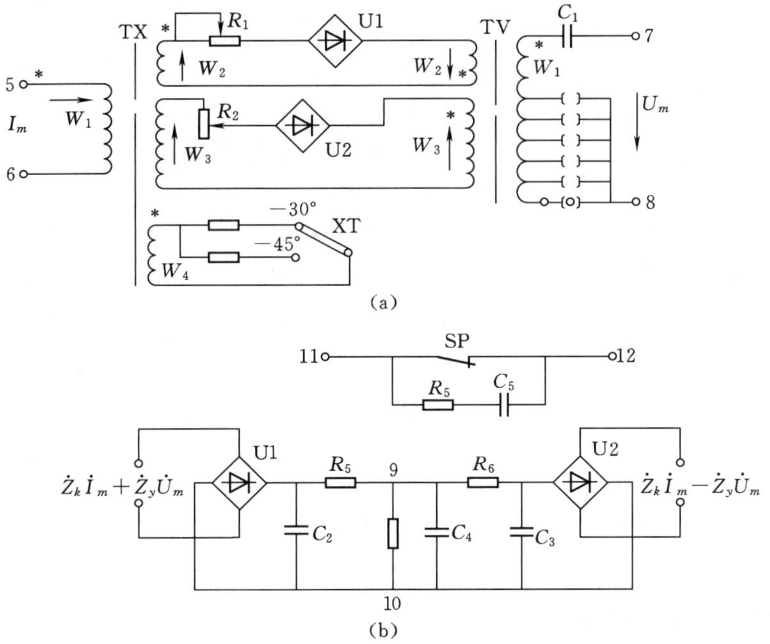

图 2－8　LG－11 功率方向继电器原理接线图

（a）交流回路图；（b）直流回路图

$\dot{Z}_y\dot{U}_m$，加于整流桥 U2 输入端。图 2-8（b）为幅值比较回路，它按循环电流式接线，执行元件采用极化继电器 K。

继电器最大灵敏角的调整是利用改变电抗变压器 TX 第三个二次绕组 W_4 所接的电阻值来实现的。继电器的内角 $\alpha=90°-\varphi_k$，当接入电阻 R_3 时，阻抗角 $\varphi_k=60°$，$\alpha=30°$；当接入电阻 R_4 时，$\varphi_k=45°$，$\alpha=45°$。因此，继电器的最大灵敏角 $\varphi_{sen\cdot max}=-\alpha$，并可以调整为两个数值，一个为$-30°$，另一个为$-45°$。

当在保护安装处正向出口发生相间短路时，相间电压几乎将降为零值，这时功率方向继电器的输入电压 $\dot{U}_m\approx0$，动作方程为 $|\dot{Z}_k\dot{I}_m|=|\dot{Z}_k\dot{I}_m|$，即 $|\dot{U}_A|=|\dot{U}_B|$。由于整流型功率方向继电器的动作需克服执行继电器的机械反作用力矩，也就是说必须消耗一定的功率（尽管这一功率的数值不大），因此，要使继电器动作，必须满足 $|\dot{U}_A|>|\dot{U}_B|$ 的条件。所以在 $\dot{U}_m\approx0$ 的情况下，功率方向继电器动作不了，因而产生了电压死区。

为了消除电压死区，功率方向继电器的电压回路需加设“记忆回路”，就是需电容 C_1 与中间变压器 TV 的绕组电感构成 50Hz 串联谐振回路。这样当电压 $\dot{U}_m$ 突然降低为零时，该回路中电流 $\dot{I}_m$ 并不立即消失，而是按 50Hz 谐振频率，经过几个周波后，逐渐衰减为零。而这个电流与故障前电压 $\dot{U}_m$ 同相，并且在谐振衰减过程中维持相位不变。因此，相当于“记住了”短路前的电压的相位，故称为“记忆回路”。

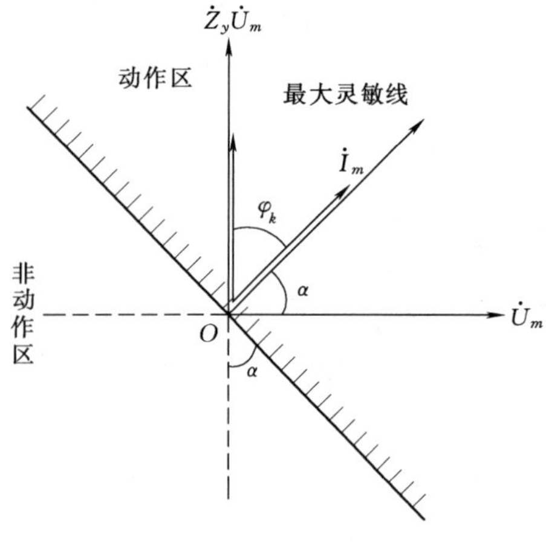

图 2-9　LG-11 型功率方向继电器的动作特性（α 为 30°或 45°）

由于电压回路有了“记忆回路”的存在，当加于继电器的电压 $\dot{U}_m\approx0$ 时，在一定的时间内 TV 的二次绕组端钮有电压分量 $\dot{Z}_y\dot{U}_m$ 存在，就可以继续进行幅值的比较，因而消除了在正方向出口短路时继电器的电压死区。

在整流比较回路中，电容 C_2 和 C_3 主要是滤除二次谐波，C_4 用来滤除高次谐波。

2. 功率方向继电器的动作特性

LG-11 型功率方向继电器的动作特性如图 2-9所示，临界动作条件为垂直于最大灵敏线通过原点的一条直线，动作区为带有阴影线的半平面范围。最大灵敏线是超前 $\dot{U}_m$ 为 α 角的一条直线。电流 $\dot{I}_m$ 的相位可以改变，当 $\dot{I}_m$ 与最大灵敏线重合时，即处于灵敏角 $\varphi_{sen}=-\alpha$ 情况下，电压分量 $\dot{Z}_k\dot{I}_m$ 与超前 $\dot{U}_m$ 为 90°相角的电压分量 $\dot{Z}_y\dot{U}_m$ 相重合。

通常功率方向继电器的动作特性还有下面两种表示方法：

（1）角度特性：表示 I_m 固定不变时，继电器启动电压 $U_{pu\cdot r}=f(\varphi_m)$ 的关系曲线。理论上此特性可用图 2-10 表示，其最大灵敏角为 $\varphi_{sen}=-\alpha$。当 $\varphi_k=60°$时，$\varphi_{sen}=-30°$，理

想情况下动作范围位于以 φ_{sen} 为中心的±90°以内。在此动作范围内，继电器的最小启动电压 $U_{pu\cdot r\cdot min}$ 基本上与 φ_r 无关，当加入继电器的电压 $U_r < U_{pu\cdot r\cdot min}$ 时，继电器将不能启动，这就是出现“电压死区”的原因。

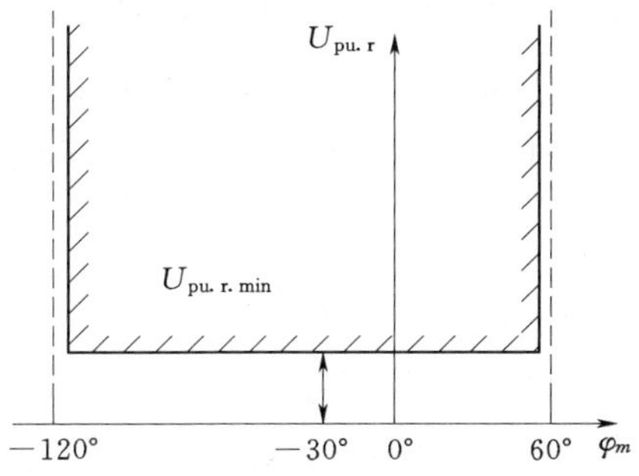

图 2-10　功率方向继电器（φ=30°）的角度特性

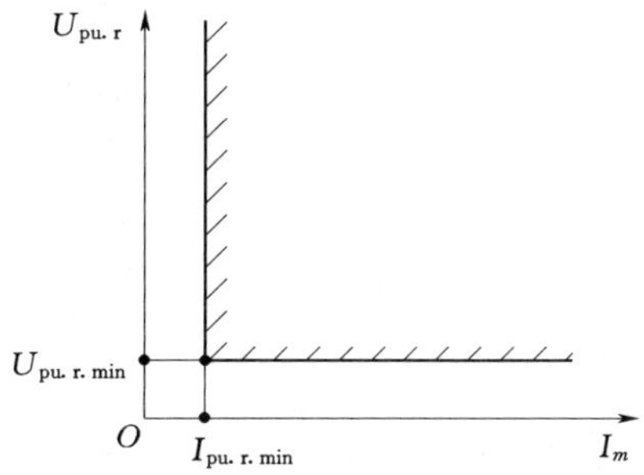

图 2-11　功率方向继电器的伏安特性

（2）伏安特性：表示当 $\varphi_m = \varphi_{sen}$ 固定不变时，继电器启动电压 $U_{pu\cdot r} = f(I_m)$ 的关系曲线。在理想情况下，该曲线平行于两个坐标轴，如图 2-11 所示，只要加入继电器的电流和电压分别大于最小启动电流 $I_{pu\cdot r\cdot min}$ 和最小启动电压 $U_{pu\cdot r\cdot min}$，继电器就可以动作。其中 $I_{pu\cdot r\cdot min}$ 之值主要取决于在电流回路中形成方波时所需加入的最小电流。

在分析功率方向继电器的动作特性时，还要考虑继电器的“潜动”问题。功率方向继电器可能出现电流潜动或电压潜动。

所谓电压潜动，就是功率方向继电器仅加入电压 $\dot{U}_m$ 时产生的动作。产生电压潜动的原因是由于中间变压器 TV 的两个二次绕组 W_3、W_2 的输出电压不等，当动作回路 TV 的 W_2 端电压分量 $\dot{Z}_y\dot{U}_m$ 大于制动回路 TV 的 W_3 端电压分量 $\dot{Z}_y\dot{U}_m$ 时，就会产生电压潜动现象。为了消除电压潜动，可调整制动回路中的电阻 R_3，使 $I_m=0$ 时，加于两个整流桥输入端的电压相等，因而消除了电压潜动。

所谓电流潜动，就是功率方向继电器仅通入电流 $\dot{I}_m$ 时产生的动作。产生电流潜动的原因是由于电抗变压器 TX 两个二次绕组 W_2、W_3 的电压分量 $\dot{Z}_k\dot{I}_m$ 不等，当 W_2 电压分量 $\dot{Z}_k\dot{I}_m$ 大于 W_3 端电压分量 $\dot{Z}_k\dot{I}_m$（也就是动作电压大于制动电压）时，就会产生电流潜动现象。为了消除电流潜动，可调整动作回路中的电阻 R_1，使 $U_m=0$ 时，加于两个整流桥输入端的电压相等，因而消除了电流潜动。

发生潜动的最大危害是在反方向出口处三相短路时，此时 $U_m \approx 0$，而 I_m 很大，方向继电器本应将保护装置闭锁，如果此时出现了潜动，就可能使保护装置失去方向性而误动作。

3. 相间短路功率方向继电器的接线方式

由于功率方向继电器的主要任务是判断短路功率的方向，因此，对其接线方式应提出如下要求：

（1）正方向任何形式的故障都能动作，而当反方向故障时则不动作。

（2）故障以后加入继电器的电流 $\dot{I}_r$ 和电压 $\dot{U}_r$ 应尽可能地大一些，并尽可能使 φ_r 接

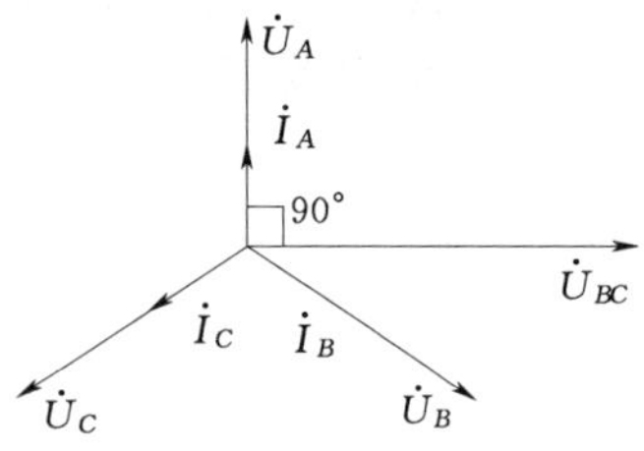

图 2-12　$\cos\varphi=1$ 时 I_A、U_{BC} 的相量图

近于最大灵敏角 $\varphi_{sen \cdot max}$，以便消除和减小方向继电器的死区。

为了满足以上要求，功率方向继电器广泛采用的是 90°接线方式，所谓 90°接线方式是指在三相对称的情况下，当 $\cos\varphi=1$ 时，加入继电器的电流，如 $\dot{I}_A$ 和电压 $\dot{U}_{BC}$ 相位相差 90°，如图 2-12 所示。这个定义仅仅是为了称呼的方便，没有什么物理意义。

采用这种接线方式时，三个继电器分别接于 $\dot{I}_A$、$\dot{U}_{BC}$，$\dot{I}_B$、$\dot{U}_{CA}$ 和 $\dot{I}_C$、$\dot{U}_{AB}$ 而构成三相式方向过电流保护接线图。在此顺便指出，对功率方向继电器的接线，必须十分注意继电器电流线圈和电压线圈的极性问题，如果有一个线圈的极性接错就会出现正方向拒动、反方向误动的现象。

三、实验内容

1. 电压潜动现象检查实验

LG-11 功率方向继电器实验原理接线如图 2-13 所示。图 2-13 中，380V 交流电源经移相器和调压器调整后，由 bc 相分别输入功率方向继电器的电压线圈，A 相电流输入至继电器的电流线圈，注意同名端方向。

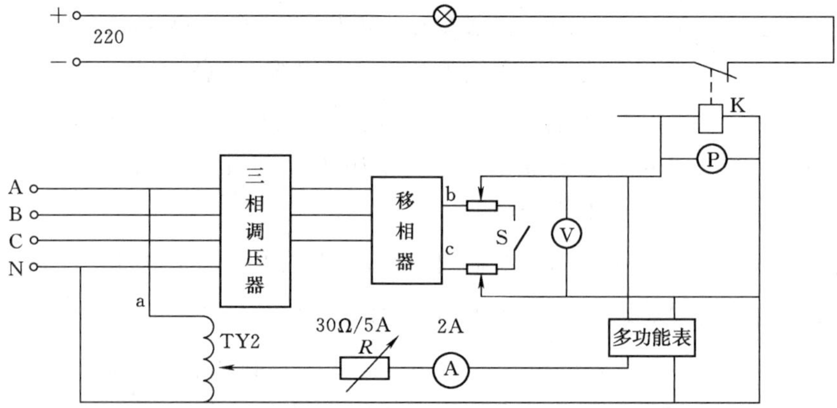

图 2-13　LG-11 功率方向继电器实验原理接线图

实验步骤如下：

（1）熟悉 LG-11 功率方向继电器的原理接线和 HYD-Ⅱ智能式多功能表的操作方法及试验原理。

认真阅读 LG-11 功率方向继电器原理接线图（图 2-8）和实验原理接线图（图 2-13），在图 2-13 上画出功率方向继电器 LG-11 中的接线端子号和所需测量仪表接法。注意极性。

（2）按实验原理线路图接线。

（3）调节三相调压器和单相调压器，使其输出电压为 0V，将移相器调至 0°，将滑线电阻滑动触头移到其中间位置。

(4) 合上三相电源开关、单相电源开关。

(5) 打开多功能表电源开关，将其功能选择开关置于相位测量位置（“相位”指示灯亮），相位频率测量单元的开关拨到“外接频率”位置。

(6) 调节三相调压器使移相器输出电压为20V，调节单相调压器使电流表读数为1A，调移相器，使输入到继电器上的电压与电流的相位为0°，观察分析多功能表读数是否正确。若不正确，则说明输入电流和电压相位不正确，分析原因，并加以改正。

(7) 在多功能表读数正确时，检查功率继电器是否有潜动现象。

电压潜动测量：将电流回路开路，即断开单相电源开关，调三相调压器（打开操作开关S)，对电压回路加入110V电压，测量极化继电器K两端之间电压，若小于0.1V，则说明无电压潜动。

电流潜动测量：将电压回路电压调至0，即断开三相电源开关，合上单相调压器，将电流调至2A，测量极化继电器K两端之间电压，若小于0.1V，则说明无电流潜动。

2. 角度特性实验

该实验的任务是测量LG-11整流型功率方向继电器角度特性 $U_{pu}=f(\varphi)$，并找出继电器的最大灵敏角和最小动作电压。实验步骤如下：

(1) 按图2-13所示原理接线图接线。

(2) 检查线路无误后，合上三相电源开关、单相电源开关和直流电源开关。

(3) 调节单相调压器的输出电压使电流表的读数为1A，并保证此电流值不变。

(4) 在操作开关断开状态下，调节三相调压器的输出电压，使电压表读数为50V。

(5) 调节移相器，在电压表为给定值的条件下找到使继电器动作（动作信号灯由不亮变亮）的两个临界角度 φ_1、φ_2，将测量数据记录于表2-6中。

表2-6　角度特性 $U_{pu}=f(\varphi)$ 实验数据记录表

U (V)	50	30	20	10	5	2.5
φ_1 (°)						
φ_2 (°)						

(6) 保持电流为1A不变，调节三相调压器，依次降低电压值，重复步骤(5)的过程，给定电压为30V、20V情况下，使继电器动作的 φ_1、φ_2，并记录在表2-6中。

(7) 保持电流为1A不变，将两个滑线电阻的滑动触点移到靠近移相器输出bc接线端，调节三相调压器使其输出电压为30V。

(8) 合上操作开关S，调节两个滑线电阻的滑动触点使电压表读数为10V。

(9) 断开操作开关S。

(10) 改变移相器的位置。

(11) 迅速合上开关S，检查继电器动作情况。

(12) 重复步骤(9)～(11)，找到使继电器动作的两个临界角度 φ_1、φ_2，在断开开关S的情况下，将多功能表的读数记录于表2-6中。

(13) 重复步骤 (8) 的过程，使电压表的读数分别为5V、2.5V、2V、1V和0.5V，再重复步骤 (9) ～ (12) 的过程，找出使继电器动作的最小动作电压值。

(14) 实验完成后，使调压器输出为0，断开所有电源开关。

(15) 计算继电器的最大灵敏角 $\varphi_{sen\cdot max}=\frac{\varphi_1+\varphi_2}{2}$，绘制角度特性曲线，并标明动作区。

3. 伏安特性实验

该实验的主要任务是作出功率方向继电器的伏安特性 $U_{pu}=f(I_r)$，并测出最小动作电压。实验步骤如下：

(1) 调整功率方向继电器的内角 $\varphi=30°$，调节移相器使 $\varphi=\varphi_{sen}$，并保持不变。

(2) 实验接线与图2-13相同，检查线路无误后，合上三相电源开关、单相电源开关和直流电源开关。

(3) 按照角度特性实验中的步骤 (7) 和 (8) 介绍的方法将电压表读数调至表2-7中的某一给定值。

(4) 调节单相调压器的输出，改变继电器输入电流的大小，当继电器动作时，记录此时电流表的读数。

(5) 重点步骤 (3) 和 (4)，在依次给出不同的电压时，找出使继电器动作 (指示灯由不亮到亮) 的相应的电流值，记入表2-7中。注意找出使继电器动作的最小电压和电流。

表2-7　伏安特性 $U_{pu}=f(I_r)$ 实验数据记录表

U_{pu} (V)	10	8	6	4	2				
I_r (A)									

(6) 实验完成后，使所有调压器输出电压为0V，断开所有电源开关。

(7) 绘出 $U_{pu}=f(Ir)$ 特性曲线。

四、实验仪器

实验仪器包括：功率方向继电器，三相调压器，移相器，单相调压器，电阻，多功能表，电流表，电压表，开关，指示灯。

五、思考题

(1) 功率方向继电器为什么会有死区？应如何消除死区？

(2) 用相量图分析加入功率方向继电器的电压、电流极性发生变化对动作特性的影响。

(3) LG-11整流型功率方向继电器的动作区是否等于180°？为什么？

(4) 整流型功率方向继电器的角度特性与感应型功率方向继电器角度特性有什么差异？

(5) 功率方向继电器为什么要采用90°接线？用0°接线行不行？

(6) 改变内角 α 对保护动作性能有何影响？它有何实质意义？

(7) 角度特性及伏安特性有什么用途？

第三节　LZ－21型方向阻抗继电器特性实验

一、实验目的

（1）熟悉整流型LZ－21型方向阻抗继电器的原理接线图，了解其动作特性。

（2）测量方向阻抗继电器的静态 $Z_{pu}=f(\varphi)$ 特性，求取最大灵敏角。

（3）测量方向阻抗继电器的静态 $Z_{pu}=f(I_r)$ 特性，求取最小精态电流。

（4）研究方向阻抗继电器记忆回路和引入第三相电压的作用。

二、阻抗继电器基本构成、接线方式与动作特性简介

（一）LZ－21型方向阻抗继电器基本构成

1. LZ－21型方向阻抗继电器构成原理及整定方法

距离保护能否正确动作，取决于保护能否正确地测量从短路点到保护安装处的阻抗，并使该阻抗与整定阻抗比较，这个任务由阻抗继电器来完成。

阻抗继电器的构成原理可以用图2－14来说明。图2－14中，若K点三相短路，短路电流为 I_K，由TV回路和TA回路引至比较电路的电压分别为测量电压 U'_m 和整定电压 U'_{set}，那么

$$U'_m=\frac{1}{n_{TV}n_{UV}}I_KZ_K=\frac{1}{n_{TV}n_{UV}}I_mZ_m \qquad (2-7)$$

式中　n_{TV}、n_{UV}——电压互感器和电压变换器的变比；

Z_K——母线至短路点的短路阻抗。

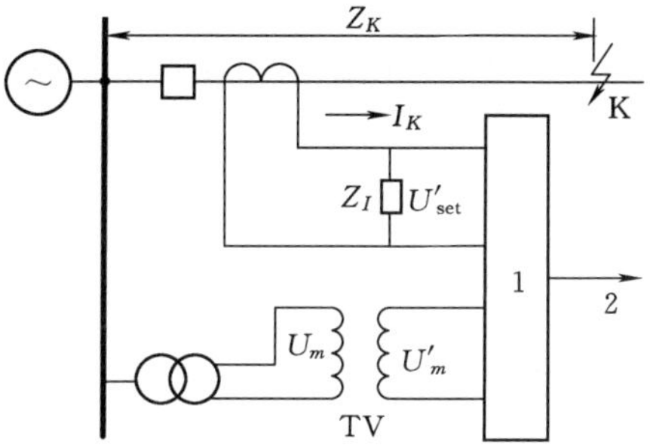

图2－14　阻抗继电器的构成原理说明图
1—比较电路；2—输出

当认为比较回路的阻抗无穷大时，则

$$U'_{set}=\frac{1}{n_{TA}}I_KZ_I=\frac{1}{n_{TA}}I_mZ_I \qquad (2-8)$$

式中　Z_I——人为给定的模拟阻抗。

比较式（2－7）和式（2－8）可见，若假设 $n_{TV}n_{UV}=n_{TA}$，则短路时，由于线路上流过同一电流 I_K，因此在比较电路上比较 U'_{set} 和 U'_m 的大小，就等于比较 Z_I 和 Z_m 的大小。如果 $U'_m>U'_{set}$，则表明 $Z_m>Z_I$，保护应不动作；如果 $U'_m<U'_{set}$，则表明 $Z_m<Z_I$，保护应动作。阻抗继电器就是根据这一原理工作的。

已知电抗变压器TX的副方电势 $\dot{E}_2$ 与原方电流 $\dot{I}$ 呈线性关系，即 $\dot{E}_2=\dot{K}_I\dot{I}_I$，$\dot{K}_I$ 在此是一个具有阻抗量纲的量，当改变TX原方绕组的匝数或其他参数时，可以改变 $\dot{K}_I$ 的大小。电抗变压器的 $\dot{K}_I$ 值即为模拟阻抗 Z_I。

在图2－14中，若在保护范围的末端发生短路，即 $Z_K=Z_{set}$，那么比较电路将处于临界动作状态，即 $U'_m=U'_{set}$ 这时由式（2－7）和式（2－8）可得

$$\frac{1}{n_{TV}n_{UV}}I_K Z_{set}=\frac{1}{n_{TA}}I_K Z_I$$

所以
$$Z_{set}=\frac{n_{TV}n_{UV}}{n_{TA}}Z_I=K'_u Z_I=\frac{Z_I}{K_u} \tag{2-9}$$

其中
$$K_u=\frac{1}{K'_u}=\frac{n_{TA}}{n_{TV}n_{UV}}$$

式（2－9）表明，整定阻抗 Z_{set}是一个与 TX 的模拟阻抗 Z_I 和电压变换器 TV 的变比有关的阻抗。当适当调节 TX 原方绕组的匝数和调节 n_{UV}的大小时，可以得到不同的整定阻抗值。例如：当 $n_{TV}=1$，$n_{TA}=1$，$Z_I=2\Omega$ 时，若要整定阻抗为 $Z_{set}=20\Omega$，则 TV 抽头可选 10 匝。

2. LZ－21 型方向阻抗继电器原理图分析

图 2－15 为其原理图。由 TA 引入的电流 $I_{TA}=\dfrac{I_m}{n_{TA}}$ 接于电抗变压器 TX 的原方端子 1、2、3、4。在它的副方，得到正比于原方电流的电压，TX 的原方有几个抽头，当改变抽头位置时，即可改变 Z_I 值。由 TV 引入的电压 $U_{TV}=\dfrac{U_m}{n_{TV}}$ 接于电压变换器 TV1 的原方端子 5、6、7，用于引入电压 U_A、U_B、U_C，TV1 副方每一定匝数就有一个抽头，改变抽头的位置即可改变 n_{UV}，也可改变 Z_{set}的大小。KP 为具有方向性的直流继电器（又称极化继电器）。端子 9、10、11 为极化继电器触点桥的输出。端子 12、13、14 为继电器Ⅰ、Ⅱ段切换的触点。当 12、13 连通时，Ⅰ段接通。当 12、14 连通时，Ⅱ段接通。

LZ－21 型方向阻抗继电器面板上有压板 Y 用于调整最大灵敏角。

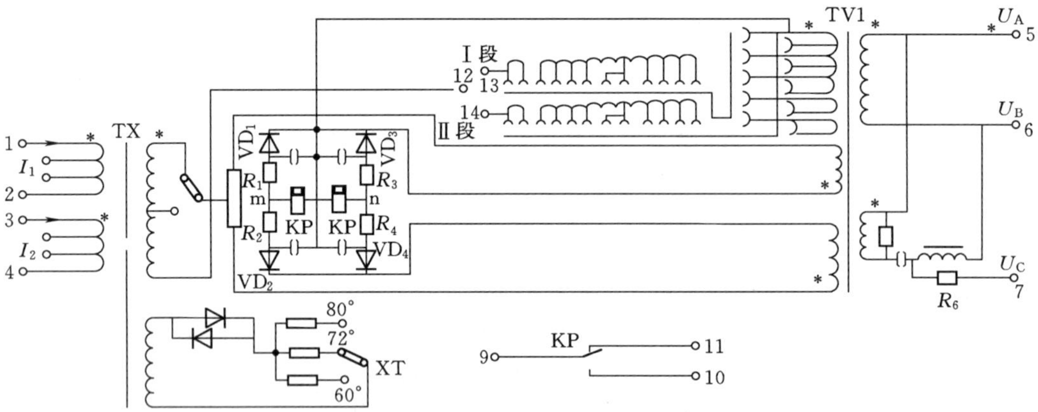

图 2－15　LZ－21 型方向阻抗继电器原理接线图

3. LZ－21 型方向阻抗继电器的死区及消除办法

方向阻抗继电器在保护安装处正向出口发生金属性短路时，其测量电压 $\dot{U}_m$ 值小于继电器的最小动作电压，继电器将拒绝动作，这一不动作区通常称为方向阻抗继电器的死区，方向阻抗继电器必须消除死区才能正确工作。

LZ－21 型方向阻抗继电器为消除死区，在继电器的相位比较电气量中引入与测量电

压 $\dot{U}_m$ 同相位的带有记忆作用的极化电压 $\dot{U}_p$。

引入了极化电压 $\dot{U}_p$ 的另一个作用，就是防止被保护线路反向出口短路时，方向阻抗继电器发生误动现象。引起反向出口短路时反向出误动的原因，可参考有关资料的分析。

（二）LZ-21 型方向阻抗继电器的接线方式

根据阻抗继电器的工作原理，输入到继电器的电压和电流应满足下列要求：

（1）继电器的测量阻抗应正比于保护安装处至短路点的线路阻抗，以便正确地测定故障发生点。

（2）继电器的测量阻抗应与故障类型无关，即保证在发生各种不同类型短路时保护都能动作。

由于相间短路和接地短路的短路回路不同，所以反应相间短路和接地短路的阻抗继电器接线方式也不相同。

LZ-21 型方向阻抗继电器是反应相间短路的继电器，其接线方式有两种。

1. 线电压和相电流差的接线方式

三相阻抗继电器的接线如表 2-8 所示，这种接线方式称为 0°接线方式，就是假定在 $\cos\varphi=1$ 时，接入阻抗继电器的电流和电压相位相同。

表 2-8　　阻抗继电器 0°接线时接入的电流、电压

继电器编号	Z_{AB}	Z_{BC}	Z_{CA}
输入电流 I_m	$\dot{I}_A-\dot{I}_B$	$\dot{I}_B-\dot{I}_C$	$\dot{I}_C-\dot{I}_A$
输入电压 U_m	$\dot{U}_{AB}$	$\dot{U}_{BC}$	$\dot{U}_{CA}$
反应故障类型	$K^{(3)}K_{AB}^{(2)}K_{AB0}^{(2,0)}$	$K^{(3)}K_{BC}^{(2)}K_{BC0}^{(2,0)}$	$K^{(3)}K_{CA}^{(2)}K_{CA0}^{(2,0)}$

2. 线电压和相电流接线方式

由于输入继电器的相电流的不同，线电压和相电流接线方式可分为+30°接线方式和−30°接线方式两种，各相继电器接入的电压和电流如表 2-9 所示。

表 2-9　　阻抗继电器±30°接线方式接入的电压、电流

继电器编号		Z_{AB}	Z_{BC}	Z_{CA}
+30°接线	$\dot{U}_m$	$\dot{U}_{AB}$	$\dot{U}_{BC}$	$\dot{U}_{CA}$
	$\dot{I}_m$	$\dot{I}_A$	$\dot{I}_B$	$\dot{I}_C$
−30°接线	$\dot{U}_m$	$\dot{U}_{AB}$	$\dot{U}_{BC}$	$\dot{U}_{CA}$
	$\dot{I}_m$	$-\dot{I}_B$	$-\dot{I}_C$	$-\dot{I}_A$
反应故障的类型		$K^{(3)}$，$K_{AB}^{(2)}$	$K^{(3)}$，$K_{BC}^{(2)}$	$K^{(3)}$，$K_{CA}^{(2)}$

现以−30°接线方式的 AB 相阻抗继电器 Z_{AB} 为例，来分析在各种相间短路情况下的测量阻抗。

（1）三相短路时。

在离保护安装处 $l$km 线路发生三相短路时，母线的残余电压是

$$\dot{U}_A=\dot{I}_A Z_1 l,\quad \dot{U}_B=\dot{I}_B Z_1 l$$

则阻抗继电器 Z_{AB} 的测量电压为

$$\dot{U}_m = \dot{U}_{AB} = \dot{U}_A - \dot{U}_B = (\dot{I}_A - \dot{I}_B)Z_l l = \sqrt{3}(-\dot{I}_B)e^{-j30°}Z_1 l$$

测量电流为

$$\dot{I}_m = -\dot{I}_B$$

因此，Z_{AB} 的测量阻抗为

$$Z_m^{(3)} = \frac{\dot{U}_{AB}}{-\dot{I}_B} = \frac{\sqrt{3}(-\dot{I}_B)e^{-j30°}Z_1 l}{-\dot{I}_B} = \sqrt{3}Z_1 l e^{-j30°}$$

（2）两相短路时。

在离保护安装处 $l$km 线路发生 AB 两相短路时，短路回路母线的残余电压为

$$\dot{U}_{AB} = \dot{I}_A Z_1 l - \dot{I}_B Z_1 l = (\dot{I}_A - \dot{I}_B)Z_1 l = 2(-\dot{I}_B)Z_1 l$$

输入继电器 Z_{AB} 的电流为 $-\dot{I}_B$，因此，Z_{AB} 的测量阻抗为

$$Z_m^{(2)} = \frac{\dot{U}_{AB}}{-I_B} = \frac{2(-I_B)Z_1 l}{-I_B} = 2Z_1 l$$

同理，可以得出 +30°接线方式时，$Z_m^{(3)} = \sqrt{3}Z_1 l e^{j30°}$，$Z_m^{(2)} = 2Z_1 l$。

由分析可见，±30°接线方式阻抗继电器在 $K^{(3)}$ 和 $K^{(2)}$ 时的测量阻抗不相同。$K^{(2)}$ 时较大，但是若在接线中，引入继电器的电流为两倍的相电流，即 $\frac{\dot{U}_{AB}}{-2I_B}$，显然，$K^{(2)}$ 时的测量阻抗为 $Z_m^{(2)} = Z_1 l$，$K^{(3)}$ 时测量阻抗 $Z_m^{(3)} = \frac{\sqrt{3}}{2}Z_1 l e^{-j30°}$。如果将 −30°接线的继电器在最大灵敏角的动作阻抗按保护范围末端两相短路时的测量阻抗 $Z_1 l$ 来整定，则同一地点三相短路时的测量阻抗是 $\frac{\sqrt{3}}{2}Z_1 l e^{-j30°}$，如图 2－16（a）所示。

如果负载是对称的，则与三相短路相同，它的测量阻抗若用 0°接线时为 $Ze^{j\varphi}$，那么采用 −30°接线时，则为 $\frac{\sqrt{3}}{2}Ze^{j(\varphi-30°)}$。很显然，若前者的相量末端在圆周上，则后者相量末端已落在圆周外，如图 2－16（b）所示，这样 −30°接线起到了躲开正常负荷的作用。因此，

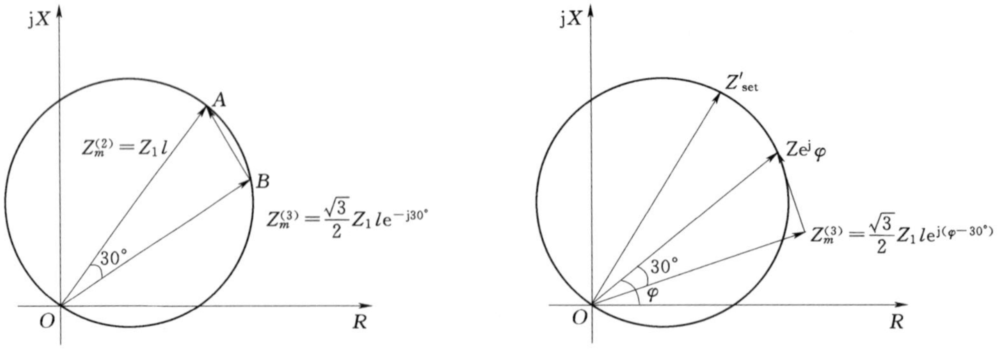

图 2－16　−30°接线时方向阻抗继电器的测量阻抗

（a）$K^{(2)}$ 和 $K^{(3)}$ 时的测量阻抗；（b）躲开正常负荷阻抗的说明

这种接线方式多用于输电线路的供电侧。

（三）LZ－21型方向阻抗继电器的动作特性

阻抗继电器是距离保护中不可缺少的元件，它是低动作量的继电器，它有多种特性，LZ－21整流型方向阻抗继电器在电力系统中应用相当广泛。

1. LZ－21型阻抗继电器的 $Z_{pu}=f(\varphi)$ 特性

前述分析可知LZ－21型方向阻抗继电器的动作特性方程为：

$$-90^\circ \leqslant \theta \leqslant 90^\circ$$

$$\theta = \arg\frac{\dot{U}_C}{\dot{U}_D}$$

LZ－21型阻抗继电器的特性为过原点的圆如图2－17实线所示，由图2－17可见方向阻抗继电器的动作特性圆的圆周经过原点，由于特性圆的圆内是动作区，圆外是不动作区，圆周上是临界动作区，就意味着在保护正方向出口处短路时（母线残压近似为零），阻抗继电器将出现死区，因此LZ－21型方向阻抗继电器在静态情况下显示出来的特性如图2－18中虚线所示，在原点 O 附近有一个凸区，这表明在静态情况下，方向阻抗继电器在原点附近（短路在母线出口处时）不会动作。但是，由于LZ－21型引入了极化电压 U_P，故在动态及第三相电压的作用下能够消除凸区使继电器正确动作。

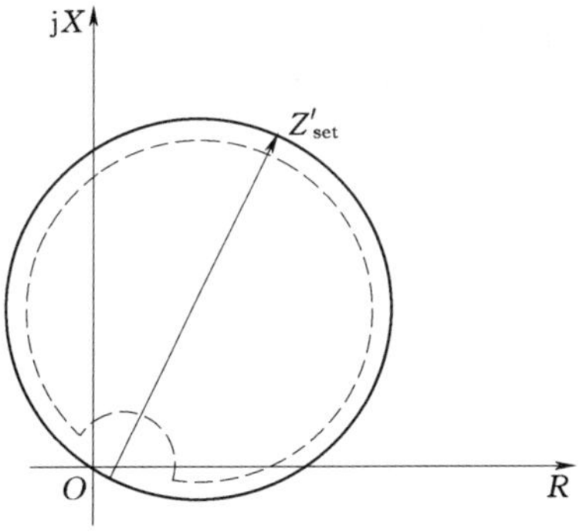

图2－17　LZ－21型方向阻抗继电器的特性图

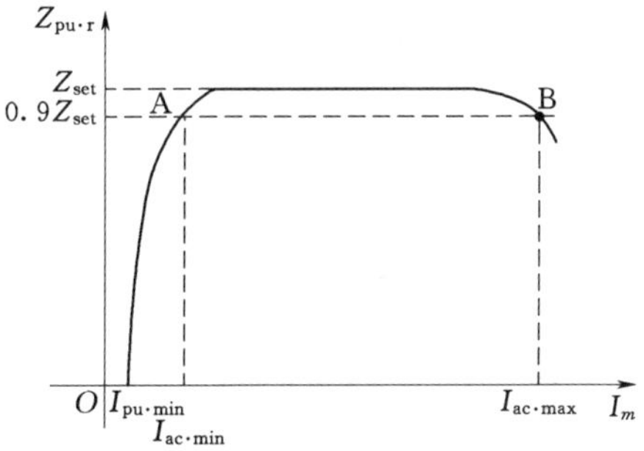

图2－18　动作阻抗与测量电流的关系曲线

2. LZ－21型方向阻抗继电器的 $Z_{pu\cdot r}=f(I_m)$ 特性

（1）阻抗继电器的几种主要指标的概念。

任一个阻抗继电器做好之后，可以通过实验作出在给定整定阻抗 Z_{set} 条件下，动作阻抗 $Z_{pu\cdot r}$ 与测量电流 I_m 的关系曲线：$Z_{pu\cdot r}=f(I_m)$，图2－18示出动作阻抗与测量电流的特性。从这一关系曲线可以说明表征阻抗继电器的几个主要技术指标。

1）最小动作电流 $I_{pu\cdot min}$。

当阻抗继电器的测量电压 $\dot{U}_m=0$ 时，使继电器动作的最小测量电流称为最小动作电流，如图2－18中所示 $I_{pu\cdot min}$，这是因为继电器动作需要克服执行元件和比较回路电压降之和的电压 U_0 的缘故。

2）最小精确工作电流 I_{ac}

所谓“精确工作电流”，就是指当 $\varphi_m=\varphi_{sen}$ 时继电器的启动阻抗等于0.9倍整定阻抗，

即 $Z_{pu\cdot r}=0.9Z_{set}$时所对应的测量电流，这时启动阻抗的误差的 10%。显然由图 2-18 可看出精确工作电流有两个数值。当测量电流较大时，$0.9Z_{set}$（曲线上的 B 点）对应的测量电流称为最大精确工作电流 $I_{ac\cdot max}$。考虑到在保护范围末端短路时，流经保护的最大短路电流一般小于 $I_{ac\cdot max}$以及在被保护线路始端短路时，流经保护的短路电流值较大，虽然阻抗继电器的启动阻抗减小，但总是可以动作的。所以最大精确工作电流一般没有实际意义，而最小的精确工作电流 $I_{ac\cdot min}$（曲线上 A 点对应的测量电流）则必须考虑，因为在被保护范围末端短路时，流经保护的短路电流可能不大，为使动作阻抗的误差不超过 10%，这时短路电流应等于或大于最小精确工作电流。

最小精确工作电流是衡量阻抗继电器灵敏度的一个重要指标，其值越小越好。由于 $I_{ac\cdot min}$与 U_0 成正比，所以提高执行元件的灵敏度，减小 U_0 便可以使 $I_{ac\cdot min}$减小。$I_{ac\cdot min}$还与电抗变压器的转移阻抗值 Z_L 成反比，因此，在实际工作中，如果测量阻抗继电器的精确工作电流大于指标要求，则可以适当增加 TX 铁心磁路空气隙的坡莫合金片，增加补偿作用，提高 Z_L 值，使精确工作电流指标合格。

3）最小精确工作电压 $U_{ac\cdot min}$。

最小精确工作电压是最小精确工作电流与整定阻抗的乘积，即

$$U_{ac\cdot min}=I_{ac\cdot min}Z_{set}$$

$U_{ac\cdot min}$与 Z_L 无关，$U_{ac\cdot min}$不随 TX 的 Z_I 的改变而改变，而是一个常数，因为当 TX 的一次抽头减少时，Z_{set}减少而 I_{ac}却增加。$U_{ac\cdot min}$是衡量阻抗继电器质量的一个指标。

（2）LZ-21 方向阻抗继电器的精工电流计算及 $Z_{pu}=f(I_m)$ 曲线。

对于 LZ-21 方向阻抗继电器，当考虑了 U_0 时，其动作方程可写成：

$$|U_p-(K_u\dot{U}_m-K_I\dot{I}_m)|-|U_p+(K_u\dot{U}_m-K_I\dot{I}_m)|-|\dot{U}_0|=0$$

全式除以 $K_u\dot{I}_m$ 上式可改写成：

$$\left|\frac{\dot{U}_p}{K_u\dot{I}_m}-Z_m+Z_{set}\right|-\left|\frac{\dot{U}_p}{K_u\dot{I}_m}+Z_m-Z_{set}\right|-\left|\frac{\dot{U}_0}{K_u\dot{I}_m}\right|=0$$

根据精工电流的定义，将 $Z_m=0.9Z_{set}$，$I_m=I_{ac\cdot min}$代入上式，并假设绝对值符号中各量的阻抗角相同，则它们可以直接进行代数相加，于是得到 LZ-21 型方向阻抗继电器最小精工电流的表达式：

$$I_{ac\cdot min}=\frac{U_0}{0.2K_uZ_{set}}=\frac{U_0}{0.2Z_l}$$

LZ-21 型方向阻抗继电器的 $Z_{pu}=f(I_m)$ 曲线如图 2-19 所示，图中阴影部分为继电器的动作区。在静态情况下当 $Z_m<Z_{pu\cdot min}$时，方向阻抗继电器出现不动作区，亦即死区。

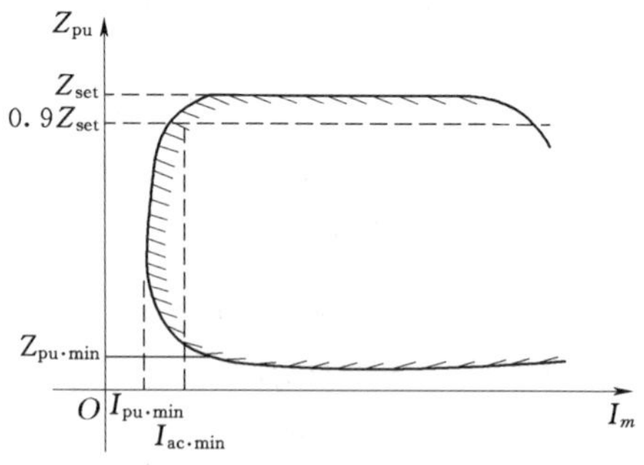

图 2-19 LZ-21 型方向阻抗与测量电流的关系曲线

三、实验内容

1. 阻抗整定值的整定和调整

前述可知，当方向阻抗继电器处在临界动作状

态时，推证的整定阻抗表达式如式（2－8）所示，显然，阻抗继电器的整定与 LZ－21 中的电抗变压器 TX 的模拟阻抗 Z_I、电压变换器 TV 的变比 n_{UV}、电压互感器变比 n_{TV}和电流互感器 n_{TA}有关。

例如，若要求整定阻抗为 $Z_{set}=15\Omega$，当 $n_{TV}=100$，$n_{TA}=20$，$Z_I=2\Omega$（即 TX 原方匝数为 20 匝时），则 $n_{YB}=\frac{15}{10}$，即 $\frac{1}{n_{YB}}=0.67$。也就是说电压变换器 TV 副方线圈匝数是原方匝数的 67%，这时插头应插入 60、5、2 三个位置，如图 2－20 所示。TX 最小整定阻抗范围与原方线圈对应接线见表 2－10。

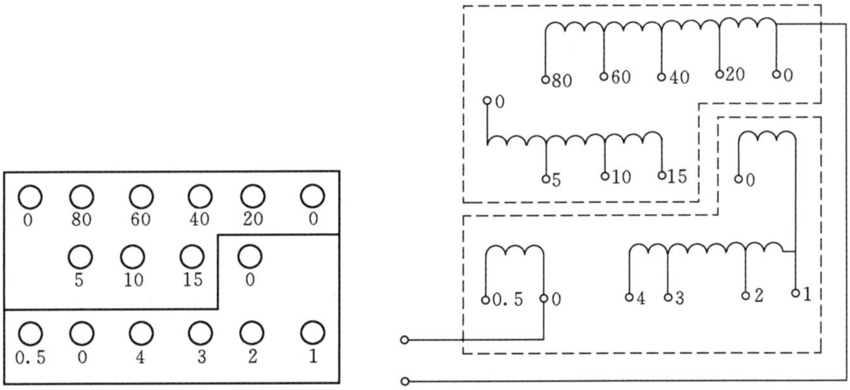

图 2－20　LZ－21 型阻抗继电器整定面板说明图
（a）TX 整定板示意图；（b）TV 副方线圈内部接线

表 2－10　　TX 最小整定阻抗范围与原方线圈对应接线

最小整定阻抗范围（Ω/相）	TX 原方绕组匝数	TX 原方绕组接线示意图（一个绕组）	最小整定阻抗范围（Ω/相）	TX 原方绕组匝数	TX 原方绕组接线示意图（一个绕组）
0.2	2	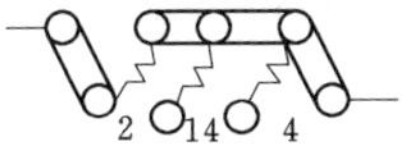	1.2	12	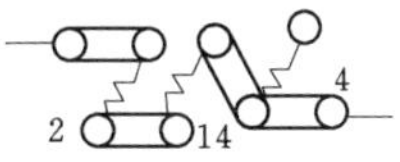
0.4	4	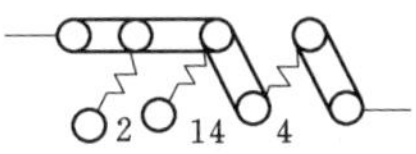	1.4	14	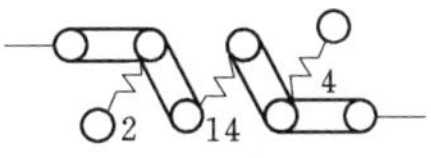
0.6	6	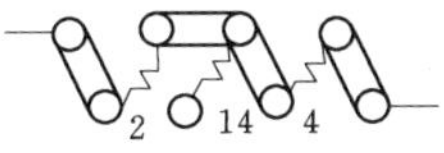	1.6	16	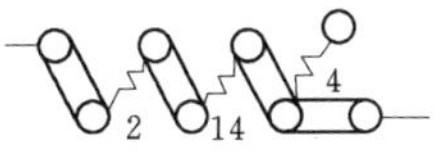
0.8	8	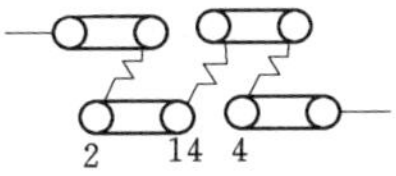	1.8	18	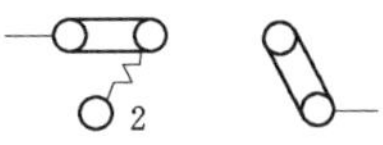
1	10	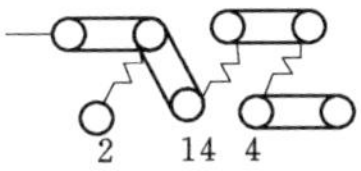	2	20	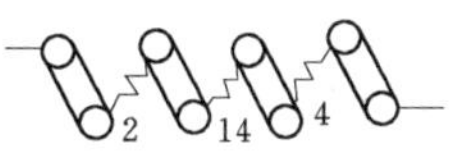

整定值整定和调整实验的步骤如下：

（1）要求阻抗继电器阻抗整定值为 $Z_{set}=5\Omega$，实验时设 $n_{TV}=1$，$n_{TA}=1$，检查电抗变压器 TX 原方匝数应为 16 匝。（$Z_I=1.6\Omega$）

（2）计算电压变换器 TV 的变比 $n_{UV}=\frac{5}{1.6}$，TV 副方线圈对应的匝数为原方匝数的 32%。

（3）在参考图 2-20 阻抗继电器面板上选择 20 匝、10 匝、2 匝的插孔插入螺钉。

（4）改变 TX 原方匝数为 20 匝（$Z_I=2\Omega$）重复步骤（1）、（2），在阻抗继电器面板上选择 40 匝、0 匝、0 匝的插孔插入螺钉。

（5）上述步骤完成后，保持整定值不变，继续做下一个实验。

2. 静态特性 $Z_{pu}=f(\varphi)$ 测试实验

实验步骤如下：

（1）熟悉 LZ-21 型方向阻抗继电器和 HYD-Ⅱ智能多功能表的操作接线及实验原理。

认真阅读 LZ-21 型方向阻抗继电器原理接线图（图 2-15）和实验原理接线图（图2-21）。

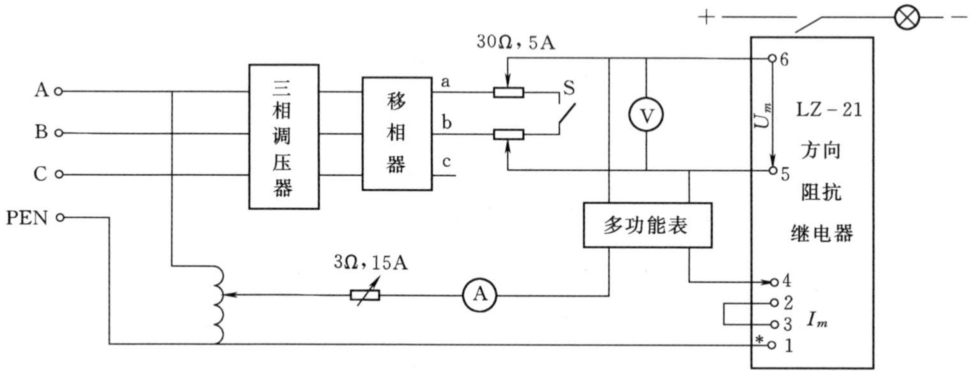

图 2-21　LZ-21 型方向阻抗继电器实验原理接线

（2）按实验原理图接线，具体接线方法可参阅 LG-11 型功率方向继电器实验中所介绍的内容。

（3）逆时针方向将所有调压器调到 0V，将移相器调到 0°，将滑线电阻的滑动触头移至其中间位置，将继电器灵敏角度整定为 72°，整定阻抗设置为 5Ω。

（4）合上三相电源开关、单相电源开关和直流电源开关。

（5）打开多功能表电源开关，将其功能选择开关置于相位测量位置（“相位”指示灯亮），相位频率测量单元的开关拨到“外接频率”位置。

（6）调节三相调压器使电压表读数为 20V，调节单相调压器使电流表读数为 1A，检查多功能表，看其读数是否正确，分析继电器接线极性是否正确。

（7）调节单相调压器的输出电压，保持方向阻抗继电器的电流回路通过的电流为 $I_m=2.0A$。

（8）按照 LG-11 型功率方向继电器角度特性实验中步骤（7）～（12）介绍的方法，

测量给定电压分别为表 2－11 中所确定数值下使继电器动作的两个角度 φ_1、φ_2，并将实验测得数据记录于表 2－11 中相应位置。注意：在计算继电器动作阻抗时，电流应乘以 2。

表 2－11　方向阻抗继电器静态特性 $Z_{pu}=f(\varphi)$ 测试（条件为：$\varphi_{内}=72°$，$I_m=2A$，$Z_{set}=5\Omega$）

U_{pu}（V）	10	8	6	4	2			
φ_1								
φ_2								
Z_{pu1}								
Z_{pu2}								

（9）实验完成后，将所有调压器输出调至 0V，断开所有电源开关。

（10）作出静态特性 $Z_{pu}=f(\varphi)$ 图，求出最大灵敏度 φ。

3. 静态特性 $Z_{pu}=f(I_m)$ 与最小精工电流实验

实验步骤如下：

（1）保持上述接线及阻抗继电器的整定值不变，调整输入电压和电流的相角差为 $\varphi=\varphi_{sen}=72°$并保持不变。

（2）将电流回路的输入电流 I_m 调到某一值（按表 2－12 中给定值进行）。

（3）断开开关 S，将三相调压器的输出电压调至 30V。

（4）合上开关 S，调节两个滑线电阻的滑动触头使电压表的读数由小到大，直到方向阻抗继电器动作，记录相应的动作电压值。再逐渐增大电压值，直到方向阻抗继电器返回，然后再减小电压值，直到继电器动作，并记下动作电压值。改变输入电流 I_m，重复上述操作，测量结果填入表 2－12 中。

表 2－12　方向阻抗继电器的静态特性 $Z_{pu}=f(I_m)$ 测试（条件为：$\varphi_{内}=72°$，$Z_{set}=5\Omega$）

I_m（A）	1.5	1.0	0.8	0.6	0.4	0.3	0.2
U（V）	$U\uparrow$						
	$U\downarrow$						
$Z_{pu}=\dfrac{U}{2I_m}$	$Z_{pu}\uparrow$						
	$Z_{pu}\downarrow$						

（5）实验完成后，使所有调压器输出为 0V，断开所有电源开关。

（6）绘制方向阻抗继电器静态特性 $Z_{pu}=f(I_m)$ 的曲线。

（7）在特性曲线上确定最小精工电流和最小动作电流 $I_{pu\cdot min}$。

四、实验仪器

方向阻抗继电器，三相调压器，移相器，单相调压器，电阻，多功能表，电流表，电压表，开关，指示灯。

五、思考题

(1) 分析实验所得 $Z_{pu}=f(\varphi)$ 和 $Z_{pu}=f(I_m)$ 特性曲线，找出有关的动作区、死区、不动作区。

(2) 讨论电压回路和电流回路所接的滑线变阻器的作用。

(3) 研究记忆回路和引入第三相电压的作用。

(4) 按图 2－21 的实验原理图接线，对应阻抗继电器的哪种接线方式？其对应的 $Z_{pu}=f(\varphi)$ 特性有什么特点。

(5) 如果 LZ－21 型继电器的模拟阻抗 $Z_I=2\Omega$，$n_{TV}=100$，$n_{TA}=20$，若整定阻抗 $Z_{set}=45\Omega$，请问 n_{UV} 的抽头放在什么位置上？

第四节　差动继电器特性实验

一、实验目的

(1) 掌握 DCD－5 型（或 LCD 型）差动继电器的工作原理、结构、特点。

(2) 学会调整、测量 DCD－5 型（或 LCD 型）差动继电器的各项技术参数。

(3) 通过实验加深对差动、制动、谐波制动、比率制动系数等概念的理解。

二、DCD－5 型差动继电器特性实验

（一）DCD－5 型差动继电器简介

DCD－5 型差动继电器用于电力变压器的差动保护。差动继电器的结构原理内部接线如图 2－22 所示，整个继电器由执行元件（DL－11 电流继电器）和速饱和变流器两部分组成。

速饱和变流器绕有差动绕组 W_d、两个平衡绕组 W_{b1}、W_{b2} 及制动绕组 W_{res} 和二次绕组 W_2。W_2 的两部分绕组同向串联，W_{res} 的两部分绕组反向串联。W_{res} 这种绕法就使得整个 W_2 和 W_{res} 间以及 W_{res} 和 W_d、W_{b1}、W_{b2} 间都无感应作用。W_d、W_{b1}、W_{b2} 三个绕组的绕向相同，它们所产生的磁通是自中间柱朝向两侧边柱，构成两个独立的闭合回路。这两部分磁通分别在 W_2 的两部分绕组中感应出电动势，该电动势达到一定值时（视执行元件的动作电压而定），执行元件就动作。制动绕组 W_{res} 的作用是加速两侧边柱的饱和，从而使得 W_2 与 W_d，W_{b1}、W_{b2} 间的相互作用减弱。从图 2－22（a）中可以看出，在一侧边柱内，差动绕组中电流 $\dot{I}_d$ 产生的磁通 Φ_d 和制动绕组中电流 $\dot{I}_{res}$ 产生的磁通 Φ_{res} 相加，而在另一侧边柱内，Φ_d 和 Φ_{res} 相减，因而每侧边柱内的合成磁通等于这两个磁通的相量和。令 ψ 表示工作电流和制动电流间的相位角，当 $\psi=0°$ 或 $180°$ 时，两边柱内的合成磁通分别为 Φ_d、Φ_{res} 绝对值的和或差；而在 $\psi=90°$ 或 $270°$ 时，两边柱内的合成磁通相等。由此看出，继电器的动作电流（即 W_d 内的电流）不仅与 W_{res} 内的大小有关，而且还与两者之间的相位有关。当两者间的相位一定时，继电器的动作电流随 W_{res} 内电流的增减而增减，这就是继电

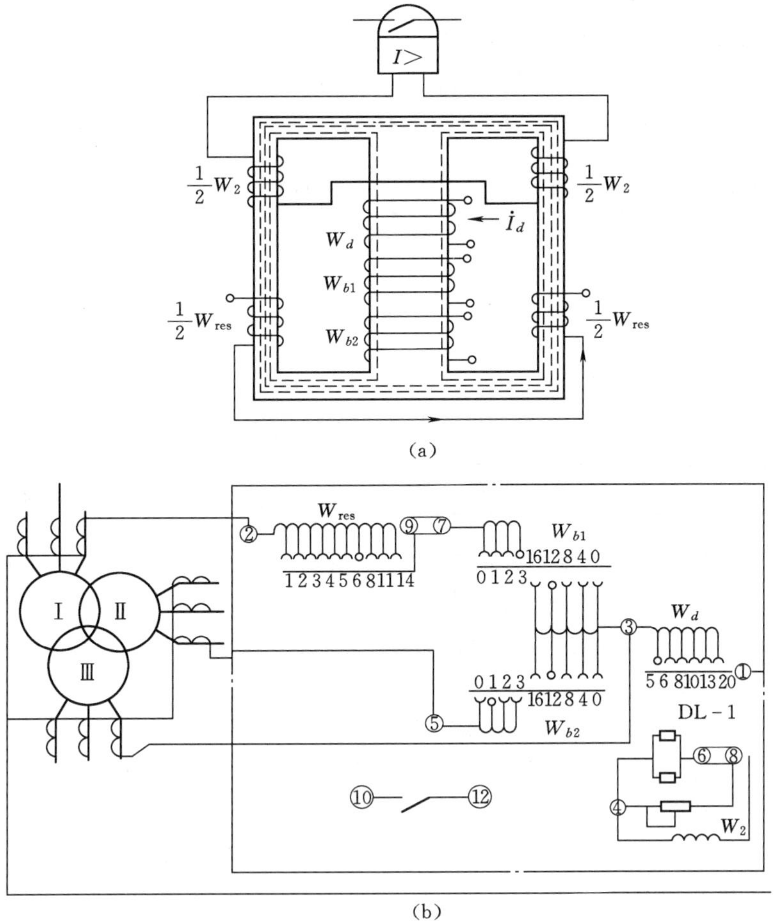

图 2-22　DCD-5 型差动继电器原理与内部接线

(a) DCD-5 型差动继电器结构原理图；(b) DCD-5 型差动继电器内部接线图

器具有制动特性的概念。

W_{b1}、W_{b2}和 W_d 的绕向一致，所以平衡绕组产生的磁通起着增强或削弱差动绕组产生的磁通作用（两绕组内电流方向相同时起增强作用，方向相反时起削弱作用）。由于变压器各侧电流互感器的电压比不能完全配合，故在变压器正常运行时，W_d 中有不平衡电流 I_{unb}流过。当平衡绕组接入后，如果平衡绕组的匝数选得适当，就能完全或几乎完全使 I_{unb}得到补偿使得变压器在正常运行时，W_2 内完全或几乎完全没有 I_{unb}感应电动势，从而提高了保护装置的可靠性。当保护区内部发生故障时，流过平衡绕组内的电流所产生的磁通与差动绕组内电流所产生的磁通方向一致，于是就增加了使继电器动作的安匝数，从而提高了保护装置的灵敏度，此即 W_d、W_{b1}、W_{b2}三个绕组绕向一致的原因。

除 W_2 外，其余的绕组都有一定数量的抽头，抽头的引出线都接在饱和变流器前面的面板上。面板上有插孔，孔下有标号。除制动绕组插孔下的标号是指一侧边柱的匝数外，其他各绕组插孔下的标号均系实际匝数。利用螺钉插头插在不同的孔中，就能得到相应的匝数。应特别注意：每个平衡绕组具有两组抽头（0、1、2、3）和（0、4、8、12、16），两个螺钉插头必须分别插入（0、1、2、3）或（0、4、8、12、16）的孔中。若螺丝插头同时都插入（0、1、2、3）或（0、4、8、12、16）的两孔中，将在平衡绕组中造成短路和开路现象，这将会引起保护装置误动作和使电流互感器开路。这一点在图 2－22（b）中看得很清楚。继电器引出端子名称匝数选择见表 2－13。

表 2－13　差动继电器线圈名称、匝数

线圈代表符号	线圈名称	总匝数
W_d	差动线圈	20
W_{b1}	平衡线圈Ⅰ	19
W_{b2}	平衡线圈Ⅱ	19
W_2	二次线圈	—
W_{res}	制动线圈	14

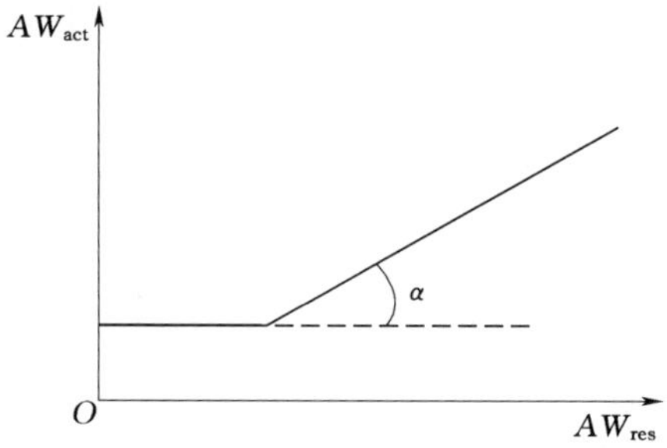

图 2－23　DCD－5 的制动特性曲线

DCD－5 型继电器的一个很主要的电气特性是制动特性，它是以动作安匝 AW_d 为纵坐标，制动安匝 AW_{res} 为横坐标的曲线，制造厂给出的典型制动特性曲线如图 2－23 所示。

（二）DCD－5 型差动继电器的特性实验

1. 执行元件的检验

本实验是对执行元件单独进行实验，实验接线图如图 2－24 所示。应特别注意，执行元件的动作电压是指执行元件启动后再用非磁性物体把舌片卡在未动作位置的电压值。动作电压应满足 1.5～1.56V，动作电流满足 220～230mA，返回系数为 0.7～0.85。测量应重复三次，填入表 2－14 中，其离散值范围为±3%，否则应检查原因。

如果实验时电源频率不是 50Hz，应按±1Hz 电压值改变±2%进行修正。

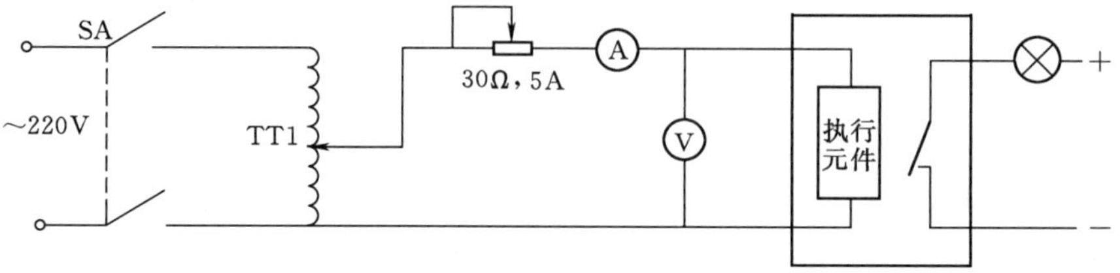

图 2－24　DCD－5 型执行元件实验接线图

表 2－14　DCD－5 型执行元件的实验数据

I_{pu}（mA）	I_f（mA）	K_f	U_{pu}（V）

2. 动作安匝检验（无制动时起始动作安匝）

实验接线图如图 2－25 所示，W_{b1}、W_{b2} 都插入 0 匝，W_d 先插入 20 匝。合上电源开关 SA，调节自耦变压器 TT2 使 DL－1 继电器动作，记下此时电流即为动作电流，动作电流乘以使用的动作安匝即为动作安匝 AW_{act}。动作安匝符合 60±4，以此值为基准，然后改变 W_d 为 13 匝、10 匝，用上述实验方法测动作电流，填入表 2－15 中。

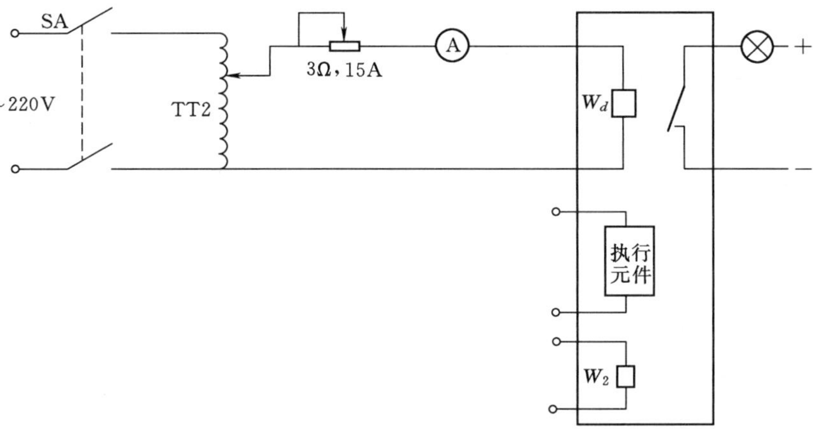

图 2－25 DCD－5 型动作安匝实验接线图

如果动作安匝距离要求相差不大时，可采用将执行元件动作值适当增减（在要求范围内）的办法和稍许改变速饱和变流器铁心压紧螺钉松紧程度的办法使之符合要求。如果相差较大，则必须用改变变流器铁心组合方式的方法进行调整。

表 2－15 DCD－5 型动作安匝的实验数据

W_d（匝）	20	13	10
I_{pu}（A）			
$I_{pu}W_d$			

3. 制动特性实验

实验接线图如图 2－26 所示，W_d 为 20 匝，W_{res} 为 14 匝。实验时，先将 TT2 回零，调 TT1 差动回路的电流使继电器动作，记录此时动作电流，填入表 2－16 中；然后 TT1 回零。调 TT2 逐渐增加制动回路电流，再调节 TT1 差动回路的电流测出相应的启动电流，填入表 2－16 中，并绘制出制动曲线 $W_dI_{act}=f(W_{res}I_{res})$。

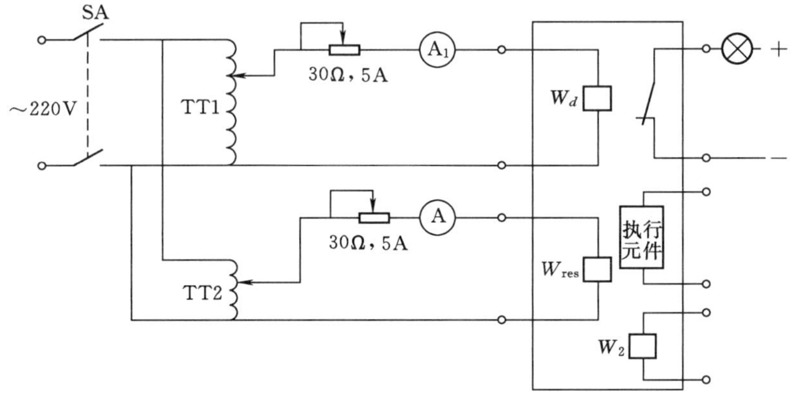

图 2－26 制动特性实验接线图

改变实验接线，使制动线圈 W_{res} 和差动线圈 W_d 接在单相自耦变压器（TT1）上，差动线圈 W_d 接在三相自耦变压器的 a、b 相上，造成两个线圈的电流有 30°相位差，这里是指动作电流超前于制动电流的角度 Ψ。重复上述方法作出制动特性曲线。并分析 Ψ 角度的不同其制动特性的变化。

表 2-16　　制动特性实验数据

I_{res}(A)	0	1	2	3	4						
$W_{res}I_{res}$											
I_{pu} (A)											
W_dI_{pu}											

4. 直流助磁特性曲线

直流助磁特性曲线用 $\varepsilon = f(k)$ 表示，ε 为相对动作电流系数，k 及 ε 分别由下式决定：

$$k = \frac{I_{res}}{I_{pu}}$$

$$\varepsilon = \frac{I_{pu}}{I_{pu0}}$$

式中　I_{res}——直流助磁电流；

I_{pu}——直流助磁时，继电器的交流动作电流；

I_{pu0}——无直流助磁时，继电器的交流动作电流。

实验接线图如图 2-27 所示，取 $W_d=20$ 匝，$W_{b1}=19$ 匝，合电源 SA1、SA2，调 TT2 使差动线圈 W_d 之间加入直流电流某一值，用于模拟一个不衰减的非周期分量。然后调 TT1 加交流至继电器动作，加入不同的直流，测出相应的启动电流，填入表2-17中。

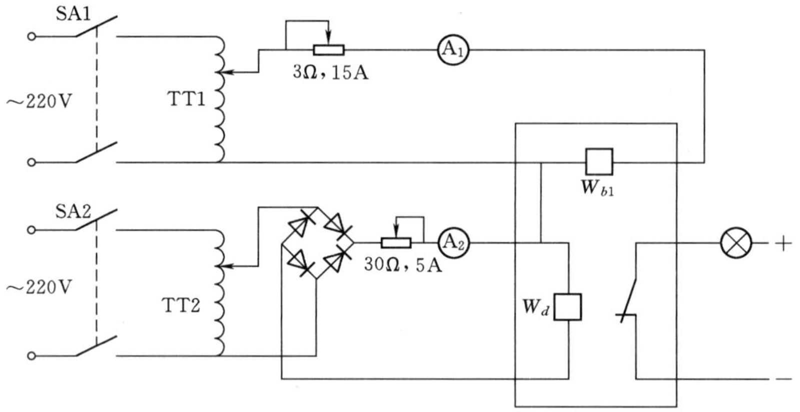

图 2-27　直流助磁特性接线图

表 2-17　　直流助磁特性实验数据

非周期分量 I_{res} (A)	0	0.5	1	1.5	2	2.5	3	4	5
动作电流 I_{pu} (A)									
偏移系数 $K=I_{res}/I_{pu}$ *									
相对动作系数 $\varepsilon=I_{pu}/I_{pu0}$									

注意：由于 W_d 与 W_{b1} 匝数不等，所以测出的启动电流应乘以匝数比 19/20＝0.95 后，即为计算用启动电流 I_{pu}。要求当偏移系数 $K=1$ 时，相对动作电流系数 $\varepsilon \geqslant 2.3$。

5. 整组伏安特性实验

实验接线图如图 2－28 所示，差动线圈全部投入，实验时用非导磁物体把执行元件可动舌片卡在未动作位置，实验电流渐渐增加，不允许来回摆动。按表 2－18 调好电流值，并记录相应的电压值。

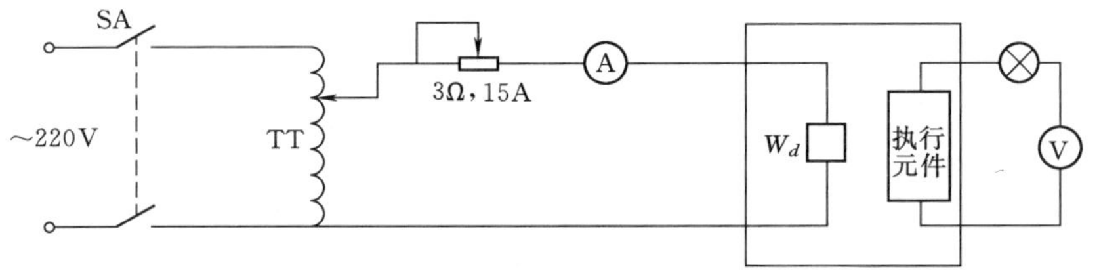

图 2－28　DCD－5 差动继电器整组伏安特性实验接线图

表 2－18　　整组伏安特性实验数据

I (A)	2.5	5	7.5	10	12.5	12.5	15	17.5	20
IW_d									
U (V)									

根据整组伏安曲线，计算 2 倍动作安匝时执行元件端子上电压 U_2 与 1 倍动作安匝时执行元件端子上电压 U_1 之比以及 5 倍动作安匝时执行元件端子上电压 U_5 与 U_1 之比。

要求：$U_2/U_1 \geqslant 1.15$，$U_5/U_1 \geqslant 1.3$。

三、LCD－4 型差动继电器特性实验

（一）LCD－4 型差动继电器简介

LCD－4 型差动继电器用于电力变压器的差动保护。差动继电器的结构原理内部接线如图 2－29 所示。

继电器由差动元件和瞬动元件两部分构成。差动元件由差动工作回路、谐波制动回路、比率制动回路、直流比较回路组成。

差动回路是由差动工作回路和谐波制动回路串联构成。差动工作回路由变流器 UA1、m 型低通滤波器，它包括电感 L_1、电容器 C_1 和 C_2、整流桥 UZ1 等组成。m 型低通滤波器使 50Hz 及以下的分量顺利通过，100Hz 谐波分量得到极大的抑制，其输出通过整流桥 UZ1 加到直流比较回路作为工作量。

谐波制动回路由带气隙非常小的电抗变压器 TX、m 型高通滤波器、整流桥 UZ2 所组成；其中 m 型高通滤波器是由电感 L_2、电容器 C_3、C_4、C_5 所组成，实现使 100Hz 以上分量顺利通过，而对 50Hz 谐波分量极大的抑制，其输出通过整流桥 UZ2 加到直流比较回路作为制动量，其谐波制动量的大小通过电位器 R_2 进行调整。为了和时间特性配合，

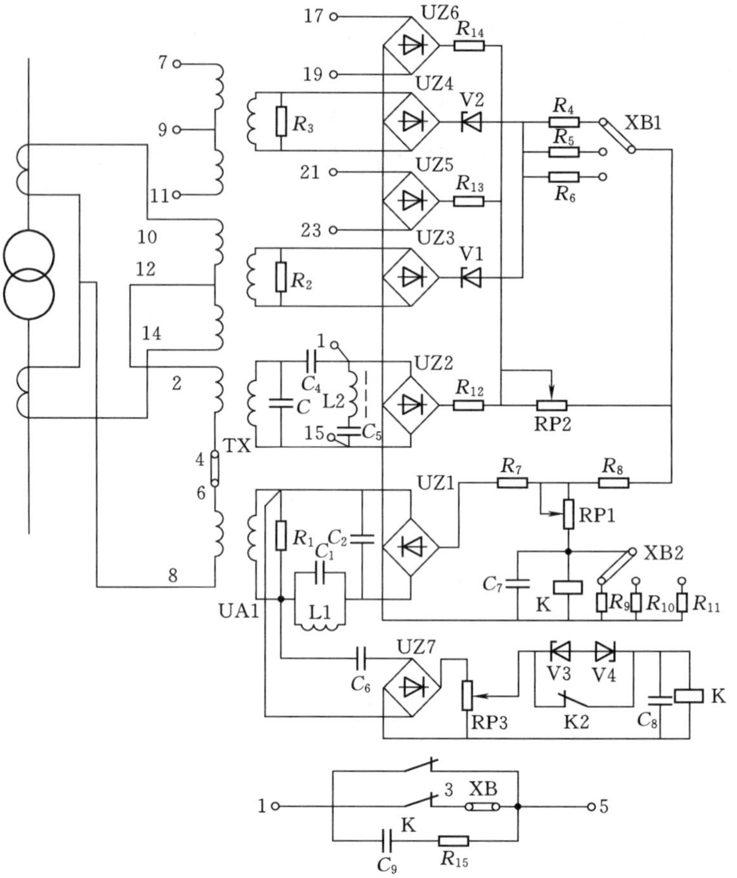

图 2-29　LCD-4 差动继电器原理图

通常希望把谐波制动系数调整在 0.2～0.25 之间，一般不希望制动太强，为了适应各种不同涌流波形．考虑到由于继电器灵敏度较高．而在三相涌流中有一相涌流的二次谐波很小的情况下不误动，故谐波制动回路通过端子（17、19）、（21、23），把其他两相谐波量引来，通过整流桥 UZ5、UZ6 来制动本相；而本相谐波制动量通过端子（13，15）引出来去制动其他两相。

比率制动回路由变压器 T2、T3，整流桥 UZ3、UZ4，稳压管 V1、V2 所组成。T2、T3 带有中心抽头，其始端、末端分别接入两侧电流回路，中心抽头接到差回路，其输出接到整流桥 UZ3、UZ4，作为制动量接到直流比较回路，稳压管 V1、V2 保证制动特性在 5～6A 下无制动作用，而大于 5～6A 时，才实现制动功能，保证在短路故障电流较小时，保证有较高的灵敏度。在两个稳压管后接有电阻 R_4、R_5、R_6。通过切换片 XB1 实现 0.4、0.5、0.6 三种不同比率制动系数。比率制动特性如图 2-30 所示。

由于每侧 TA 变比不一致，引起的不平衡电流，是通过制造厂配套供给的专用自耦变流器进行补偿消除的，故在 LCD 型继电器内部没有设置平衡绕组和平衡抽头。

直流比较回路由环流电阻 R_7、R_8、极化继电器 K、整定电阻 R_9、R_{10}、R_{11}，微调电位器 RP1 所组成，其简化图如图 2-31 所示。直流比较回路采用环流比较方式供电给极化继电器，使继电器在较小的功耗条件下，获得较高的灵敏度。通过切换片 XB2 切至不同的电阻值，继电器可获得 1A、1.5A、2A、2.5A 四个不同整定值。

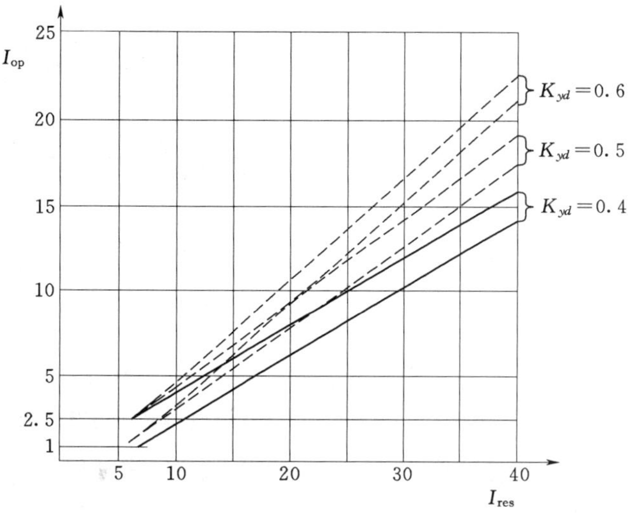

图 2-30 $\varphi=0°$时，比率制动特性

为防止在较高的短路电流水平时，由于 TA 饱和高次谐波量增加，产生极大的制动力矩而使差动元件拒动，设置了瞬动元件，它由 C_6、整流桥 UZ7、电位器 RP3、密封中间继电器 K、稳压管 V3、V4 所组成。其定值大小通过电位器 RP3 均匀调整，当短路电流达到 4～10 倍额定电流时，瞬动元件快速动作，稳压管 V3 和 V4 是提高继电器返回系数用的。

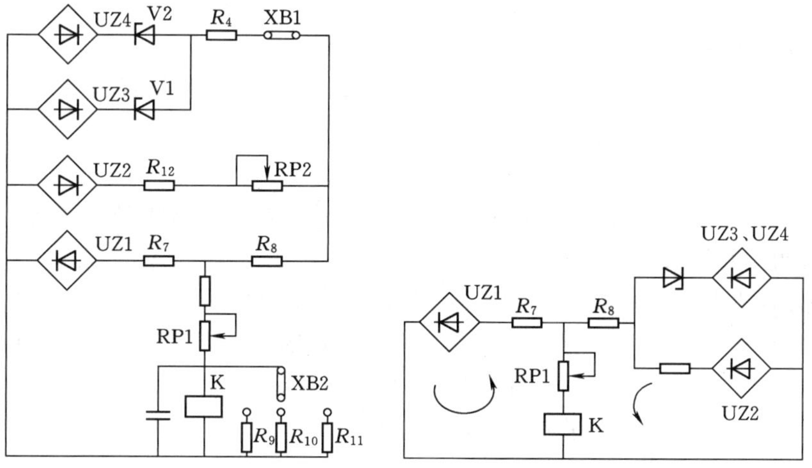

图 2-31 直流比较回路简化图

（二）LCD-4 型差动继电器的特性实验

（1）熟悉 LCD-4 型差动继电器的结构原理和内部接线，认真阅读 LCD-4 型差动继电器使用说明书。

（2）继电器的差动定值检查。主要检查差动继电器的动作值 1A、1.5A、2A、2.5A 和测定动作时间。

1. 电流动作值检查实验步骤

（1）按图 2-32 接线，将差动继电器的①端子，接指示灯回路的端子 D2；继电器端子⑤，接指示灯回路的端子 D1，ZNB 多功能表不接入（即公共端、输入 2 悬空）。

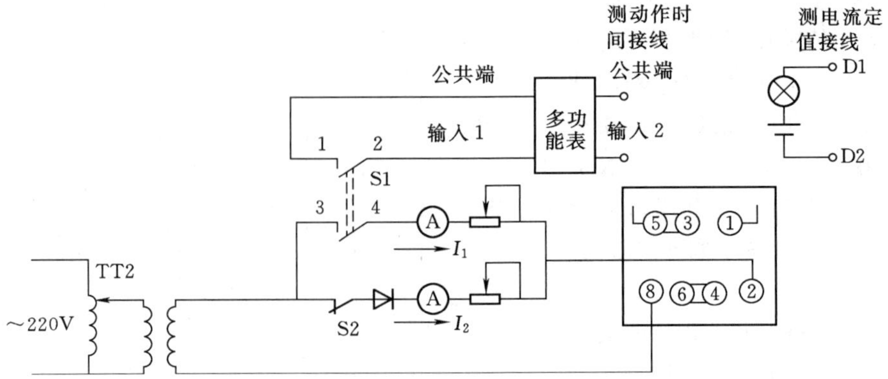

图 2-32 差动继电器动作值及谐波制动系数测试接线图

注意：接线时不能将指示灯和 YHD 多功能表同时接在继电器端子①和⑤上，否则将损坏多功能表。

（2）继电器动作值压板放在 1A 位置。

（3）合上三相电源开关、单相电源开关及直流电源和操作开关，调节单相调压器 TT2（实验台面板上标为 TY2），使电流增大到 1A 位置。

（4）观察继电器是否动作，若有误差，可调节动作值微调 W1。实验完成后使调压器输出为 0V，断开所有电源开关。

（5）改变继电器动作值压板位置分别在 1.5A、2A、2.5A 位置。重复上述步骤（3）和（4）。

2. 继电器动作时间检查实验步骤

（1）按图 2-32 接线，接入多功能表，并将公共端接差动继电器端子①，输入 2 接端子⑤；指示灯的 D1、D2 悬空。

（2）继电器动作值压板放在 1A 位置，并调节好整定值。

（3）拉开 S 开关，打开多功能表电源，将其功能选择开关置于时间测量挡（“时间”指示灯亮），选“连续”工作方式，按“清零”按钮使显示为 0。

（4）快速合上 S 开关，记录差动继电器动作时间于表 2-13 中。

（5）调 TT2 使电流分别增大到 1.5A，2A，3A；重复步骤（3）、（4）重做试验，并将测定的时间记录于表 2-19 中。

表 2-19　　差动继电器的动作时间测定记录

动作电流（A）	1	1.5	2	3
动作时间（ms）				

（6）实验完成后，将调压器输出调至 0V，断开所有电源开关。

（7）绘制差动继电器动作时间特性曲线。

3. 瞬动元件动作值测试

（1）按图 2-32 接线，将继电器端子③、⑤的连接片解开，动作信号灯的 D1、D2 端子接在 1、3 端子上。ZNB 多功能表不接入，公共端、输入 2 悬空。

（2）合上三相电源开关、单相电源开关、直流电源开关及 S，调 TT2，使流入继电器的电流增大，调节面板上瞬动调节，使瞬动电流等于继电器事先确定的整定值。若有误差可调节 W3。

（3）改变瞬动电流的整定值重做试验。

4. 测定瞬动元件的动作时间

（1）按图 2－32 接线，使继电器端子①、③接至 ZNB 多功能表的公共端和输入 2 上；指示灯的端子 D1、D2 悬空。

（2）调节继电器面板上的瞬动调节，使动作电流为最小。

（3）拉开 S 开关，将多功能表复位，然后快速合上 S，记录动作时间。

（4）调 TT2 使电流增大到瞬动元件动作值的 1.2 倍，重复步骤（3），再测试继电器动作时间。

（5）记录两次动作时间，并进行比较。

（6）实验完成后，使调压器输出为 0V，断开所有电源开关。

5. 谐波制动系数测试

实验步骤如下：接线如图 2－32 所示。

（1）将继电器的电流整定在最小 1A 位置。

（2）合三相电源开关、单相电源开关、直流电源开关及 K2，调 I_2 为 $I_2=(0.8\sim 1)I_N$，读取 I_2。

（3）合 K1，加电流 I_1 使继电器刚好动作，读取 I_1。

（4）减 I_1 使继电器刚好返回。

（5）拉合单相电源开关继电器不应动作。

（6）计算谐波制动系数：

$$K_{resf}=\frac{I_{res100}}{I_{op50}}=\frac{0.3I_2}{0.7I_2+I_1}$$

（7）K_{resf}应为 0.15～0.25 之间，若不符要求，可调节电位器 R_{P2}。

6. 比率制动系数测量

实验接线如图 2－33 所示。

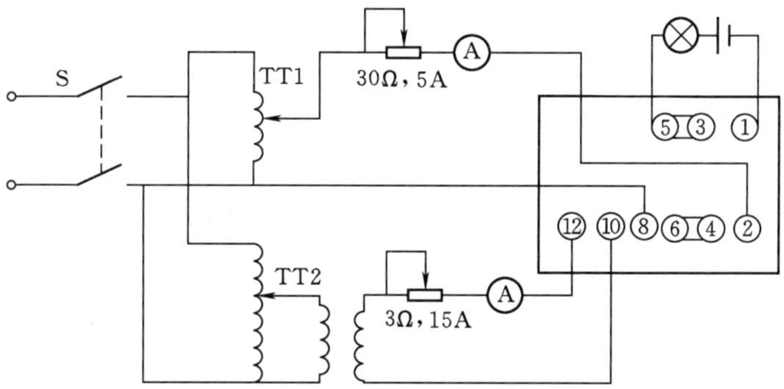

图 2－33　比率制动特性实验接线图

实验步骤如下：

（1）将差动电流动作整定值固定在1A位置，按图接通制动回路10～12端子，差动电流回路2～8端子，将制动系数设置为0.4。

（2）合上三相电源开关、单相电源开关和直流电源开关。

（3）先调TT2使制动回路电流为0，调TT1增加差动回路电流，使继电器动作，记录此时的动作电流，填入表2-20中；然后调TT1为0。

表2-20　　比率制动系数测量实验数据记录表

I_2（A）	0	2	5	6	7	10	15
I_{op}（A）							
K_{res}							

（4）调TT2逐渐增加制动电流，使制动电流分别为表2-20中的数值，再调TT1，增加差动回路电流使继电器动作，记下相应的启动电流，填入表2-20中。

（5）按下式计算制动系数：

$$K_{res}=\frac{I_{op2}-I_{op1}}{I_{res2}-I_{res1}}$$

式中　I_{op2}——制动电流为I_{res2}时的动作电流；

I_{op1}——制动电流为I_{res1}时的动作电流。

（6）更换压板XB1位置，分别改变制动系数为0.5或0.6，重复以上实验步骤。

（7）绘制出比率制动曲线。

（8）更换差动电流动作整定值，重复上述步骤，可得到不同的比率制动曲线。

四、实验仪器

实验仪器包括：差动继电器，单相调压器，滑线电阻，多功能表，电流表，电压表，操作开关，指示灯。

五、思考题

（1）LCD-4差动继电器中，设置二次谐波制动回路的目的是什么？为什么I_{res}越大，I_{op}就越大。

（2）LCD-4差动继电器中增设瞬动元件的目的是什么？它与差动动作元件有什么不同？

（3）差动保护中，为什么会出现不平衡电流？

（4）详细描述多种继电器配合实验的动作关系和返回关系。

第五节　反时限过电流保护实验

一、实验目的

（1）了解GL-10型反时限电流继电器的结构，结线，动作原理及其使用方法，特别要仔细观察其先合后断转换触点的结构及其先合后断的动作程序。

（2）掌握 GL－10 型继电器的动作电流、返回电流、时限特性的测定方法；了解其反时限动作特性和 10 倍动作时限的概念。

二、继电器简介

GL－10 型电流继电器广泛用于电动机保护中。此继电器为感应型电流继电器，其内部结构及原理参见有关书籍。

GL－10 型电流继电器具有反时限、定时限、速断特性。反时限特性，即动作时限随着流过继电器的动作电流的增大而减小；定时限特性，即当线圈中电流超过一定数值后，由于铁心饱和，线圈中电流再增加也并不会使磁通继续增加，因而电磁转矩和圆盘转速都不会增加，所以动作时间不再随电流变化而变化，为一常数；速断特性，即当线圈中电流超过某个更大数字后，如加入继电器电流大于 8 倍动作电流时，其触点瞬时接通。

三、实验内容及方法

1. *启动电流和返回电流*

了解继电器的结构，接线，特别是要仔细观察其先合后断转换触点的结构和先合后断的动作程序，然后按图 2－34 接好线后，将调压器输出电压调至零。整定继电器的动作电

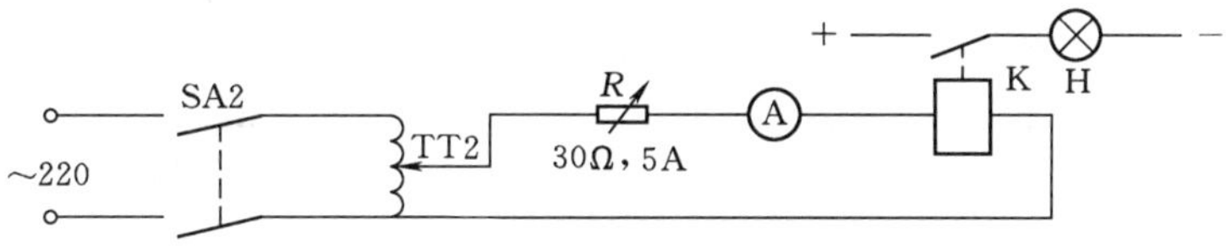

图 2－34　反时限过电流保护实验接线

流和动作时间。平滑调节通入继电器的电流，使继电器的扇形齿与螺旋杆啮合，并保持此电流直到继电器触点动作，该电流即为继电器的动作电流；减小电流，扇形齿与螺旋杆分开时的电流为返回电流。实验时额定电流插在 2A 挡。

（1）启动电流整定在 $0.4I_N$，速动部分整定在 $8I_N$，测动作电流、返回电流。

（2）启动电流整定在 $0.6I_N$，速动部分整定在 $2I_N$，测动作电流、返回电流。

（3）列表记录所测数据，见表 2－21 计算返回系数（应大于 0.85）。

表 2－21　　继电器动作值、返回值测试实验数据记录表

整定值			返回值（A）		
动作值（A）			返回系数		

2. *动作电流—时限特性测定*

动作电流—时限特性的测定步骤为：

按图 2－35 接线图接线。检查无误后，单相调压器反时针回零。

（1）电流整定在 $0.4I_N$ 位置，时间标杆放在最小时限；

（2）合上三相电源开关，单相电源开关，操作开关 S。调单相调压器使电流表的读数

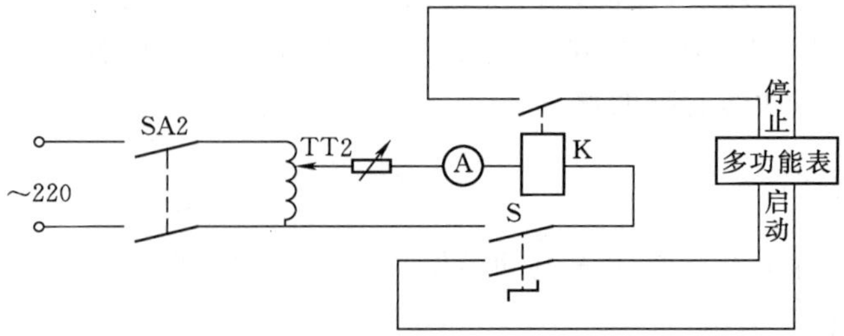

图 2-35 反时限电流继电器动作电流-时限特性测定接线

为启动值，打开操作开关 S，复归多功能表，快速合上操作开关 S，读动作时间（此实验要采用突然加电流的方法）。

（3）成倍改变通入继电器电流（1.5 倍、2 倍、3 倍、4 倍、5 倍、……）重复上述实验。

（4）时间标杆放在中间位置（2～5s 间任意一值）重复上述步骤。

（5）记录所测数据制成表 2-22，绘制动作电流与时间特性曲线，与名牌上曲线比较。

表 2-22　　继电器动作电流—时间测试实验数据记录表

动作电流（A）					
动作时间（s）					

3. 速断元件动作电流测定

实验接线同启动电流和返回电流的实验，实验步骤为：

（1）速断整定 3A，延时整定调至最大整定值，将转盘卡死，防止转盘转动使触点闭合。整定速断动作电流倍数分别为 2 倍、4 倍、6 倍、8 倍，应对准刻度线中心位置。

（2）调电流为使继电器动作，打开操作开关 S，待继电器返回后，合上 S，观察继电器的动作情况。

（3）速断电流确定方法，信号指示器（或信号牌）指示动作（或翻到），即动合触点闭合，其速断元件的动作时间不大于 0.8s 时的最小工作电流。

四、实验仪器

实验仪器包括：反时限过电流继电器，单相调压器，滑线电阻，电流表，多功能表，操作开关，指示灯。

五、思考题

（1）GL-10 型电流继电器中定时限与反时限有什么区别？

（2）当返回系数不满足要求时，应如何调节？

（3）动作电流整定插销为何备有两个？

（4）继电器感应元件的动作时限应如何调整？

第六节 备用变压器自动投入装置演示实验

一、实验目的

（1）了解电力系统对备用电源自动装置的基本要求。

（2）掌握备用电源自动装置的实现方法。

（3）理解备用电源和备用设备投入工作原理。

二、原理与说明

两台互为备用的变压器自动投入装置电路如图 2－36 所示。图 2－36 中表示 T1 工作 T2 备用时的 AAT 电路，若 T2 工作 T1 备用时与此图类似。

正常时变压器 T1 运行，低压母线为单母线接线。低电压继电器 KV1、KV2 取自低压母线电压互感器 TV3 的二次侧，过电压继电器 KV3 取自备用变压器 T2 高压侧电压互感器 TV2 的二次侧。

T1 运行时，QF1 与 QF4 处于合闸状态，闭锁继电器 KC 动作（支路 1），其常开触点 KC1（支路 2）闭合，为 AAT 的启动回路做好准备；KC2（支路 14）闭合，为 QF4 联跳 QF1 做好准备。

当变压器 T1 故障时，继电保护使断路器 QF1、QF4 跳闸；或者 QF4 误跳闸联动 QF1 跳闸（支路 14），QF1 的辅助常闭触点（支路 2）闭合，AAT 启动回路接通，使信号灯 H（白灯）点亮，信号继电器 KS 启动、AAT 出口继电器 KC1 启动，其两对常开触点闭合，使断路器 QF2、QF3 合闸（支路 16、17）。断路器 QF1、QF4 跳闸后，闭锁继电器 KC 的常开触点 KC1 延时断开，切断 AAT 启动回路，保证自动装置只投入一次。

当 QF4 误跳闸时，也经支路 14 联跳 QF1，启动 AAT。

当低压工作母线失电而备用变压器高压侧电压正常时，低电压继电器 KV1、KV2 因失电而动作，其常闭触点（支路 15）闭合，KV3 动作，其常开触点闭合，支路 15 接通，启动时间继电器 KT1，其常开触点经延时后闭合（支路 12）使断路器 QF1 跳闸并启动 AAT。如果备用变压器高压侧无压，则 QF1 不能跳闸，也不启动 AAT。

三、实验项目和方法

检查接线正确后，合上直流电源开关、工作电源开关，投入断路器 QF1、QF4，合上备用侧电源开关，此时备用变压器自动投入装置处于正常工作状态。

（1）模拟工作电源高、低压侧分闸误操作观察备自投装置的动作情况，并记录。

（2）模拟工作电源侧变压器保护动作观察备自投装置的动作情况，并记录。

（3）模拟母线故障时间大于低电压启动跳闸时间，观察备自投装置的动作情况，并记录。

（4）模拟 D1、D2 故障时间小于低电压启动跳闸时间，观察备自投装置的动作情况，并记录。

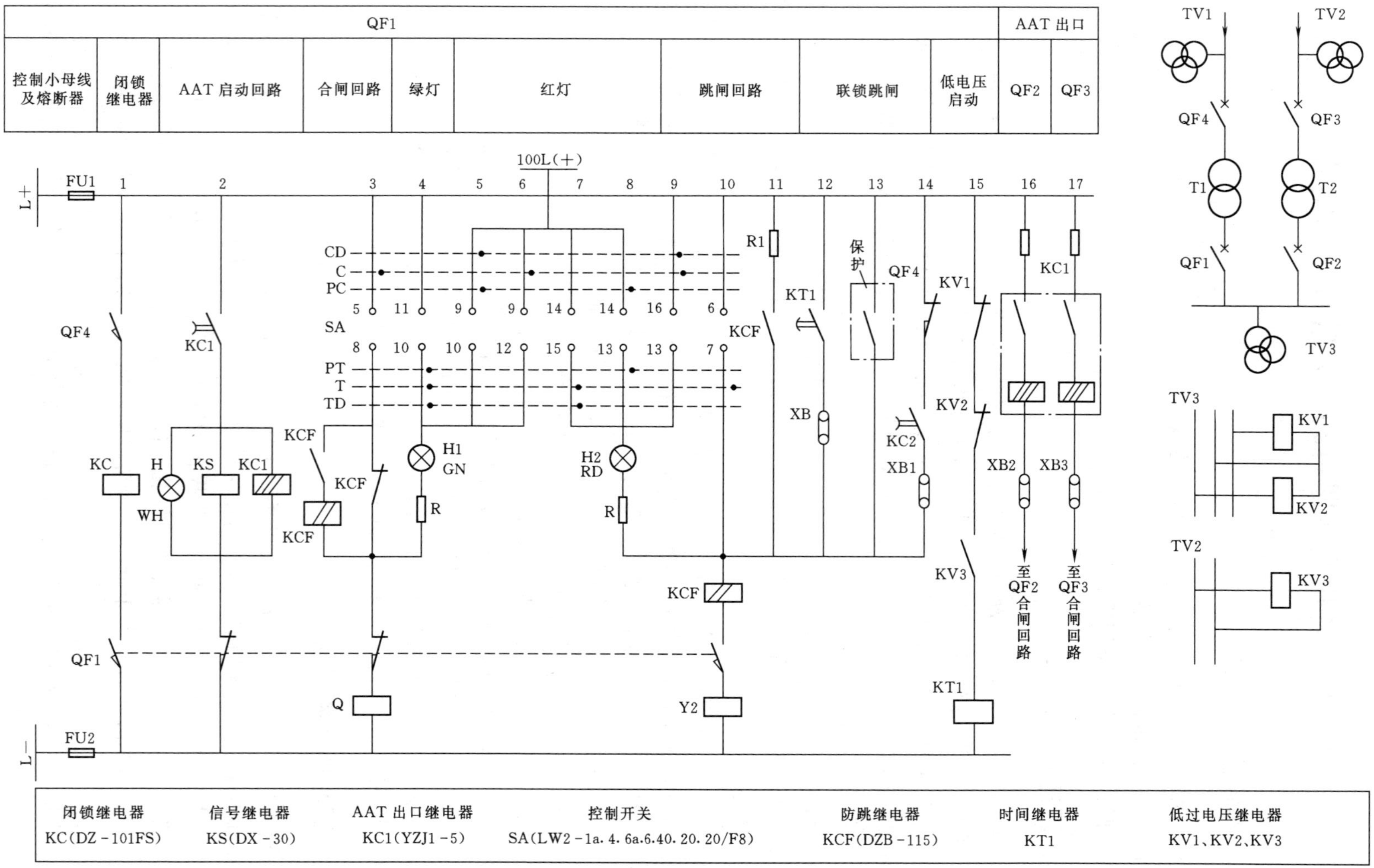

图 2-36　备用的变压器自动投入装置电路

(5) 当工作侧电源失去时（拉开工作侧电源开关），观察备自投装置的动作情况，并记录。

(6) 当备用侧电源失去时（拉开备用侧电源开关），观察备自投装置的动作情况，并记录。

四、实验仪器

实验仪器包括：备用的变压器自动投入装置演示屏，负载灯。

五、思考题

(1) 正常运行时，写出备用变压器一次和二次设备的情况。
(2) 在模拟工作电源高、低压侧分闸误操作时低电压继电器是否动作？
(3) 当工作侧电源失去时，工作电源的断路器是由谁跳开的？时限是如何确定的？

第七节　输电线路三相一次自动重合闸装置演示实验

一、实验目的

(1) 了解电力系统对自动重合闸的基本要求。
(2) 搞清三相一次自动重合闸装置的实现方法。
(3) 理解三相一次自动重合闸装置的工作原理。

二、原理与说明

在电力系统中，输电线路是容易发生各种故障的元件，装设自动重合闸装置可提高输电线路供电的可靠性。三相一次自动重合闸装置就是当输电线路上发生各种故障时，继电保护均动作线路的三相断路器一起跳闸，而后重合闸启动，经预定时间将断路器三相一起合上。如重合不成功，三相断路再一次一起跳闸后不再重合。

如图 2-37 (a) 所示，主要元件重合闸继电器由时间继电器 KT、带电流保持线圈的中间继电器 KC、保证只重合一次的电容 C、充电电阻 R_4、放电电阻 R_6、时间继电器的热稳定电阻 R_5、信号灯 HW 等组成；KCT 是断路器跳闸位置继电器；KCF 是断路器的跳跃闭锁继电器，KCP 是加速保护动作的中间继电器；KS 是重合闸的信号继电器；YC 为合闸线圈；YT 为跳闸线圈；SA 是手动操作的控制开关，其触点的通断情况如图 2-37 (b) 中所示，×表示通、—表示断。

1. 线路正常运行时

控制开关 SA 和断路器 QF 两者位置对应。SA 的触点 21-23 通，2-4 断开；断路器在合闸状态，其辅助常闭触点 QF1 断开，辅助常开触点 QF2 闭合，跳闸位置继电器线圈 KCT 在失电状态，其常开触点断开。电容 C 经 R_6 已充电完毕（从 0 充电至充满电需15～25s 时间），电容器两端电压等于直流电源电压。重合闸处于准备动作状态。信号灯 HW 亮。

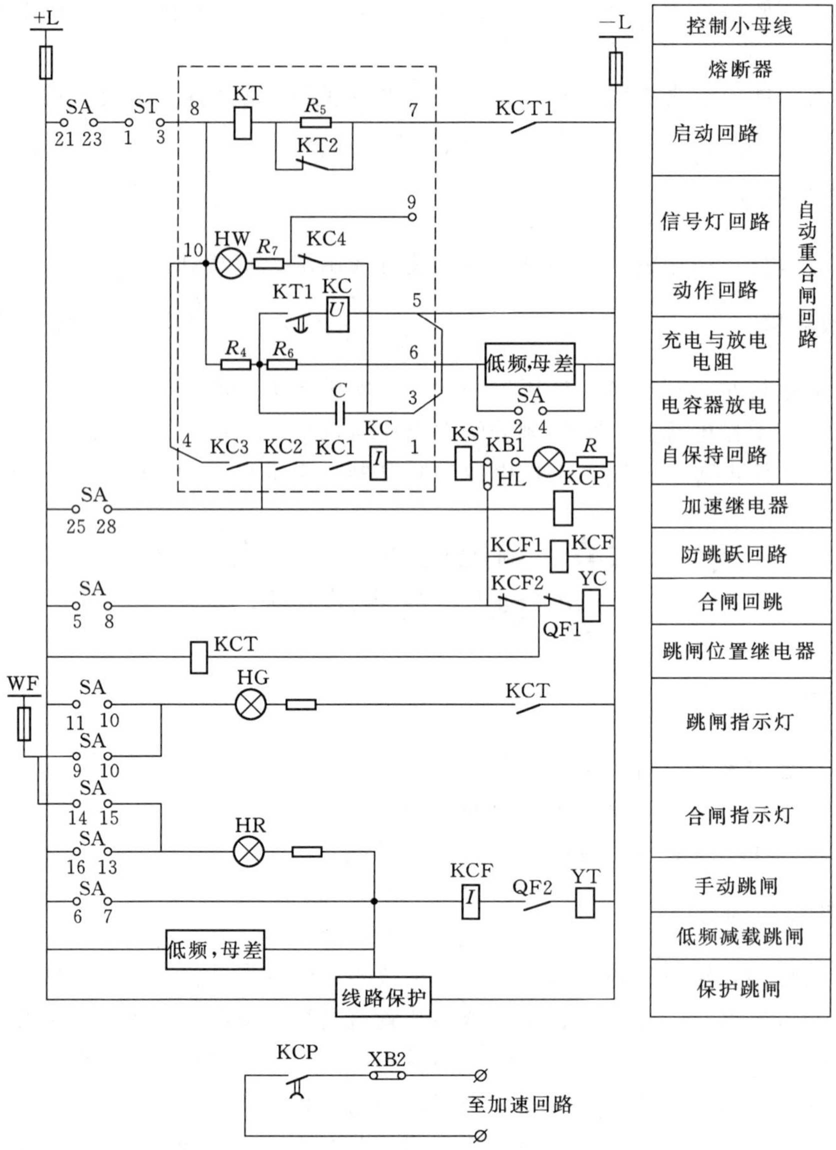

(a)

操作状态		手动合闸	合闸后	手动跳闸	跳闸后
SA触点号	2-4	—	—	—	×
	5-8	×	—	—	—
	6-7	—	—	×	—
	21-23	×	×	—	—
	25-28	×	—	—	—

(b)

图 2-37　电气式三相一次自动重合闸装置接线展开图

(a) ARC 接线展开图；(b) SA 控制开关通、断情况，×号表示接通

2. 当线路发生瞬时性故障或由于其他原因使断路器误跳闸时

控制开关SA和断路器QF两者位置处于不对应状态。因断路器跳闸，所以辅助常闭触点QF1闭合，KCT继电器动作，其长开触点闭合，启动时间继电器，KT动断触点KT2断开接入电阻R_4，以保证KT线圈的热稳定。到延时动合触点KT1闭合时，电容C开始对KC电压线圈放电，KC继电器动作，电容C上电压降低到KC动作电压之前，三对KC动合触点均闭合；由于KC电流线圈的自保持作用，KC继电器可靠动作。KC动作后，正电源经SA的21－23触点、KC2触点、KC1触点、KC电流线圈、信号继电器KS线圈、KCF2 QF1辅助触点加到合闸接触器YC上，断路器自动合上同时发出重合闸动作信号。重合成功后，由于断路器辅助触点QF1打开使KCT失电，KT复归，C经15～25s重新充电完毕，自动合装置准备好再次动作。

3. 当线路发生永久性故障时

断路器切除故障后重合闸装置动作将断路器合闸的过程同前。由于是永久性故障，继电保护再一次动作将断路器跳开，重合闸装置再次启动，电容C再次对KC电压线圈放电，但继电保护动作切除故障时间加上KT延时时间远小于电容C充电到操作电源电压所需时间（15～25s），所以电容C上电压很低，远远达不到中间继电器KC的动作电压，故KC不会启动。此后KT1一直处于闭合状态，使KC电压线圈与电容C并联，电容C上电压不会升高到KC的动作电压，保证重合闸只动作一次，不会出现多次重合现象。

4. 手动操作跳闸时

在操作控制开关SA手动跳闸时，触点21－23断开，跳闸后仍保持断开状态，从而可靠切断了重合闸的正电源，重合闸不可能动作。注意SA的触点2－4在跳闸操作后是闭合的，故将电容C上电荷通过电阻放电电阻R_6放光，因此当下次手动合闸于故障线路上时重合闸不会动作。

5. 手动操作合闸于故障线路时

在操作控制开关SA手动合闸时，触点5－8闭合，操作正电源通过SA的5－8经KCF2QF1辅助触点加到合闸接触器YC上，断路器合上。SA的25－28，启动加速继电器KCP，因为合闸于故障线路，加速保护动作，使断路器无延时跳闸。因此，虽然重合闸的KT能够动作，经延时后电容C向KC电压线圈放电，由于电容C充电时间短，电压很低（因电容两端原来无电压，充电到电源电压需要15～25s）不足以使KC启动，不能实现重合闸。

6. 闭锁重合闸装置动作时

当母线差动保护、按频率自动减负荷装置等动作时，短接SA的触点2－4将电容C上的电放光。不应进行重合闸。

7. 防止多次重合于永久性故障的措施

如果线路上发生永久性故障，并且第一次重合出现了KC1、KC2、KC3触点粘牢或卡住现象，将发生如下情况：在断路器第二次跳闸后，由于KC1、KC2、KC3触点接通，若无防跳继电器KCF则合闸接触器通电而将断路器第二次合上。因为是永久性故障，继电保护再次动作跳闸，……如此反复。断路器将发生多次重合的严重后果。为了防止此现象的发生，在重合闸回路中设置了防跳（跳跃闭锁）继电器KCF，该继电器有两个线圈，电压线圈通过KCF1触点与合闸接触器并联，电流线圈与跳闸线圈串联。这样，当断路器第二次跳闸时，KCF电流线圈通电，KCF动作，KCP1触点闭合，于是KCP电压线圈通过闭合的KC1、KC2、KC3触点励磁，KCF处于自保持状态而不返回，断开合闸回路，断路器无法多次重合。此外，当手动合闸于故障线路时，KCP同样能防止因合闸脉冲过长而引起的断路器多次重合。

三、实验项目和方法

检查接线正确后，合上直流电源开关、交流电源开关。

1. 线路正常运行时

操作控制开关SA使其和断路器处于对应的合闸状态。此时红灯亮，负载灯亮，重合闸处于充电状态。观察装置各个继电器的情况，并记录。

2. 当线路发生瞬时性故障或由于其他原因使断路器误跳闸时

合拉短路开关，分别投入前加速、后加速，观察装置的动作情况，并记录。

3. 当线路发生永久性故障时

合上短路开关，分别投入前加速、后加速，观察装置的动作情况，并记录。

4. 操作控制开关手动跳闸时

重合闸装置不应动作。观察装置的情况，并记录。

5. 操作控制开关手动合闸于故障线路时

先合上短路开关，投入后加速，再操作控制开关合闸，此时重合闸装置不应动作。观察装置的情况，并记录。

6. 当线路发生永久性故障，保护动作，重合闸装置重合后其中间继电器的触点卡住或粘牢不能返回时

先将跳跃闭锁继电器短接，再将重合闸中间继电器的触点短接，合上短路开关，观察装置的动作情况；接入跳跃闭锁继电器观察装置的动作情况。做完后恢复原状。

四、实验仪器

实验仪器包括：三相一次自动重合闸装置演示屏（教师自制），负载灯。

五、思考题

（1）重合闸中间继电器KC为什么要带自保持？

（2）若电容C的绝缘电阻严重下降，小于充电电阻R_4的数值，运行中会有为什么现象？

（3）操作控制开关手动合闸时，后加速继电器启动吗？

（4）操作控制开关手动跳闸时，跳跃闭锁继电器KCF，启动吗？

第八节　继电器时间参数的测量实验

一、实验目的

（1）熟悉并掌握示波器、毫秒计的使用方法。

（2）掌握IEC试验接线测量继电器时间参数的方法。

二、实验简介

继电器的动作时间一般很短，以毫秒来计量。所以采用专用的测时仪器——毫秒计来测量，但 IEC（国际电工委员会）标准中推荐了一种用存储示波器测量继电器时间参数的电路（图 2－38），图 2－38 中电阻的关系为 $R_1 : R_2 : R_3 : R_4 = 1 : 2 : 2/3 : 1$，S 为无回跳的开关。

IEC 试验的动作过程是：S 合上前继电器处于失电状态，电阻桥 a、b 端输出一种电压；S 合上瞬间，启动示波器外触发扫描，同时对继电器线圈励磁→继电器动作，其动分触点断开，动合触点还未闭合，电阻桥 a、b 端输出另一种电压→当动合触点闭合→电阻桥 a、b 端输出又一种电压。整个继电器的动作行为大约 2 个周波时间（40ms）左右，在存储示波器上观察到的是有三个台阶的电压波形，读取时间参数应取该波形的 X 轴方向从扫描开始到最后一个上升沿为止的格数（DIV）。

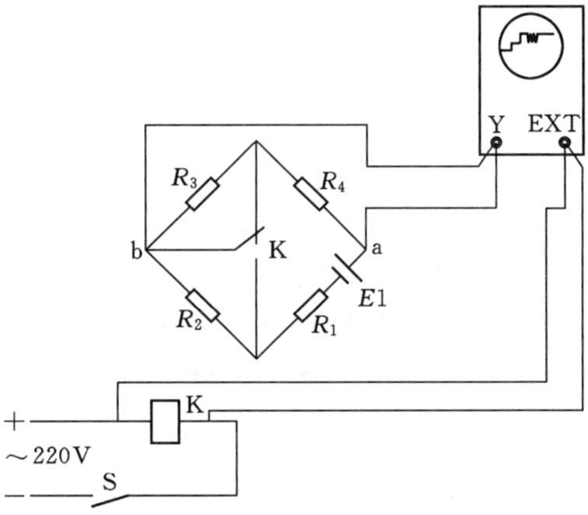

图 2－38　IEC 测试接线图

702－1 型毫秒计测量的过程是：S 合上瞬间→通过Ⅰ通道启动 702 毫秒计开始计时；继电器线圈励磁其动合触点闭合→通过Ⅱ通道使 702 毫秒计停止计时。此时毫秒计上记录的数值即为该继电器的动合触点的动作时间。

三、实验内容

1. IEC 试验接线测量

测试接线如图 2－38 所示。

实验步骤如下：

（1）熟悉记忆（或数字存储）示波器的面板布置，并按图接线。

（2）合上 S，在示波器屏幕上观察继电器动作波形，并存储。

（3）按一下示波器上 SING 键，为下次录波做好准备，然后拉开 S，在示波器屏幕上观察继电器返回波形。

（4）在下面网格内记录测试到的继电器动作和返回波形。

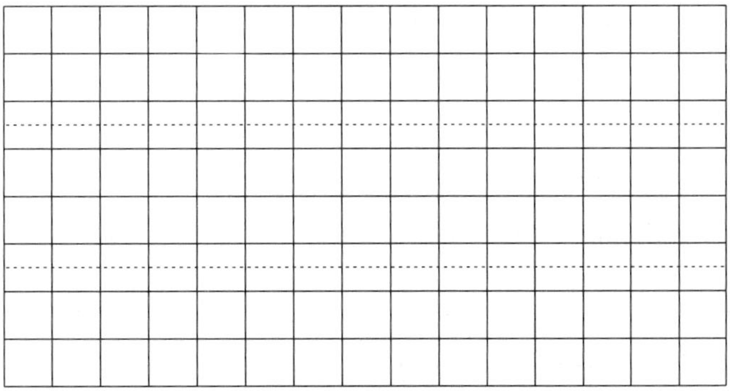

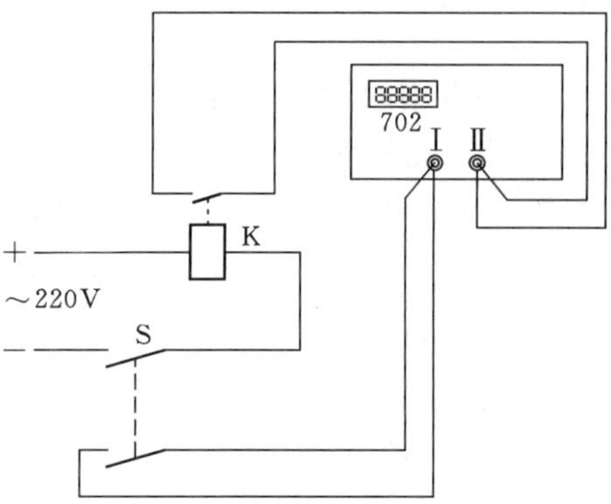

图 2－39　702－1 型毫秒计测试接线图

（5）读出被测波形中继电器动分、动合触点的动作时间、返回时间及回跳时间。

2.702－1 型毫秒计测量

测试接线如图 2－39 所示。

实验步骤如下：

（1）熟悉 702－1 型毫秒计的面板布置及操作方法，并按图接线。

（2）先将毫秒计清零，然后合上 S，观察毫秒计记录的时间，并记录。

（3）断开 S，让继电器返回。

（4）重复 2、3 步骤，连续操作 10 次。

（5）在下面表格中记录每次测量结果，并算出 10 次测量的平均值。

1	2	3	4	5	6	7	8	9	10	平均

四、测试数据处理

对 702－1 型毫秒计的测量数据进行处理，求平均值、离散度、变差。

五、测试仪器

测试仪器包括：V－134 型记忆示波器或 DSS5020A 型数字存储示波器，702－1 型数字式毫秒计，中间继电器，电阻板，闸刀板。

六、分析与讨论

（1）对比两种仪器对同一继电器的测试结果并给予评估。

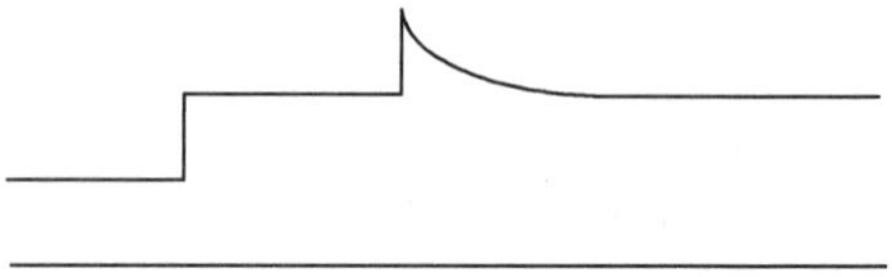
图 2－40　示波器测到的波形

（2）分析 CRT 上波形，判明示波器 Y 输入端接在电阻桥的哪两个端子上。

（3）分析示波器如何测到如图 2－40 所示的波形，是什么原因造成的？

第九节　示波器测频测相实验

一、实验目的

（1）熟悉并掌握双踪通用示波器的面板布置和使用方法。

（2）掌握示波器测频、测相位差的基本方法。

二、实验简介

用示波器测量信号的频率和相位差分别有直读法和李沙育两种方法。

用示波器测量信号的频率如用直读法一般得到如图 2－41 所示波形，在波形的一个周期，A、B 两点为 8DIV（格），SEC/DIV 设置在 2ms/DIV，则周期为：

$$T = 2\text{ms/DIV} \times 8\text{DIV} = 16(\text{ms})$$

则 $\quad f = 1/T = 1/16 \times 10^{-3} = 62.5\text{Hz}$

如用李沙育测量信号的频率，一般得到如图 2－42 所示图形中某一个，如果选择第二行第一个来分析：

因为李沙育测频是在已知一个信号频率的基础上来测量另一个未知信号频率，其计算公式为：

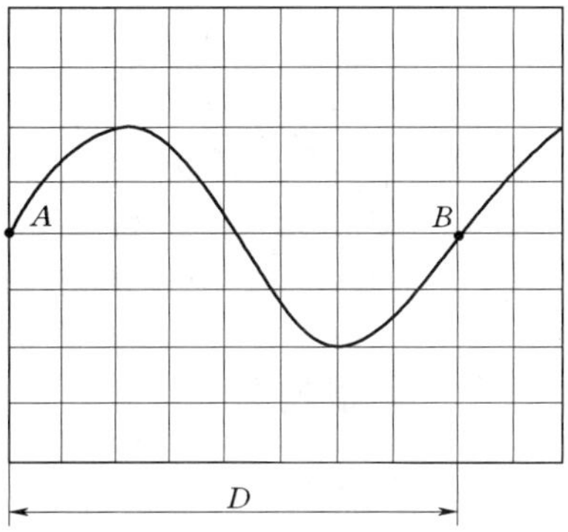

图 2－41　周期的测量

$$f_y/f_x = N_x/N_y$$

式中：f_y 为未知信号频率；f_x 为已知信号频率；N_x 为李沙育图形中与 X 轴的交点；N_y 为李沙育图形中与 Y 轴的交点。由上式可知未知信号频率是已知信号频率的 2 倍。如果已知信号频率为 50Hz，则被测信号频率即为 100Hz。由于李沙育图形法测频准确度相当高，所以在一些国家的仪表检验规程中，规定用此法来校验频率计。

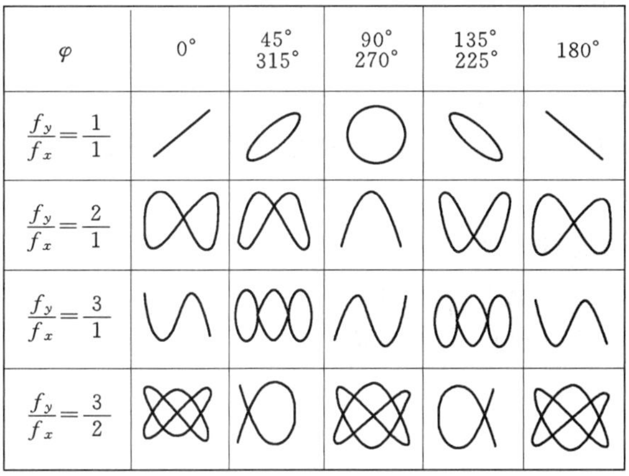

图 2－42　李沙育图形

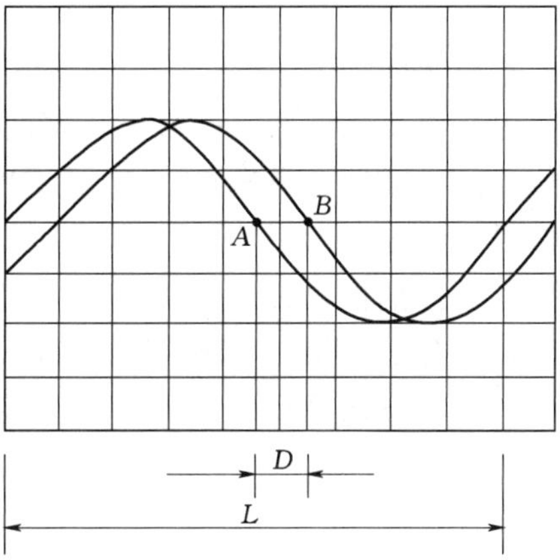

图 2－43　两同频信号相位差的测量

用示波器测量信号的相位差如用直读法，一般得到如图 2－43 所示图形。

由公式 $\varphi = \dfrac{360°}{L} \times D$ 可计算出两信号的相位差。

通常为读数方便起见，可调节水平微调旋纽，使信号的一个周期占 9 格（DIV），那么每格表示的相角为 40°，相位差为：

$$\varphi = 40°/\text{DIV} \times D$$

图 2－43 中信号一个周期占 9 格，两个信号对应点 A、B 间水平距离为 1 格，则相位差为：

$$\varphi = 40°/\text{DIV} \times 1\text{DIV} = 40°$$

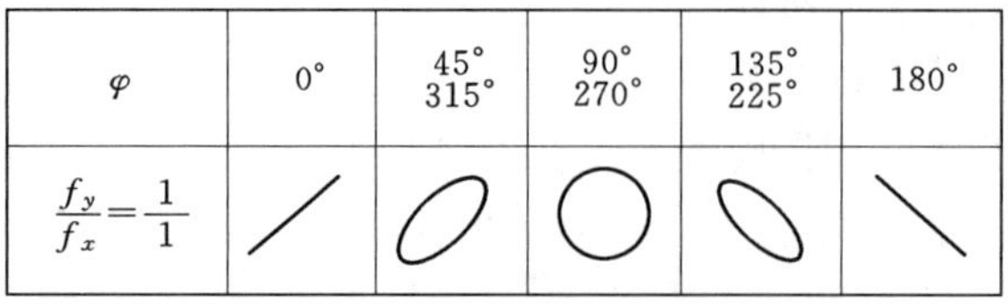

图 2-44　李沙育相位差图形

若用李沙育测量信号的相位差可得到如图 2-44 所示图形。

由于用李沙育测量信号的相位差精度不高，所以一般采用比对法，即用测到的图形与已知图形比较得到相位差。

三、实验内容

1. 直读法测频

测试接线如图 2-45 所示。

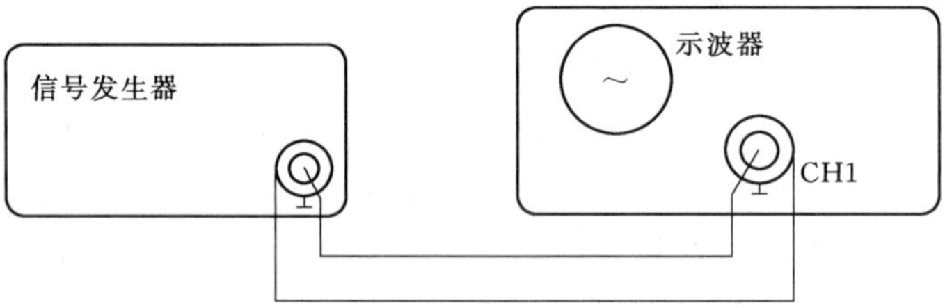

图 2-45　示波器直读法测频接线图

实验步骤如下：

（1）熟悉示波器、信号发生器的面板布置及操作方法，并按图 2-45 接线。

（2）示波器通道选择 CH1 或 CH2，扫描触发选择内触发，适当调节触发电平，使被测信号能稳定显示。

（3）扫描微调旋钮放在校准位置，读取信号周期

（4）分别测出 f=100Hz、1kHz、10kHz 情况下波形周期

（5）在下面网格内记录测试波形周期，并算出该波形的频率。

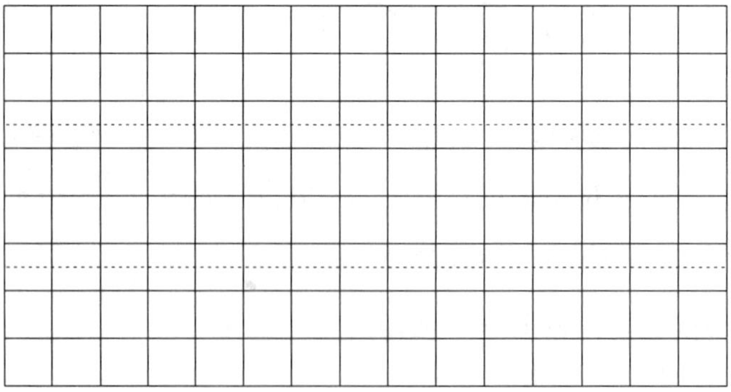

2. 李沙育图形法测频

测试接线如图 2-46 所示。

实验步骤如下：

（1）按接线图进行接线。

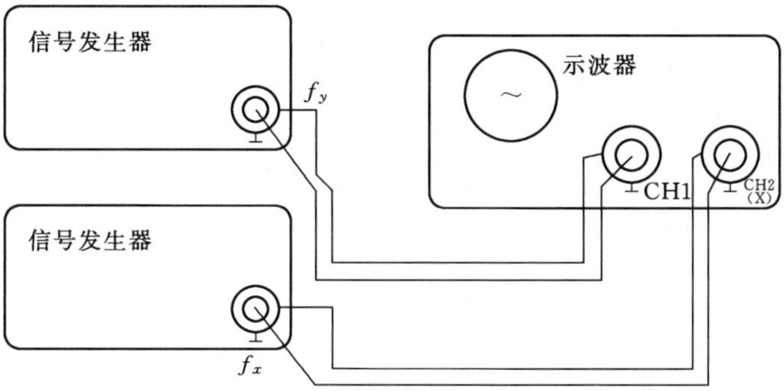

图 2-46　李沙育测频接线图

(2) 示波器选择 X-Y 方式，确认在 X 通道接入已知频率信号，Y 通道接入待测频率信号，根据显示的李沙育图形，按$\frac{f_y}{f_x}=\frac{N_x}{N_y}$计算出 Y 通道信号的频率（$N_x$ 为 X 轴与图形的交点；N_y 为 Y 轴与图形的交点）。

(3) 由于本实验信号源为两台独立，所以李沙育图形不易稳定，调节输入 Y 轴信号源频率时需要耐心，而且调节要缓慢。

(4) 分别测出 $f_y/f_x=1$、2/1、3/1、3/2 情况下零度时的图形（设定 X 轴输入信号频率 50Hz）

(5) 在下面网格内记录测试图形，并算出该图形的频率。

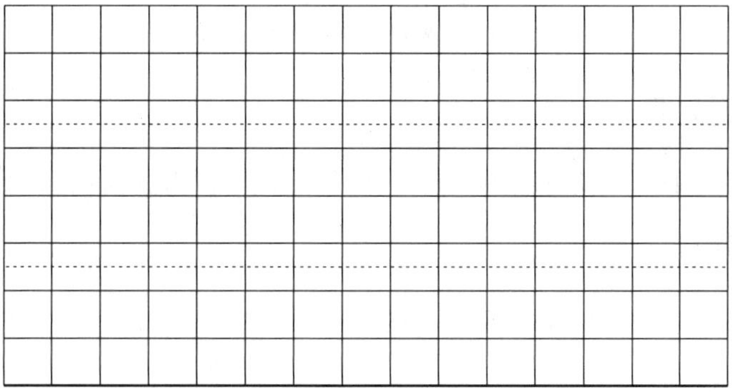

3. 直接比较法测相位差

实验步骤如下：

测试接线如图 2-47 所示。

(1) 按接线图进行接线。

(2) 信号发生器设定一频率，示波器设在双踪显示，并使波形稳定。

(3) 可以通过 X 轴微调旋钮使波形一个周期占 9 格，这样每一格代表 40°，然后测出两个波形过零点相差的格数乘以 40°，即可得到被测波形的相位差。

(4) 测出 $f_1=f_2=50$Hz、100Hz 时通过移相电路后的相位差。

(5) 在下面网格内记录测试波形，并计算出该波形的相位差。

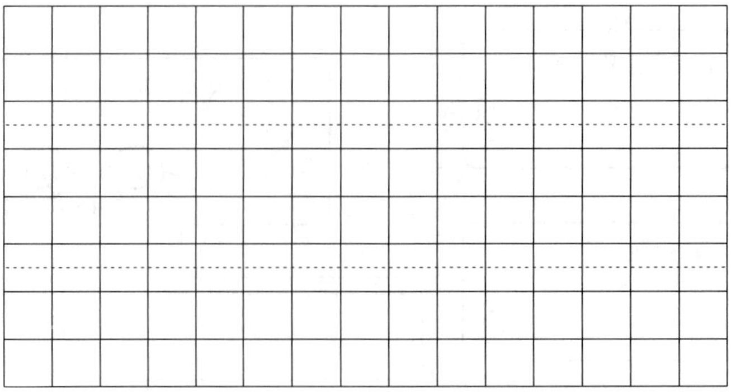

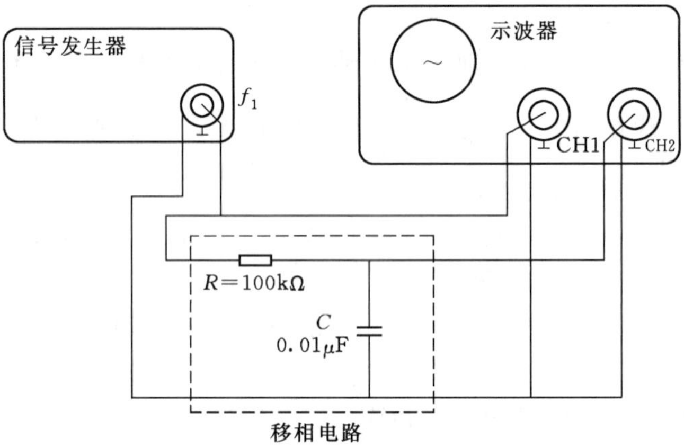

图 2-47　直接比较法测相位差接线图

四、测试数据处理

对示波器测频、测相的结果进行分析并与用频率计、相位仪测量的结果进行比对。

五、测试仪器

测试仪器包括：信号发生器；通用示波器；示波器测试线；移相电路板。

六、分析与讨论

（1）对同一信号频率，对比两种测频方法的结果进行比较并给予评估。
（2）用直读法测频时，为何时间校准微调旋钮要放在校准状态？

第十节　电平测量实验

一、实验目的

（1）进一步了解和熟悉电平振荡器和选频电平表的工作原理、面板布置和使用方法。
（2）掌握电平测量方法。

(3) 掌握电平修正方法。

二、实验简介

首先需要明确此处的电平不是指数字电路中的逻辑电平，而是指测点的电压、功率或电流与某一点电压、功率或电流在相同阻抗（阻抗不同要加修正值）下比值的对数，用“分贝”表示，记作“dB”即电平。例如功率之比的对数 $L_P=10\lg\frac{P_1}{P_2}$，L_P 表示测点的功率电平，单位为分贝（dB）；P_1 为测点功率；P_2 为另一点功率。同理电压电平表示为 $L_u=20\lg\frac{u_1}{u_2}$，单位为分贝（dB），u_1 为测点电压；u_2 为另一点电压。

使用“dB”有两个好处：其一读写、计算方便，例如多级放大器的总放大倍数为各级放大倍数相乘，用电平则可改用相加；其二能如实地反映人对声音的感觉。实践证明人耳听觉与功率或电压变化的对数值（即电平）成正比，而不是与功率与电压的变化成正比。

测量电平有两种方法：跨接法测量和终端法测量，分别如图 2-48 所示。

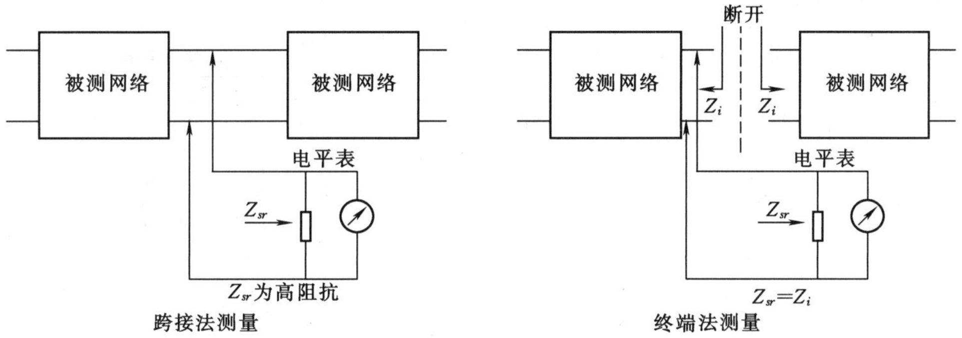

图 2-48　电平测量原理图

跨接法测量时，电平表输入阻抗放在高阻挡，终端法测量时，电平表输入阻抗应等于测点阻抗。

电压电平与功率电平的关系为：$P=ui=\frac{u^2}{Z}$，则

$$L_P=10\lg\frac{P_1}{P_2}=10\lg\frac{\frac{u_1^2}{Z_1}}{\frac{u_2^2}{Z_2}}=20\lg\frac{u_1}{u_2}+10\lg\frac{Z_2}{Z_1}=L_u+10\lg\frac{Z_2}{Z_1}$$

由上式可知，当 P_1、P_2 点阻抗相等，则功率电平与电压电平相等。如果阻抗不等，则需要在测到的电压电平上加上修正值，才能得到功率电平。

绝对电平是以阻抗 $Z_0=600\Omega$、电压 $U_0=0.775\text{V}$、功率 $P_0=1\text{mW}$ 为基准值，所计算得到的电平。

例如测点阻抗为 150Ω，功率为 0.75mW，计算该点的绝对电平。

$$L_P=10\lg\frac{0.75}{1}=-1.25(\text{dB})$$

$$L_u = 20\lg\frac{0.335}{0.775} = -7.27(\text{dB})$$

亦可根据测点的电压电平加修正值来验证该点的功率电平：

$$L_P = L_u + 10\lg\frac{600}{150} = -7.27 + 6.02 = -1.249(\text{dB})$$

三、实验内容

电平振荡器经四端网络（衰减器）带负载

(1) 由电平振荡器读出四端网络的输入功率电平。

(2) 由选频电平表跨接法读出四端网络的输入功率电平。

(3) 由选频电平表跨接法读出四端网络的输出功率电平。

(4) 由选频电平表终端法读出四端网络的输出功率电平。

(5) 计算四端网络的衰减值。

四、实验接线

测试接线见图 2-49。

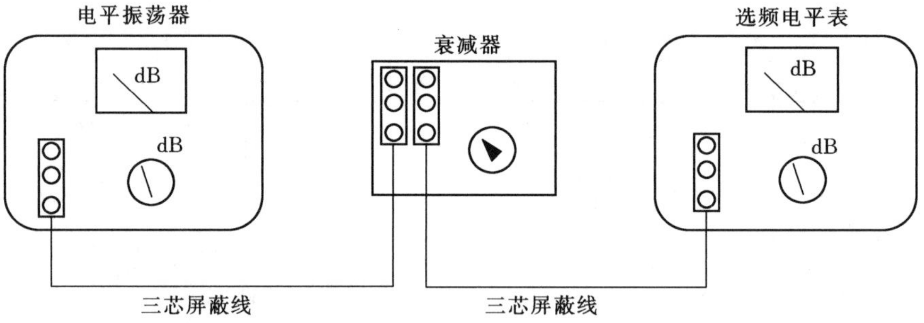

图 2-49　电平振荡器经四端网络（衰减器）带负载

五、实验步骤

(1) 熟悉电平振荡器、选频电平表的面板布置。

(2) 按接线图进行测试。

(3) 由电平振荡器读出四端网络的输入功率电平。

(4) 由选频电平表跨接法读出四端网络的输入功率电平。

(5) 由选频电平表跨接法读出四端网络的输出功率电平。

(6) 由选频电平表终端法读出四端网络的输出功率电平。

(7) 计算四端网络的衰减值。

六、测试仪器

测试仪器包括：电平振荡器 UX-15 型/UX-21 型/YX5061 型/YX5061A 型；选频电平表 UD-19 型/UD-26 型/YX5011 型/YX5011A 型；衰减器。

七、分析与讨论

按图 2-50 所示接线测试电平，接线图下方列出了仪器表头的示值、操作件的挡位示值和被测网络的阻抗，求：电平振荡器输出功率电平，电平表输入功率电平，被测网络接负载 510Ω 时的衰减值。

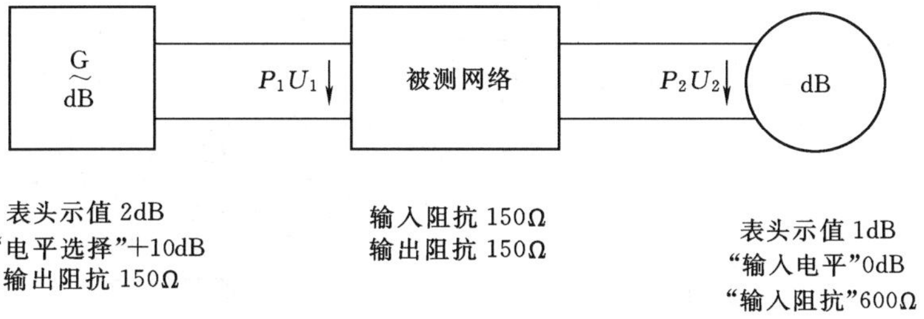

图 2-50　接线测试电平

第十一节　电抗变压器转移阻抗角的测量实验

一、实验目的

（1）掌握电抗变压器转移阻抗角的测量方法。

（2）熟悉 704-3 型相位表的使用方法。

二、实验简介

电抗变压器 TX 是将电流变换成与之成正比的输出电压，且输出电压超前输入电流一定相位角（0～90°）。本实验借用 LZ-21 型阻抗继电器中的电抗变压器，所以测试时首先在 LZ-21 型阻抗继电器的尾部 21、22 端子通入 1A 电流，然后在 LZ-21 型阻抗继电器内部标有 DKB 符号的变压器上测量。

704-3 型相位表使用方法采用 U-U 比较方法：即相位表 A 通道接在可调电阻上（因为此电压与电流相位相同），B 通道接在 TX（DKB）的 3、4 端子上，此时 704-3 相位表上反映的数值即是 A、B 通道这两个电压之间的相位差。

在测量过程中需要注意以下几个问题：

（1）LZ-21 型阻抗继电器中 TX（DKB）原、副方同名端的判断。

（2）704-3 型相位表输入选择开关与输入量要对应。如输入量是电压，则选择开关应放在电压量程上，千万不可放在电流量程上。

（3）704-3 型相位表显示的数值可能是 $\Phi_A-\Phi_B$，亦可能是 $\Phi_B-\Phi_A$，此时需确认仪器上相位测量开关的位置。

三、实验内容

（1）电压表法测转移阻抗角。

(2) 相位表法测转移阻抗角。

四、实验接线

测试接线见图 2－51。

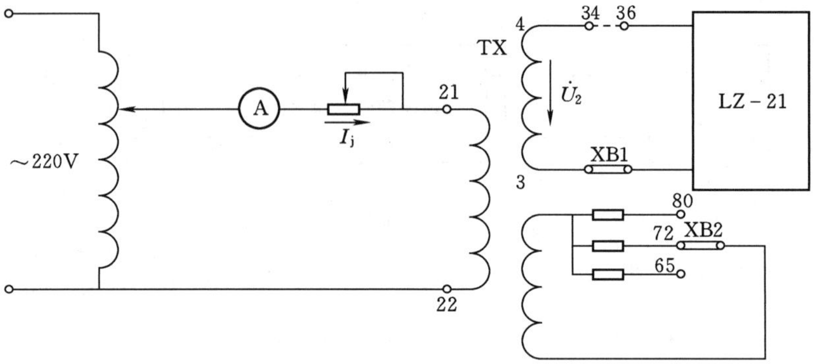

图 2－51　TX 测试接线图

五、实验内容

(1) 对电抗变压器进行同名端的判定。

(2) 断开连接片 XB2、XB1 及 34、36 端子之间的连线，调节自耦调压器及滑线电阻器，使 $I_j=1A$。

(3) 分别用电压表法、数字式相位计测量 U_2 与 I_j 间的相位差。

(4) 连接端子 34、36 及 XB1，分别取最大灵敏角为 80°、72°、65°时，重复步骤 3。

六、测试仪器

测试仪器包括：LZ－21 型阻抗继电器，704－3 型相位频率表，MF－47 型万用表，T－19A 型电流表，调压器、变阻器。

七、注意

应根据被测量的大小，选用 704－3 型合适的量程挡位，不要超量程使用！

第三章　综合性与设计性实验

第一节　输电线路的电流、电压保护综合性实验

一、实验目的

（1）了解电磁式电流、电压保护的组成。

（2）学习电力系统电流、电压保护中电流、电压、时间整定值的调整方法。

（3）研究电力系统中运行方式变化对保护灵敏度的影响。

（4）分析三段式电流、电压保护动作配合的正确性。

二、原理与说明

电流保护分无时限电流速断保护（简称Ⅰ段）、带时限速断保护（简称Ⅱ段）和过电流保护（简称Ⅲ段）。当系统运行方式变化很大时，电流保护（尤其电流速断保护）的保护区可能很小，往往不能满足灵敏度要求，为了提高灵敏度可以采用电流、电压联锁速断保护。

三段式电流保护及电流、电压联锁速断保护的基本原理已在教科书中详细说明，本书不再介绍。要进行电流、电压保护的综合性实验必须先完成以下工作。

1. 单电源输电线路等效模型的建立

本实验全部通过实验台完成（LHDJZ－ⅢB 试验台），考虑到三段式电流保护的特点，并根据实验台的实际参数（参见附录 B 中 LHDJZ－ⅢB 试验台接线图），若取电源线电压为 100V（实际为变压器副方输出线电压为 100V），最大运行方式下系统阻抗为 2Ω，正常运行方式下系统等值阻抗为 4Ω，最小运行方式下系统阻抗为 5Ω，两个线路段的阻抗均为 10Ω。线路中串有一个 2Ω 的限流电阻，设线路段最大负荷电流为 1.2A。无时限电流速断保护可靠系数取 1.25，带时限电流速断保护可靠系数取 1.1，过电流保护可靠系数取 1.15，继电器返回系数取 0.85，自启动系数取 1.0。

2. 整定计算

在对上述系统进行短路电流计算后，按整定计算原则可对上述模型的电流保护Ⅰ、Ⅱ、Ⅲ段进行整定，注意每一段保护都要进行动作电流、动作时间整定及灵敏度校验，同时要考虑是否在电流继电器前接入电流互感器以便于继电器的整定。在实验预习过程中，要求学生完成该项工作。

3. 接线方式的选择

电流保护常用的接线方式有完全星形接线、不完全星形接线和在中性线上接入电流继

电器的不完全星形接线三种。在学生所设计的实验方案中，必须说明采用何种接线方式及相应理由。

4. 试验接线的设计

为模拟正常运行方式、故障方式下各段保护的动作行为，研究电力系统中运行方式变化对保护灵敏度的影响，分析三段式电流、电压保护动作配合的正确性。在预习过程中，要求学生完成试验接线的设计，画出相应接线图，并经指导教师审阅通过后方可进行实验接线。

三、实验内容

1. 正常运行方式实验

(1) 三相调压器输出为0V。

(2) 系统运行方式置于“正常”位置。

(3) 进行实验接线，根据理论计算值确定各继电器的整定值大小。

(4) 合上三相电源开关，调节调压器输出，使屏上电压表指示从0V慢慢升到100V为止。

(5) 合上直流电源开关。

(6) 合上变压器二侧的模拟断路器。此时，负荷灯泡亮，模拟系统即处于正常运行状态。

(7) 实验结束后，使调压器输出回零，最后断开实验电源。

2. 短路故障方式实验

(1) 三相调压器输出为0V。

(2) 选择系统运行方式为最小运行方式。

(3) 将模拟线路电阻可移动头放置在中间(50%)位置。

(4) 进行实验接线，根据理论计算值确定各继电器的整定值大小。

(5) 退出所有出口连接片。

(6) 合上三相电源开关，调节调压器的输出，使屏上电压表指示从0V慢慢升到100V为止。

(7) 合上直流电源开关，合上变压器二侧的模拟断路器，此时负荷灯泡亮(与正常运行方式相同)。

(8) 合上短路模拟开关(二相或三相均可)。

(9) 合上故障模拟断路器，模拟系统发生短路故障。

此时，根据短路类型，负荷灯泡全部熄灭或部分熄灭。电流表指示数值较大。模拟系统即处于短路故障方式。短路故障发生后，应立即断开短路操作开关，以免短路电流过大烧坏设备。断开短路操作开关。即可切除短路故障。

(10) 实验结束后，将故障模拟断路器断开，调压器输出调回零，最后断开实验电源。

3. 三相短路时Ⅰ段保护动作情况及灵敏度测试实验

在不同的系统运行方式下，做三段式常规电流保护实验，找出Ⅰ段电流保护的最大和最小保护范围，具体实验步骤如下：

(1) 按前述完全星形实验接线，将变压器原方 TA 的二次侧短接，调整好三段保护定值。

(2) 系统运行方式选择置于“最大”，将重合闸开关切换至“OFF”位置。

(3) 把“区内”、“线路”和“区外”转换开关选择在“线路”挡（“区内”、“区外”是对变压器保护而言的，在线路保护中不使用）。

(4) 合三相电源开关，三相电源指示灯亮（如果不亮，则停止下面的实验）。

(5) 缓慢调节调压器输出，使并入线路中的电压表显示读数从 0V 上升到 100V 为止。

(6) 合上直流电源开关，直流电源指示灯亮（如果不亮，则停止下面的实验）。

(7) 合上模拟断路器，负载灯全亮。

(8) 将出口连接片投入。

(9) 合上短路选择开关 SA、SB、SC。

(10) 模拟线路段不同处做短路实验。先将短路点置于 100% 的位置（顺时针调节短路电阻至最大位置），合上故障模拟断路器，检查保护Ⅰ段是否动作，如果没有动作，断开故障模拟断路器，再将短路电阻调至 90% 处，再合上故障模拟断路器，检查保护Ⅰ段是否动作，没有动作再继续本步骤前述方法改变短路电阻大小的位置，直至保护Ⅰ段动作，然后再慢慢调大一点短路电阻值，直至Ⅰ段不动作，记录最后能够使Ⅰ段保护动作的短路电阻值于表 3-1 中。

(11) 分别将系统运行方式置于“最小”和“正常”方式，重复步骤 (4) ～ (10) 的过程，将Ⅰ段保护动作时的短路电阻值记录在表 3-1 中。

表 3-1　　三相短路实验数据记录表

短路电阻(Ω) / 运行方式						
最大						
最小						
正常						

(12) 实验完成后，将调压输出调为 0V，断开所有电源开关。

(13) 根据实验数据分析出无时限电流速断保护最大保护范围。

4. 两相短路时Ⅰ段保护动作情况及灵敏度测试实验

在系统运行方式为最小时，做三段式常规电流保护实验，找出Ⅰ段电流保护的最小保护范围，具体实验步骤如下：

(1) 按前述完全星型实验接线，将变压器原方 TA 的二次侧短接。调整好三段保护定值。

(2) 系统运行方式选择置于“最小”。

(3) 把“区内”、“线路”和“区外”转换开关选择在“线路”挡。

(4) 合三相电源开关，三相电源指示灯亮（如果不亮，则停止下面的实验）。

(5) 缓慢调节调压器输出，使并入的线路中的电压数显示值从 0V 上升到 100V 为止。

(6) 合上直流电源开关，直流电源指示灯亮（如果不亮，则停止下面的实验）。

(7) 合上模拟断路器，负载灯全亮。

(8) 将常规出口连接片 LP2 投入，微机出口连接片退出（断开 LP1）。

(9) 合上短路选择开关 SA、SB、SC 按钮中任意二相，如 AB 相。

(10) 模拟线路段不同处做短路实验，先将短路电阻置于 100% 的位置，合上故障模拟断路器，检查Ⅰ段保护是否动作，如果没有动作，则断开故障模拟断路器，再将短路点调至 90% 处，合上故障模拟断路器，检查Ⅰ段是否动作，没有动作再继续本步骤前述方法改变短路电阻大小的位置直至Ⅰ段保护动作，再慢慢调大一点短路电阻值，直至Ⅰ段保护不动作，记录能使保护Ⅰ段动作的最大短路电阻值于表 3-2 中。

表 3-2　　两相短路实验数据记录表

短路电阻（Ω）/ 运行方式	AB 相短路	BC 相短路	CA 相短路
最大			
最小			
正常			

(11) 分别将系统运行方式置于“最大”和“正常”方式，重复步骤（4）～（10）的过程，将能够使Ⅰ段保护动作的最大短路电阻值记录在表 3-2 中。

(12) 实验完成以后，将调压器输出调为 0V，断开所有电源。

(13) 分别将短路选择开关设为 AC 或 BC 相，重复步骤（2）～（12），将实验数据记录于表 3-2 中。

(14) 根据实验数据，分析出无时限电流速断保护最小保护范围。

5. 电流电压联锁保护实验

低电压闭锁的电流速断保护实验步骤如下：

(1) 将变压器原方 TA 的二次侧短接，按前面介绍的原理接线图完成实验接线，再接好电压继电器，调整Ⅰ段三个电流继电器的整定值为 4.3A，电压继电器整定值为 56V。

(2) 重复三相短路实验中步骤（2）～（12），将实验数据记录于表 3-3 中。

表 3-3　　低电压闭锁电流速断保护实验数据记录表

短路电阻(Ω) / 运行方式						
最大						
最小						
正常						

(3) 根据实验数据求出低压闭锁速断保护的最大范围，比较低电压闭锁的速断保护和无时限电流速断保护的保护范围，分析低电压闭锁电流速断保护的灵敏度。

6. 保护动作配合实验

(1) 按完全星形接线图完成实验接线，将变压器原方 TA 的二次侧短接。

(2) 根据实验方案给三段式电流继电器的设整定值。

(3) 系统运行方式选择为“最大”，将重合闸开关切换至“OFF”位置，转换开关选择在“线路”。退出连接片，使保护动作后不能够跳闸。

(4) 合三相电源开关，调节调压器输出，使线路上的线电压不超过100V，合上模拟断路器，负载灯亮。

(5) 根据前面实验所介绍的方法产生三相短路或两相短路故障。

(6) 检查保护动作情况。保护应按Ⅰ段→Ⅱ段→Ⅲ段顺序动作。

(7) 实验结束，将调压器输出调为0V，断开所有电源开关。

注意：由于保护出口连接片已退出（断开），保护动作后不能使模拟断路器分断，所以故障持续时间不易太长，即要在故障开始后，当所有保护均已经动作时，人为断开故障模拟断路器。

四、思考题

(1) 比较分析三段式电流保护和电压电流联锁保护的灵敏性。

(2) 电流保护和电流、电压联锁保护的整定值计算方法，有什么不同？

第二节 距离保护设计性实验

一、实验目的

(1) 加深对距离保护的各组成部分的理解，掌握其基本原理及各部分之间的逻辑关系。

(2) 掌握微机型继电保护测试仪的使用方法。

(3) 加深微机型距离保护装置的整体了解。

(4) 观察、分析有关波形。

二、实验项目与方法

(一) 电网模型的建立及距离保护装置的整定

为配合距离保护装置的实验，可先根据电网实际建立一220kV双测电源网络，两侧短路容量及流经线路的负荷容量、相应的电流互感器变比、电压互感器变比由学生自行设计。经过计算，可得出线路正常负荷电流、线路首端、终端、末端各种不对称短路时流过保护的电流一次值与二次值。

根据短路电流计算结果，可进行距离保护整定计算，得到启动电流、相间阻抗、接地阻抗定值等整定参数。以上内容应先期完成。

(二) 实验方案的设计

结合实验室所提供的微机型距离保护装置进行相应整定后，即可进行相应实验方案的设计，根据实验目的，本次实验的重点在于阻抗元件定值的校验与阻抗元件特性的校验，并对距离保护的启动、振荡闭锁等逻辑功能进行校验。考虑到实验时间问题，可分组进行不同项目的校验，最后由教师进行综合并相应点评。

1. 阻抗元件定值的整定

根据先期整定计算结果可对微机型阻抗保护的动作值进行整定，整定时需根据微机型保护定值单结合整定计算结果依次进行整定，并根据整定结果通过微机保护打印一份定值清单。

2. 阻抗元件定值的校验

短路电流对应着短路容量，对应着测量阻抗由负荷阻抗转变为短路阻抗，而在实际的保护测试中，可采用的方法一般有三种可能性：一是假设短路电压恒定，根据短路电压（二次值，下同）及短路阻抗计算出短路电流量，通过分步增加电流的方法进行定值的校验；二是假设短路电流恒定，由分步减小电流的方法进行定值的校验；三是假定系统阻抗不变，由测试仪模拟短路电压与短路电流随着短路阻抗的变化而同时变化。具体选用哪种方法由同学们自定，并说明相应的理由、列出相应的实验表格请教师审阅通过后再进行实际操作。各段保护在0.95倍阻抗定值时应可靠动作；在1.05倍阻抗定值时应可靠不动作；在0.7倍阻抗定值时应测量保护动作时间。

3. 与试验台的配合实验

在对微机型阻抗保护进行定值校验后，可将其与试验台结合进行以下试验：

（1）模拟区内、区外两相或三相短路故障，观察保护的动作情况。

（2）模拟本线路出口故障或相邻线路出口两相或三相短路故障，观察保护的动作情况及相互配合情况。

（3）模拟经过渡电阻故障对阻抗保护动作影响的实验。

（4）观察运行方式变化对阻抗保护动作影响的实验。

以上实验的实验接线及相关参数整定由学生自行设计，注意实验前要经教师审核通过方可实验。

三、实验相关提示

（1）相间距离保护与接地距离保护的输入量设置是相同的，但所加测试量存在不同，特别要考虑零序补偿系数的问题。

（2）短路阻抗角的选择。不同保护装置的阻抗特性并不相同，某些保护装置的阻抗定值为灵敏角下的阻抗值（如LFP、RCS、PSL系列），短路阻抗角设计为线路正序阻抗角。而某些保护阻抗角设置为电抗值和电阻值（如CSL系列）。

（3）测试仪的使用技巧。进行阻抗定值校验时，应采用保护的瞬时动作触点而不能采用保持触点以保证触点正确反映每次故障时保护的动作行为。另可考虑采用测试仪的成组调试功能，一次完成定值的校验。

四、实验设备

实验设备包括：电力系统继电保护综合实验台（含与距离保护相关的电力系统仿真模型、微机型线路保护、相关测量元件、控制元件、实验接线等），微机型继电保护测试仪。

五、思考题

(1) 什么叫动作死区？微机型阻抗保护是如何消除动作死区的？

(2) 经过实验，你能说出你所使用的阻抗保护采用哪几种阻抗特性，各有什么优点？

(3) 阻抗保护的启动元件有什么重要性？

(4) 经过渡电阻故障时，阻抗保护能否正确动作？实验时如增加过渡电阻，对保护动作有何影响？

(5) 为保证阻抗保护真正发挥作用，你认为至少应进行哪些实验？

第三节　变压器保护设计性实验

一、实验目的

(1) 熟练掌握变压器纵差保护的基本组成原理及整定值的调整方法。

(2) 掌握 Y，d11 型接线的变压器差动保护的相位补偿及数值补偿方法。

(3) 了解差动保护不同制动方法，掌握比率制动特性的特点。

(4) 能模拟变压器的正常运行、区内故障、区外故障等情况，分析差动保护的相应动作行为。

(5) 能根据变压器的后备保护特点，设计相应实验项目。

二、实验项目与方法

1. *差动保护实验*

差动保护是变压器的主保护，差动保护实验是本实验的重点。考虑到在实验室中进行微机型变压器保护实验，采用 TB 作为被保护变压器。其接线示意图如图 3－1 所示。

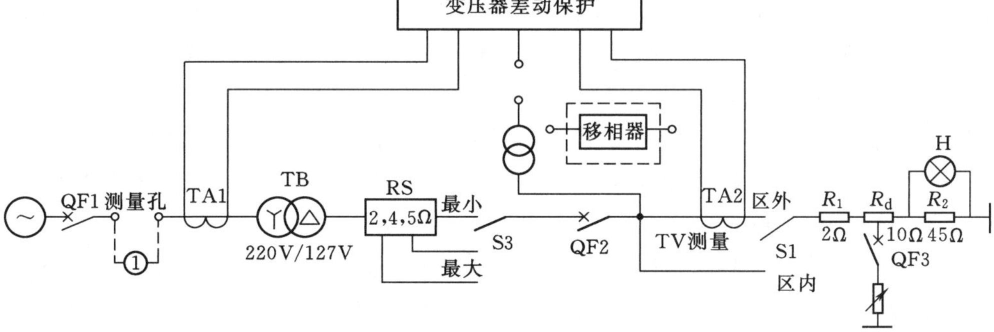

图 3－1　变压器差动保护实验接线示意图

TB 高压侧为星形接法，线电压为 220V，低压侧为三角形接法，线电压为 127V。高、低压侧变比为$\sqrt{3}$：1；线路正常运行方式下低压侧每相负荷电阻为 61Ω。依据上述参数进行整定计算，整定时主要考虑以下几点：①差动元件的动作方程；②差动电流与制动电流的取得方式；③差动保护的启动方式；④数值式纵差动保护的相位校正方法；⑤数值式纵差动保护的幅值校正方法。

对微机型差动保护独立装置的实验项目主要有：①比率制动特性的测试；②二次谐波制动特性的测试；③间断角制动特性的测试；④波形对称判据的测试。以上四个实验项目可通过微机保护测试仪进行。其中第一项必做，其他三项可选做。

对微机型差动保护装置与实验台相配合实验项目主要有：①模拟变压器正常运行，采用不同补偿方式，进行差动保护不平衡电流的测量；②极性接反、TA 断线等电流回路异常情况对差动保护影响的模拟；③模拟变压器内部故障，计算实际差动电流、制动电流与计算值的误差，观察保护动作情况；④根据变压器外部故障，计算实际差动电流、制动电流与计算值的误差，观察保护动作情况；⑤空载投入变压器，观察励磁涌流的变化及其对差动保护的影响。以上实验可根据情况选择部分项目进行。

2. 变压器后备保护的实验

变压器的后备保护如过电流保护、低电压闭锁过电流保护的实验方法可参考第三章第一节的内容，根据实际情况决定相应的实验项目。

学生应根据本试验室的条件，结合不同的微机保护装置进行相应整定计算。

三、实验相关提示

（1）微机型差动保护整定值中的最小动作电流的变化将会引起差动保护的灵敏度变化、最小制动电流的变化将会引起差动保护不平衡电流能力的变化、比率制动系数的改变将影响到区外故障差动保护的动作行为。在整定时应按照变压器正常运行的参数进行整定，并考虑到电流互感器的变比。

（2）相位补偿方式的选择。为补偿变压器相角差引起的不平衡电流，差动保护可采用多种方法进行相位补偿，如“外转角”法，即利用电流互感器二次接线进行相位校正，相位校正的具体方法是：变压器星形侧的电流互感器二次绕组首尾相接成三角形，将变压器三角形侧的电流互感器二次绕组接成星形；或采用“内转角”法，即利用保护内部算法进行校正，该类校正又有两种可能，即由星形侧向角形侧校正以及角形侧向星形侧校正两种方式。不同型号的微机保护装置采用不同的补偿方式，相应的数据补偿也不相同，即平衡系数的计算也不相同，在整定时一定要注意。

（3）不同保护间的配合。要考虑变压器保护中不同保护之间的配合问题，如进行后备保护实验时，如模拟变压器内部故障，有可能差动保护也会动作出口，影响实验的正确性，必须通过改变保护的控制字、停用了出口压板等方法加以避免。

（4）误差的处理。实验前根据给定的有关参数计算出的变压器正常运行时、区内故障时、区外故障时各侧的一次电流与二次电流与实验时实测的一次电流及二次电流如存在较大差异，必须引起足够重视，分析其误差原因，及时加以改进。

（5）测试仪的使用技巧。进行差动保护特性校验时，应采用保护的瞬时动作触点而不能采用保持触点以保证触点正确反映每次故障时保护的动作行为。另可考虑采用测试仪的成组调试功能，一次完成定值的校验。

四、实验设备

实验设备包括：电力系统继电保护综合实验台（含与变压器相关的电力系统仿真模型、微机型变压器保护、相关测量元件、控制元件、实验接线等），微机型继电保护测试仪。

五、思考题

（1）差动继电器中为什么要引入二次谐波制动？

（2）请说明差动继电器的穿越制动曲线的作用。

（3）三绕组变压器与两绕组变压器保护的配置有何不同？

（4）变压器差动保护中产生不平衡电流的因素有哪些？

第四节　同步发电机自动准同期综合性实验

一、实验目的

（1）加深理解同步发电机准同期并列原理，掌握准同期并列条件。

（2）掌握微机准同期控制器及模拟式综合整步表的使用方法。

（3）熟悉同步发电机准同期并列过程。

（4）观察、分析有关波形。

二、原理与说明

将同步发电机并入电力系统的合闸操作通常采用准同期并列方式。准同期并列要求在合闸前通过调整待并机组的电压和转速，当满足电压幅值和频率条件后，根据“恒定导前时间原理”，由运行操作人员手动或由准同期控制器自动选择合适时机发出合闸命令，这种并列操作的合闸冲击电流一般很小，并且机组投入电力系统后能被迅速拉入同步。根据并列操作的自动化程度不同，又分为手动准同期、半自动准同期和全自动准同期三种方式。

正弦整步电压是不同频率的两正弦电压之差，其幅值做周期性的正弦规律变化。它能反映两个待并系统间的同步情况，如频率差、相角差以及电压幅值差。线性整步电压反映的是不同频率的两方波电压间相角差的变化规律，其波形为三角波。它能反映两个待并系统间的频率差和相角差，并且不受电压幅值差的影响，因此得到广泛应用。

手动准同期并列，应在正弦整步电压的最低点（同相点）时合闸，考虑到断路器的固有合闸时间，实际发出合闸命令的时刻应提前一个相应的时间或角度。

自动准同期并列，通常采用恒定导前时间原理工作，这个导前时间可按断路器的合闸时间整定。准同期控制器根据给定的允许压差和允许频差，不断地检查准同期条件是否满足，在不满足要求时闭锁合闸并且发出均压均频控制脉冲。当所有条件均满足时，在整定的越前时刻送出合闸脉冲。

三、实验项目和方法

（一）机组启动与建压

（1）检查调速器上“模拟调节”电位器指针是否指在0位置，如不在则应调到0位置。

（2）合上操作电源开关，检查实验台上各开关状态：各开关信号灯应绿灯亮、红灯熄。调速器面板上数码管在并网前显示发电机转速（左）和控制量（右），在并网后显示控制量（左）和功率角（右）。调速器上“并网”灯和“微机故障”灯均为熄灭状态，“输出零”灯亮。

（3）按调速器上的“微机方式自动/手动”按钮使“微机自动”灯亮。

（4）励磁调节器选择它励、恒UF运行方式，合上励磁开关。

（5）把实验台上“同期方式”开关置“断开”位置。

（6）合上系统电压开关和线路开关QF1，QF3，检查系统电压接近额定值380V。

（7）合上原动机开关，按“停机/开机”按钮使“开机”灯亮，调速器将自动启动电动机到额定转速。

（8）当机组转速升到95%以上时，微机励磁调节器自动将发电机电压建压到与系统电压相等。

（二）观察与分析

（1）操作调速器上的增速或减速按钮调整机组转速，记录微机准同期控制器显示的发电机和系统频率。观察并记录旋转灯光整步表上灯光旋转方向及旋转速度与频差方向及频差大小的对应关系；观察并记录不同频差方向，不同频差大小时的模拟式整步表的指针旋转方向及旋转速度、频率平衡表指针的偏转方向及偏转角度的大小的对应关系。

（2）操作励磁调节器上的增磁或减磁按钮调节发电机端电压，观察并记录不同电压差方向、不同电压差大小时的模拟式电压平衡表指针的偏转方向和偏转角度的大小的对应关系。

（3）调节转速和电压，观察并记录微机准同期控制器的频差闭锁、压差闭锁、相差闭锁灯亮熄规律。

（4）将示波器跨接在“发电机电压”测孔与“系统电压”测孔间，观察正弦整步电压（即脉动电压）波形，观察并记录整步表旋转速度与正弦整步电压的周期的关系；观察并记录电压幅值差大小与正弦整步电压最小幅值间的关系；观察并记录正弦整步电压幅值达到最小值的时刻所对应的整步表指针位置和灯光位置。

（5）用示波器跨接到“三角波”测孔与“参考地”测孔之间，观察线性整步电压（即三角波）的波形，观察并记录整步表旋转速度与线性整步电压的周期的关系；观察并记录电压幅值差大小与线性整步电压最小幅值间的关系；观察并记录线性整步电压幅值达到最小值的时刻所对应的整步表指针位置和灯光位置。

（三）手动准同期

1．按准同期并列条件合闸

将“同期方式”转换开关置“手动”位置。在这种情况下，要满足并列条件，需要手动调节发电机电压、频率，直至电压差、频差在允许范围内，相角差在零度前某一合适位置时，手动操作合闸按钮进行合闸。

观察微机准同期控制器上显示的发电机电压和系统电压，相应操作微机励磁调节器上的增磁或减磁按钮进行调压，直至“压差闭锁”灯熄灭。

观察微机准同期控制器上显示的发电机频率和系统频率，相应操作微机调速器上的增速或减速按钮进行调速，直至“频差闭锁”灯熄灭。

此时表示压差、频差均满足条件，观察整步表上旋转灯位置，当旋转至0°位置前某一合适时刻时，即可合闸。观察并记录合闸时的冲击电流。

2. 准同期并列条件不满足时合闸

实验分别在单独一种并列条件不满足的情况下合闸，记录功率表冲击情况：

(1) 电压差相角差条件满足，频率差不满足，在 $f_G>f_S$ 或 $f_G<f_S$ 时手动合闸，观察并记录实验台上有功功率表 P 和无功功率表 Q 指针偏转方向及偏转角度大小，分别填入表3-4。

注意：频率差不要大于0.5Hz。

(2) 频率差相角差条件满足，电压差不满足，$U_G>U_S$ 和 $U_G<U_S$ 时手动合闸，观察并记录实验台上有功功率表 P 和无功功率表 Q 指针偏转方向及偏转角度大小，分别填入表3-4。

注意：电压差不要大于额定电压的10%。

(3) 频率差电压差条件满足，相角差不满足，顺时针旋转和逆时针旋转时手动合闸，观察并记录实验台上有功功率表 P 和无功功率表 Q 指针偏转方向及偏转角度大小，分别填入表3-4。

注意：相角差不要大于30°。

表3-4　　准同期并列条件不满足时合闸数据记录表

条件参数	$f_G>f_S$	$f_G<f_S$	$U_G>U_S$	$U_G<U_S$	顺时针	逆时针
P (kW)						
Q (kvar)						
备注						

注　有功功率 P 和无功功率 Q 也可以通过微机励磁调节器的显示观察。

(四) 半自动准同期

将“同期方式”转换开关置“半自动”位置，按下准同期控制器上的“同期”按钮即向准同期控制器发出同期并列命令，此时，同期命令指示灯亮，微机正常灯闪烁加快。准同期控制器将给出相应操作指示信息，运行人员可以按这个指示进行相应操作。调速调压方法同手动准同期。当压差、频差条件满足时，整步表上旋转灯光旋转至接近0°位置时，整步表圆盘中心灯亮，表示全部条件满足，准同期控制器会自动发出合闸命令，“合闸出口”灯亮，随后发电机断路器QF红灯亮，表示已经合闸。同期命令指示灯熄，微机正常灯恢复正常闪烁，进入待命状态。

(五) 全自动准同期

将“同期方式”转换开关置“全自动”位置；按下准同期控制器的“同期”按钮，同期命令指示灯亮，微机正常灯闪烁加快，此时，微机准同期控制器将自动进行均压、均频控制并检测合闸条件，一旦合闸条件满足即发出合闸命令。

在全自动过程中，观察当“升速”或“降速”命令指示灯亮时，调速器上有什么反应；当“升压”或“降压”命令指示灯亮时，微机励磁调节器上有什么反应。当一次合闸过程完毕，控制器会自动解除合闸命令，避免二次合闸；此时同期命令指示灯熄，微机正常灯恢复正常闪烁。

（六）准同期条件的整定

按“参数设置”按钮使“参数设置”灯亮进入参数设置状态，（再按一下“参数设置”按钮即可使“参数设置”灯熄退出参数设置状态）共显示8个参数，可供修改的参数共有7个，即开关时间、频差允许值、压差允许值、均压脉冲周期、均压脉冲宽度、均频脉冲周期、均频脉冲宽度。另第8个参数是实测上一次开关合闸时间，单位为毫秒。以上7个参数按“参数选择”按钮可循环出现，按上三角或下三角按钮可改变其大小。改变某些参数来重复做一下全自动同期。

（1）整定频差允许值 $\Delta f=0.3\text{Hz}$。压差允许值 $\Delta U=3\text{V}$ 超前时间 $t_{lead}=0.1\text{s}$，通过改变实际开关动作时间，即整定“同期开关时间”的时间继电器。重复进行全自动同期实验，观察在不同开关时间 t_{lead} 下并列过程有何差异，并记录三相冲击电流中最大的一相的电流值 I_{imp}，填入表3-5。

表3-5　全自动同期实验数据记录表1

整定同期开关时间（s）	0.1	0.2	0.3	0.4
实测开关时间（s）				
冲击电流 I_{imp}（A）				
备注				

据此，估算出开关操作回路固有时间的大致范围，根据上一次开关的实测合闸时间，整定同期装置的导前时间。在此状态下，观察并列过程时的冲击电流的大小。

（2）改变频差允许值 Δf，重复进行全自动同期实验，观察在不同频差允许值下并列过程有何差异，并记录三相冲击电流中最大的一相的电流值 I_{imp}，填入表3-6。

注意：此实验微机调速器工作在微机手动方式。

表3-6　全自动同期实验数据记录表2

频差允许值 Δf（Hz）	0.4	0.3	0.2	0.1
冲击电流 I_{imp}（A）				
备注				

（3）改变压差允许值 ΔU，重复进行全自动同期实验，观察在不同压差允许值下并列过程有何差异，并记录三相冲击电流中最大的一相的电流值 I_m，填入表3-7。

表3-7　全自动同期实验数据记录表3

压差允许值 ΔU（V）	5	4	3	2
冲击电流 I_{imp}（A）				
备注				

（七）停机

断开发电机开关使同步发电机与系统解列之后，按调速器的“停机/开机”按钮使“停机”灯亮，即可自动停机，当机组转速降到85%以下时，微机励磁调节器自动逆变灭磁。待机组停稳后断开原动机开关，跳开励磁开关以及线路和无穷大电源开关，切断操作电源开关。

四、实现注意事项

（1）手动合闸时，仔细观察整步表上的旋转灯，在旋转灯接近0°位置之前某一时刻合闸。

（2）当面板上的指示灯、数码管显示都停滞不动时，此时微机准同期控制器处于“死机”状态，按一下“复位”按钮可使微机准同期控制器恢复正常。

（3）微机自动励磁调节器上的增减磁按钮按键只持续5s内有效，过了5s后如还需调节则松开按钮，重新按下。

（4）在做三种同期切换方式时，做完一项后，需做另一项时，断开断路器开关，然后选择“同期方式”转换开关。

五、思考题

（1）相序不对（如系统侧相序为A、B、C、为发电机侧相序为A、C、B），能否并列？为什么？

（2）电压互感器的极性如果有一侧（系统侧或发电机侧）接反，会有何结果？

（3）准同期并列与自同期并列，在本质上有何差别？如果在这套机组上实验自同期并列，应如何操作？

（4）合闸冲击电流的大小与哪些因素有关？频率差变化或电压差变化时，正弦整步电压的变化规律如何？

（5）当两侧频率几乎相等，电压差也在允许范围内，但合闸命令迟迟不能发出，这是一种什么现象？应采取什么措施解决？

（6）在 $f_G>f_S$ 或者 $f_G<f_S$，$U_G>U_S$ 或者 $U_G<U_S$ 下并列，机端有功功率表及无功功率表的指示有何特点？为什么？

第五节　同步发电机的励磁控制综合性实验

一、实验目的

（1）加深理解同步发电机励磁调节原理和励磁控制系统的基本任务。

（2）了解自并励励磁方式和它励励磁方式的特点。

（3）熟悉三相全控桥整流、逆变的工作波形；观察触发脉冲及其相位移动。

（4）了解微机励磁调节器的基本控制方式。

(5) 了解电力系统稳定器的作用；观察强励现象及其对稳定的影响。

(6) 了解几种常用励磁限制器的作用。

(7) 掌握励磁调节器的基本使用方法。

二、原理与说明

同步发电机的励磁系统由励磁功率单元和励磁调节器两部分组成，它们和同步发电机结合在一起就构成一个闭环反馈控制系统，称为励磁控制系统。励磁控制系统的三大基本任务是：稳定电压，合理分配无功功率和提高电力系统稳定性。

实验用的励磁控制系统示意图如图 3－2 所示。可供选择的励磁方式有两种：自并励和它励。当三相全控桥的交流励磁电源取自发电机机端时，构成自并励励磁系统。而当交流励磁电源取 380V 时，构成它励励磁系统。两种励磁方式的可控整流桥均是由微机自动励磁调节器控制的，触发脉冲为双脉冲，具有最大最小 α 角限制。

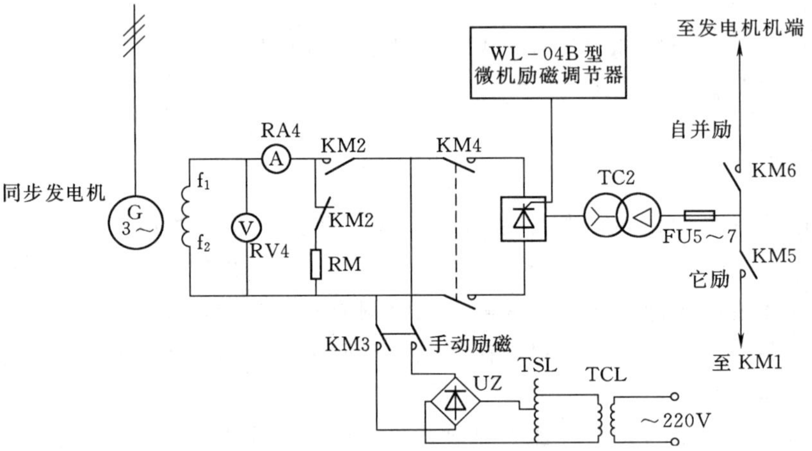

图 3－2　励磁系统示意图

微机励磁调节器的控制方式有四种：恒 U_G（保持机端电压稳定）、恒 I_{fd}（保持励磁电流稳定）、恒 Q（保持发电机输出无功功率稳定）和恒 α（保持控制角稳定）。其中，恒 α 方式是一种开环控制方式，只限于它励方式下使用。

同步发电机并入电力系统之前，励磁调节装置能维持机端电压在给定水平。当操作励磁调节器的增减磁按钮，可以升高或降低发电机电压；当发电机并网运行时，操作励磁调节器的增减磁按钮，可以增加或减少发电机的无功输出，其机端电压按调差特性曲线变化。

发电机正常运行时，三相全控桥处于整流状态，控制角 $\alpha<90°$；当正常停机或事故停机时，调节器使控制角 $\alpha>90°$，实现逆变灭磁。

电力系统稳定器——PSS 是提高电力系统动态稳定性能的经济有效方法之一，已成为励磁调节器的基本配置；励磁系统的强励，有助于提高电力系统暂态稳定性；励磁限制器是保障励磁系统安全可靠运行的重要环节，常见的励磁限制器有过励限制器、欠励限制器等。

三、实验项目和方法

（一）不同 α 角（控制角）对应的励磁电压波形观测

（1）合上操作电源开关，检查实验台上各开关状态：各开关信号灯应绿灯亮、红灯熄。

（2）励磁系统选择它励励磁方式：操作“励磁方式开关”切到“微机它励”方式，调节器面板“它励”指示灯亮。

（3）励磁调节器选择恒 α 运行方式：操作调节器面板上的“恒 α”按钮选择为恒 α 方式，面板上的“恒 α”指示灯亮。

（4）合上励磁开关，合上原动机开关。

（5）在不启动机组的状态下，松开微机励磁调节器的灭磁按钮，操作增磁按钮或减磁按钮即可逐渐减小或增加控制角 α，从而改变三相全控桥的电压输出及其波形。

注意：微机自动励磁调节器上的增减磁按钮键只持续 5s 内有效，过了 5s 后如还需要调节，则松开按钮，重新按下。

实验时，调节励磁电流为表 3-8 规定的若干值，记下对应的 α 角（调节器对应的显示参数为“CC”），同时通过接在 U_{d+}、U_{d-} 之间的示波器观测全控桥输出电压波形，并由电压波形估算出 α 角，另外利用数字万用表测出电压 U_{fd} 和 U_{AC}，将以上数据记入下表，通过 U_{fd}、U_{AC} 和数学公式也可计算出一个 α 角来；完成此表后，比较三种途径得出的 α 角有无不同，分析其原因。

表 3-8　　励磁电压波形观测记录表

励磁电流 I_{fd}（A）	0.0	0.5	1.5	2.5
显示控制角 α（°）				
励磁电压 U_{fd}（V）				
交流输入电压 U_{AC}（V）				
由公式计算的 α（°）				
示波器读出的 α（°）				

（6）调节控制角大于 90°但小于 120°，观察全控桥输出电压波形，与课本所画波形有何不同？为什么？

（7）调节控制角大于 120°，观察全控桥输出电压波形，与课本所画波形有何不同？为什么？

（二）同步发电机起励实验

同步发电机的起励有三种：恒 U_G 方式起励，恒 α 方式起励和恒 I_{fd} 方式起励。其中，除了恒 α 方式起励只能在它励方式下有效外，其余两种方式起励都可以分别在它励和自并励两种励磁方式下进行。

恒 U_G 方式起励，现代励磁调节器通常有“设定电压起励”和“跟踪系统电压起励”的两种起励方式。设定电压起励，是指电压设定值由运行人员手动设定，起励后的发电机电压稳定在手动设定的电压水平上；跟踪系统电压起励，是指电压设定值自动跟踪系统电压，人工不能干预，起励后的发电机电压稳定在与系统电压相同的电压水平上，有效跟踪范围为85％～115％额定电压；“跟踪系统电压起励”方式是发电机正常发电运行默认的起励方式，而“设定电压起励”方式通常用于励磁系统的调试试验。

恒I_{fd}方式起励，也是一种用于试验的起励方式，其设定值由程序自动设定，人工不能干预，起励后的发电机电压一般为20％额定电压左右；恒α方式起励只适用于它励励磁方式，可以做到从零电压或残压开始由人工调节逐渐增加励磁，完成起励建压任务。

1. 恒U_G方式起励步骤

（1）将“励磁方式开关”切到“微机自励”方式，投入“励磁开关”。

（2）按下“恒U_G”按钮选择恒U_G控制方式，此时恒U_G指示灯亮。

（3）将调节器操作面板上的“灭磁”按钮按下，此时灭磁指示灯亮，表示处于灭磁位置。

（4）启动机组。

（5）当转速接近额定时，（频率不小于47Hz），将“灭磁”按钮松开，发电机起励建压。注意观察在起励时励磁电流和励磁电压的变化（看励磁电流表和电压表）。录波，观察起励曲线、测定起励时间、上升速度、超调、振荡次数、稳定时间等指标，记录起励后的稳态电压和系统电压。

上述的这种起励方式是通过手动解除“灭磁”状态完成的，实际上还可以让发电机自动完成起励，其操作步骤如下：

（1）将“励磁方式开关”切到“微机自励”方式，投入“励磁开关”。

（2）按下“恒U_G”按钮选择恒U_G控制方式，此时恒U_G指示灯亮。

（3）使调节器操作面板上的“灭磁”按钮为弹起松开状态（注意，此时灭磁指示灯仍然是亮的）。

（4）启动机组。

（5）注意观察，当发电机转速接近额定时（频率不小于47Hz），灭磁灯自动熄灭，机组自动起励建压，整个起励过程由机组转速控制，无需人工干预，这就是发电厂机组的正常起励方式。同理，发电机停机时，也可由转速控制逆变灭磁。

改变系统电压，重复起励（无需停机、开机，只需灭磁、解除灭磁），观察记录发电机电压的跟踪精度和有效跟踪范围以及在有效跟踪范围外起励的稳定电压。

按下灭磁按钮并断开励磁开关，将“励磁方式开关”改切到“微机它励”位置，恢复投入“励磁开关”。注意：若改换励磁方式时，必须首先按下灭磁按钮并断开励磁开关！否则将可能引起转子过电压，危及励磁系统安全。本励磁调节器将它励恒U_G运行方式下的起励模式设计成“设定电压起励”方式（这里只是为了试验方便，实际励磁调节器不论何种励磁方式均可有两种恒U_G起励方式），起励前允许运行人员手动借助增减磁按钮设定电压給定值，选择范围为0～110％额定电压。用灭磁和解除灭磁的方法，重复进行不同设定值的起励试验，观察起励过程，记录设定值和起励后的稳定值。

2. 恒I_{fd}方式起励步骤

（1）将“励磁方式开关”切到“微机自励”方式或者“微机它励”方式，投入“励磁开关”。

(2) 按下“恒 I_{fd}”按钮选择恒 I_{fd} 控制方式，此时恒 I_{fd} 指示灯亮。

(3) 将调节器操作面板上的“灭磁”按钮按下，此时灭磁指示灯亮，表示处于灭磁位置。

(4) 启动机组。

(5) 当转速接近额定时（频率不小于 47Hz），将“灭磁”按钮松开，发电机自动起励建压，记录起励后的稳定电压。起励完成后，操作增减磁按钮可以自由调整发电机电压。

3. 恒 α 方式起励步骤

(1) 将“励磁方式开关”切到“微机它励”方式，投入“励磁开关”。

(2) 按下恒 α 按钮选择恒 α 控制方式，此时恒 α 指示灯亮。

(3) 将调节器操作面板上的“灭磁”按钮按下，此时灭磁指示灯亮，表示处于灭磁位置。

(4) 启动机组。

(5) 当转速接近额定时（频率不小于 47Hz），将“灭磁”按钮松开，然后手动增磁，直到发电机起励建压。

(6) 注意比较恒 α 方式起励与前两种起励方式有何不同。

(三) 控制方式及其相互切换

本型微机励磁调节器具有恒 U_G、恒 I_{fd}、恒 Q、恒 α 等四种控制方式，分别具有各自特点。

1. 恒 U_G 方式

选择它励恒 U_G 方式，开机建压不并网，改变机组转速 45～55Hz，记录频率与发电机电压、励磁电流、控制角 α 的关系数据，见表 3-9。

表 3-9　恒 U_G 控制方式改变频率实验数据记录表

发电机频率（Hz）	发电机电压（V）	励磁电流（A）	励磁电压（V）	控制角 α（°）
45				
46				
47				
48				
49				
50				
51				
52				
53				
54				
55				

2. 恒 I_{fd} 方式

选择它励恒 I_{fd} 方式，开机建压不并网，改变机组转速 45～55Hz，记录频率与发电机电压、励磁电流、控制角 α 的关系数据，见表 3-10。

表 3-10　恒 I_{fd} 控制方式改变频率实验数据记录表

发电机频率（Hz）	发电机电压（V）	励磁电流（A）	励磁电压（V）	控制角 α（°）
45				
46				
47				
48				
49				
50				
51				
52				
53				
54				
55				

3. 恒 α 方式

选择它励恒 α 方式，开机建压不并网，改变机组转速 45～55Hz，记录频率与发电机电压、励磁电流、控制角 α 的关系数据，见表 3-11。

表 3-11　恒 α 控制方式改变频率实验数据记录表

发电机频率（Hz）	发电机电压（V）	励磁电流（A）	励磁电压（V）	控制角 α（°）
45				
46				
47				
48				
49				
50				
51				
52				
53				
54				
55				

4. 恒 Q 方式

选择它励恒 U_G 方式，开机建压，并网后选择恒 Q 方式（并网前恒 Q 方式非法，调节器拒绝接受恒 Q 命令），带一定的有功、无功负荷后，记录下系统电压为 380V 时发电机的初始状态，注意方式切换时，要在此状态下进行。改变系统电压，记录系统电压与发电机电压、励磁电流、控制角 α、无功功率的关系数据，见表 3-12。

表 3-12　　恒 Q 控制方式改变系统电压实验数据记录表

系统电压 (V)	发电机电压 (V)	发电机电流 (A)	励磁电流 (A)	控制角 α (°)	有功功率 (kW)	无功功率 (kvar)
380						
370						
360						
350						
390						
400						
410						

将系统电压恢复到 380V，励磁调节器控制方式选择为恒 U_G 方式，改变系统电压，记录系统电压与发电机电压、励磁电流、控制角 α、无功功率的关系数据，见表 3-13。

表 3-13　　恒 U_G 控制方式改变系统电压实验数据记录表

系统电压 (V)	发电机电压 (V)	发电机电流 (A)	励磁电流 (A)	控制角 α (°)	有功功率 (kW)	无功功率 (kvar)
380						
370						
360						
350						
390						
400						
410						

将系统电压恢复到 380V，励磁调节器控制方式选择为恒 I_{fd} 方式，改变系统电压，记录系统电压与发电机电压、励磁电流、控制角 α、无功功率的关系数据，见表 3-14。

表 3-14　　恒 I_{fd} 控制方式改变系统电压实验数据记录表

系统电压 (V)	发电机电压 (V)	发电机电流 (A)	励磁电流 (A)	控制角 α (°)	有功功率 (kW)	无功功率 (kvar)
380						
370						
360						
350						
390						
400						
410						

将系统电压恢复到 380V，励磁调节器控制方式选择为恒 α 方式，改变系统电压，记

录系统电压与发电机电压、励磁电流、控制角 α、无功功率的关系数据，见表 3－15。

表 3－15　　恒 α 控制方式改变系统电压实验数据记录表

系统电压 (V)	发电机电压 (V)	发电机电流 (A)	励磁电流 (A)	控制角 α (°)	有功功率 (kW)	无功功率 (kvar)
380						
370						
360						
350						
390						
400						
410						

注意：四种控制方式相互切换时，切换前后运行工作点应重合。

5. 负荷调节

调节调速器的增速减速按钮，可以调节发电机输出有功功率，调节励磁调节器的增磁减磁按钮，可以调节发电机输出无功功率。由于输电线路比较长，当有功功率增到额定值时，功角较大（与电厂机组相比），必要时投入双回线；当无功功率到额定值时，线路两端电压降落较大，但由于发电机电压具有上限限制，所以需要降低系统电压来使无功功率上升，必要时投入双回线。记录发电机额定运行时的励磁电流，励磁电压和控制角，见表 3－16。

表 3－16　　负荷调节实验数据记录表

发电机状态	励磁电流（A）	励磁电压（V）	控　制　角 α（°）
空载			
半负载			
额定负载			

将有功、无功减到零值作空载运行，记录发电机空载运行时的励磁电流，励磁电压和控制角。了解额定控制角和空载控制角的大致度数，了解空载励磁电流与额定励磁电流的大致比值。

（四）逆变灭磁和跳灭磁开关灭磁实验

灭磁是励磁系统保护不可或缺的部分。由于发电机转子是一个大电感，当正常或故障停机时，转子中贮存的能量必须泄放，该能量泄放的过程就是灭磁过程。灭磁只能在空载下进行（发电机并网状态灭磁将会导致失去同步，造成转子异步运行，感应过电压，危及转子绝缘）。三相全控桥当触发控制角大于 90°时，将工作在逆变状态下。本实验的逆变灭磁就是利用全控桥的这个特点来完成的。

1. 逆变灭磁步骤

（1）选择“微机自励”励磁方式或者“微机它励”方式，励磁控制方式采用“恒 U_G”。

（2）启动机组，投入励磁并起励建压，增磁，使同步发电机进入空载额定运行。

（3）按下“灭磁”按钮，灭磁指示灯亮，发电机执行逆变灭磁命令，注意观察励磁电流表和励磁电压表的变化以及励磁电压波形的变化。

2. 跳灭磁开关灭磁实验步骤：

（1）选择微机自并励励磁方式或者“微机它励”方式，励磁控制方式采用恒 U_G。

（2）启动机组，投入励磁并起励建压，同步发电机进入空载稳定运行。

（3）直接按下“励磁开关”绿色按钮跳开励磁开关，注意观察励磁电流表和励磁电压表的变化。

以上试验也可在它励励磁方式下进行。

（五）伏赫限制实验

单元接线的大型同步发电机解列运行时，其机端电压有可能升得较高，而其频率有可能降得较低。如果其机端电压 U_G 与频率 f 的比值 $B=U_G/f$ 过高，则同步发电机及其主变压器的铁芯就会饱和，使空载激磁电流加大，造成发电机和主变过热。因此有必要对 U_G/f 加以限制。伏赫限制器工作原理就是：根据整定的最大允许伏赫比 B_{max} 和当前频率，计算出当前允许的最高电压 $U_{Fh}=B_{max}f$，将其与电压给定值 U_g 比较，取两者中较小值作为计算电压偏差的基准 U_b，由此调节的结果必然是发电机电压 $U_G \leqslant U_{Fh}$。伏赫限制器在解列运行时投入，并网后退出。

实验步骤：

（1）选择“微机自励”励磁方式或者“微机它励”方式，励磁控制方式采用“恒 U_G”。

（2）启动机组，投入励磁起励建压，发电机稳定运行在空载额定以上。

（3）调节原动机减速按钮，使机组从额定转速下降，从 50Hz 下降至 44Hz。

（4）每间隔 1Hz 记录发电机电压随频率变化的关系数据。

（5）根据试验数据描出电压与频率的关系曲线，并计算设定的 B_{max} 值（用限制动作后的数据计算，伏赫限制指示灯亮表示伏赫限制动作）。做本实验时先增磁到一个比较高的机端电压后再慢慢减速。实验记录表见表 3-17。

表 3-17　伏赫限制实验数据记录表

发电机频率 f（Hz）	50	49	48	47	46	45	44
机端电压 U_G（V）							

（六）同步发电机强励实验

强励是励磁控制系统基本功能之一，当电力系统由于某种原因出现短时低压时，励磁系统应以足够快的速度提供足够高的励磁电流顶值，借以提高电力系统暂态稳定性和改善电力系统运行条件。在并网时，模拟单相接地和两相间短路故障可以观察强励过程。

实验步骤：

（1）选择“微机自励”励磁方式，励磁控制方式采用“恒 U_G”。

（2）启动机组，满足条件后并网。

（3）在发电机有功和无功输出为50％额定负载时，进行单相接地和两相间短路实验，注意观察发电机端电压和励磁电流、励磁电压的变化情况；观察强励时的励磁电压波形。实验数据见表3－18。

表3－18　强励实验数据记录表

类型＼方式 电流值	自励		它励	
	单相接地短路	两相间短路	单相接地短路	两相间短路
励磁电流最大值（A）				
发电机电流最大值（A）				

（4）采用它励励磁方式，重复（1）～（2），并完成后面的思考题。

（七）欠励限制实验

欠励限制器的作用是用来防止发电机因励磁电流过度减小而引起失步或因机组过度进相引起定子端部过热。欠励限制器的任务是：确保机组在并网运行时，将发电机的功率运行点（P、Q）限制在欠励限制曲线上方。

欠励限制器的工作原理：根据给定的欠励限制方程和当前有功功率P计算出对应的无功功率下限：$Q_{min}=aP+b$。将Q_{min}与当前Q比较，若：$Q_{min}<Q$，欠励限制器不动作；$Q_{min}>Q$，欠励限制器动作，自动增加无功输出，使$Q_{min}<Q$。

实验步骤：

（1）选择“微机自励”励磁方式或者“微机它励”方式，励磁控制方式采用“恒U_G”。

（2）启动机组，投入励磁。

（3）满足条件后并网。

（4）调节有功功率输出分别为0、50％、100％的额定负载，用减小励磁电流（按“减磁”按钮）或升高系统电压的方法使发电机进相运行，直到欠励限制器动作（欠励限制指示灯亮），记下此时的有功P和无功Q。

（5）根据试验数据作出欠励限制线$P=f(Q)$，并计算出该直线的斜率和截距；如果减磁到失步时还不能使欠励限制动作时可以用提高系统电压来实现。实验记录表见表3－19。

表3－19　欠励实验数据记录表

发电机有功功率P	欠励限制动作时的Q值
零功率	
50％额定有功	
100％额定有功	

（八）调差实验

1．调差系数的测定

在微机励磁调节器中使用的调差公式为（按标么值计算）$U'_{G*}=U_{G*}\pm m_*Q_*$，它是将无功功率的一部分叠加到电压给定值上（模拟式励磁调节器通常是将无功电流的一部分叠加在电压测量值上，效果等同）。

实验步骤：

（1）选择“微机自励”励磁方式或者“微机它励”方式，励磁控制方式采用“恒

U_G"。

(2) 启动机组，投入励磁。

(3) 满足条件后并网，稳定运行。

(4) 用降低系统电压的方法以增加发电机无功输出，记录一系列 U_G、Q 数据，见表 3-20。

(5) 作出调节特性曲线，并计算出调差系数。

2. 零调差实验

设置调差系数为 0，实验步骤同上。

用降低系统电压的方法以增加发电机无功输出，记录一系列 U_G、Q 数据，见表 3-20，并作出调节特性曲线。

3. 正调差实验

设置调差系数为 4%，实验步骤同上。

用降低系统电压的方法以增加发电机无功输出，记录一系列 U_G、Q 数据，见表 3-20，并作出调节特性曲线。

表 3-20　调差实验数据记录表

序　号	发电机机端电压 U_G (V)	发电机无功输出 Q (kvar)
1		
2		
3		
4		
5		

4. 负调差实验

设置调差系数为-4%，实验步骤同上。

用降低系统电压的方法以增加发电机无功输出，记录一系列 U_G、Q 数据，见表 3-21，并作出调节特性曲线。

表 3-21　调差实验数据表

$K=0$		$K=+4\%$		$K=-4\%$	
U_G	Q	U_G	Q	U_G	Q

(九) 过励磁限制实验

发电机励磁电流超过额定励磁电流 1.1 倍称为过励。励磁电流在 1.1 倍以下允许长期运行，1.1～2.0 之间按反时限原则延时动作，限制励磁电流到 1.1 倍以上，2.0 倍以下，瞬时动作限制励磁电流在 2.0 倍以上。过励限制指示灯在过励限制动作时亮。

实验步骤：

(1) 选择"微机自励"励磁方式或者"微机它励"方式，励磁控制方式采用"恒 U_G"。

(2) 启动机组，投入励磁。

(3) 用降低额定励磁电流定值的方法模拟励磁电流过励（无法使励磁电流真正过励），此时限制器将按反时限特性延时动作，记录励磁电流值和延时时间，观察过励限制器动作过程。

(4) 描出励磁限制特性曲线，$t=f(I/I_e)$。

(5) 做本实验时需要改变过流整定值。实验记录表见表 3-22。

表 3-22 过励磁限制实验数据记录表

额定电流整定值 I_e=____

励磁电流实际值 I	过励倍数 I/I_e	延时时间 t

(十) PSS 实验

PSS（电力系统稳定器）的主要作用是抑制系统的低频振荡。它的投入对提高电力系统的动态稳定性有非常重要的意义。

实验步骤：

(1) 选择“微机自励”励磁方式或者“微机它励”方式，励磁控制方式采用“恒 U_G”。

(2) 启动机组，投入励磁。

(3) 满足条件后并网，稳定运行。

(4) 在不投入 PSS 的条件下，增加发电机有功输出，直到系统开始振荡，记下此时的机端电压、有功输出和功角（由调速器的显示器读数）。

(5) 在投入 PSS 的条件下，增加发电机有功输出，直到系统开始振荡，记下此时的机端电压、有功输出和功角，见表 3-23。

(6) 比较 PSS 投和不投两种情况下的功率极限和功角极限有何不同。

表 3-23 PSS 实验记录数据表

	单回输电线		双回输电线	
	PSS 投	PSS 不投	PSS 投	PSS 不投
机端电压 U_G				
发电机有功功率 P				
功角 δ				

(十一) 停机灭磁

发电机解列后，直接控制调速器停机，励磁调节器在转速下降到 43Hz 以下时自动进行逆变灭磁。待机组停稳，断开原动机开关，跳开励磁和线路等开关，切除操作电源总开关。

四、思考题

(1) 三相可控桥对触发脉冲有什么要求？

(2) 为什么在恒 α 方式下，必须手动“增磁”才能起励建压？

(3) 比较恒 U_G 方式起励、恒 I_{fd} 方式起励和恒 α 方式起励有何不同？

(4) 逆变灭磁与跳励磁开关灭磁主要有什么区别？

(5) 为什么在并网时不需要伏赫限制？

(6) 比较在它励方式下强励与在自并励下强励有什么区别？

（7）比较在它励方式下逆变灭磁与在自并励下逆变灭磁有什么差别？

（8）比较单回线路和双回线路有功功率与功角的关系有何变化，线路电压降落与无功功率的关系有何不同？

（9）比较四种运行方式：恒 U_G、恒 I_{fd}、恒 Q 和恒 α 的特点，各适合在何种场合应用？对电力系统运行而言，哪一种运行方式最好？试就电压质量、无功负荷平衡、电力系统稳定等方面进行比较。

第六节　整流电压的测量设计性实验

一、实验目的

（1）掌握整流电压平均值、总有效值、交流分量有效值的测量方法。

（2）熟悉不同原理电压表的功能。

二、实验内容

（1）分别用磁电式、电磁式、电子电压表测量整流电压。

（2）分别用万用表直流挡，交流挡顺接、反接测量整流电压。

（3）用示波器测峰值。

三、可提供的主要仪器设备

主要仪器设备包括：降压桥式全波整流电路，T19－V 型电压表，C31－4 型电压表，DA－16 型晶体管毫伏表，MF－47 型万用表，SS2020 双踪示波器。

四、注意事项

仪表应接至整流电路的低压输出端，否则易损坏仪表。

五、思考题

（1）如果测量源是半波整流电压，该如何测量？

（2）比较数字式表计与模拟量表计测量结果。

附录A　PW（PWA）型继电保护测试系统软件安装及模块简介

一、软件安装

将PW型测试软件安装光盘放入光驱，系统自动启动安装程序，如图A-1所示。

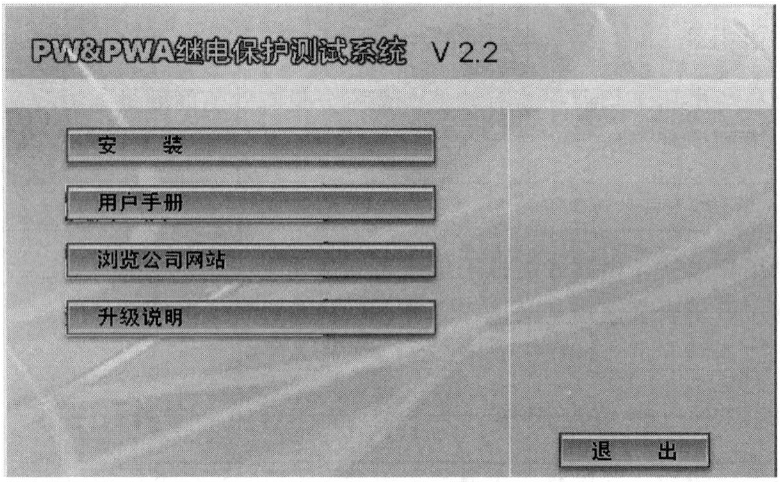

图A-1　PW（PWA）继电保护测试系统安装界面之一

点击“安装”进入安装程序。如图A-2所示。

点击“下一步”按钮，继续安装，进入选择测试仪型号的界面，根据测试仪硬件的型号选择相应的安装软件，务必与硬件型号完全一致！图A-3中选中的是PW30。

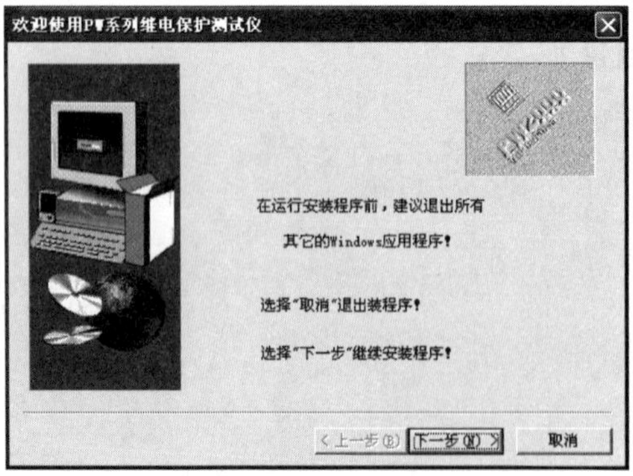

图A-2　PW（PWA）继电保护测试系统安装界面之二

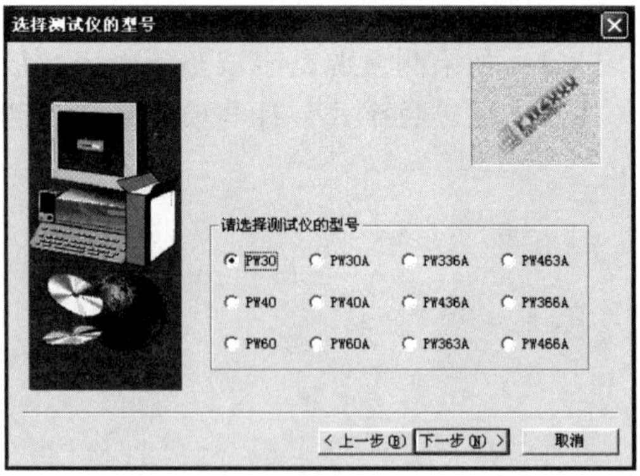

图A-3　PW（PWA）继电保护测试系统安装界面之三

在选择好软件安装的测试仪型号后，点击“下一步”按钮，进入到下一界面，如图A－4所示。

安装软件提供的缺省路径是“C：\ PowerAdvance”。根据需要，可以点击“浏览…”按钮，弹出选择安装路径对话框，选择其他的安装路径，如图 A－5 所示。

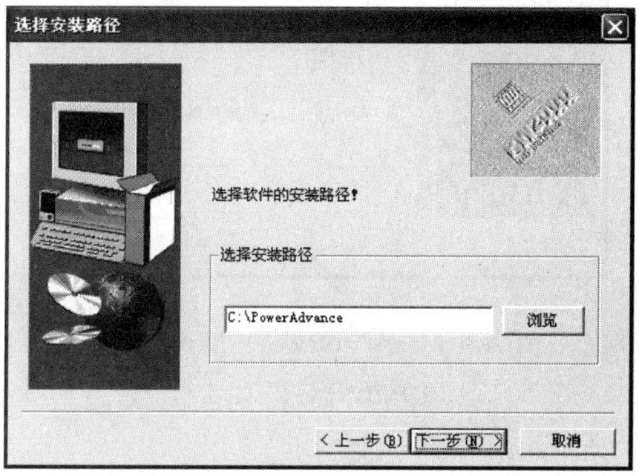

图 A－4　PW（PWA）继电保护测试系统安装界面之四

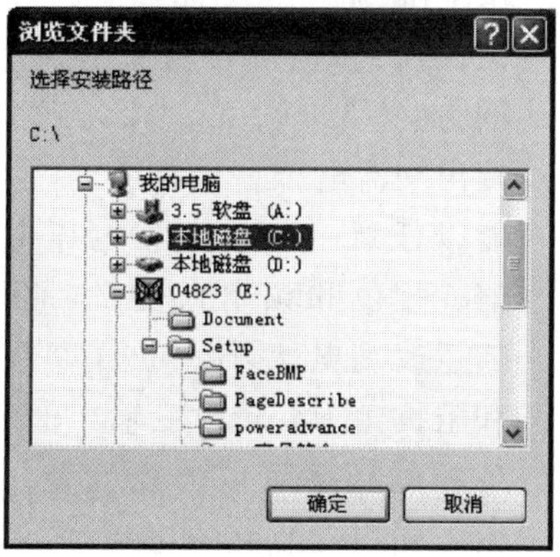

图 A－5　PW（PWA）继电保护测试系统安装界面之五

在选择好安装路径后，点击“下一步”按钮，安装程序检测选择的安装路径是否存在。如果不存在，则弹出对话框，提示创建此路径，如图 A－6 所示。如果点击“取消”按钮，不创建此路径，返回到“选择安装路径”界面。

如果点击“确定”按钮，创建此路径，并进入到“文件安装”界面，如图 A－7 所示。

图 A－6　PW（PWA）继电保护测试系统安装界面之六

图 A－7　PW（PWA）继电保护测试系统安装界面之七

此时可点击“退出安装”按钮，终止安装。

文件安装完成后，进入到图 A－8 所示界面，选择是否在 Windows 桌面及 Windows 开始菜单创建快捷方式。点击“完成”按钮，结束安装程序。

二、软件简介

PW（PWA）系列测试仪软件 2.2 版包含以下 16 个测试模块（Modules），其中 11 个基本单元，5 个扩展单元。

手动测试

- 作为电压和电流源能完成各种手动测试，测试仪输出四路交流或直流电压和三路交流或直流电流。具有输出保持功能。

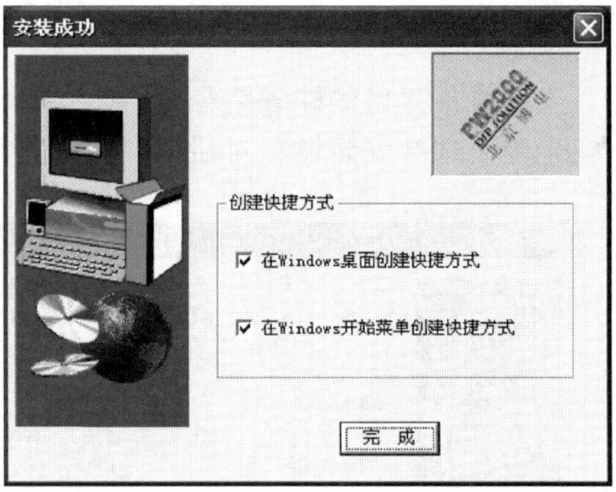

图 A-8 PW（PWA）继电保护测试系统安装界面之八

- PW 型号的测试仪可以由 U_a、U_b、U_c、U_z 端子输出直流电压，每相输出范围为 0～120V，PWA 型号的测试仪仅由 U_{DC} 输出直流电压，输出范围为 0～300V。U_a、U_b、U_c 端子只输出交流电压。
- 能以任意一相或多相电压电流的幅值、相位和频率为变量，在试验中随意改变其大小。也可以以阻抗值和阻抗角为变量改变输出值的大小。
- 各相的频率可以分别设置，同时输出不同频率的电压和电流。
- 可以根据给定的阻抗值，选择“短路计算”方式，确定电流、电压的输出值。
- 选择接收 GPS 同步信号，实现多套测试仪的同步输出。

手动测试（6×*I* 扩展）

- 仅适用于 PWA 型六路电流输出的测试仪。
- 测试仪输出一路交流、一路直流电压和六路交流或直流电流。具有输出保持功能。
- 每相电流最大输出 20A。
- 该测试模块主要用于差动保护的测试，可以实现两侧三相的同时差动测试。
- 各相的频率可以分别设置，同时输出不同频率的电压和电流。
- 选择接收 GPS 同步信号，实现多套测试仪的同步输出。
- 能以任意一相或多相电压电流的幅值、相位和频率为变量，在试验中随意改变其大小。

递变

- 电压、电流的幅值、相位和频率按用户设置的步长和变化时间递增或递减。测试保护的动作值、返回值、返回系数和动作时间。
- 根据继电保护装置的测试规范和标准，集成了六大类保护的测试模板。
- 所有测试项目用测试计划表方式被添加到列表中，一次可完成多个试验项目的测试。
- 通过重复次数的设置可对同一项目进行多次试验。
- 试验结束后，根据精度要求对试验结果进行自动评估。
- PW 型号的测试仪可以由 U_a、U_b、U_c、U_z 端子输出直流电压，每相输出范围为 0～120V，当所涉及直流电压输出大于单相额定电压（120V）时，直流电压极性固定，U_{ab}（U_a 正、U_b 为负）、U_{cz}（U_c 正、U_z 为负），并且，U_b 和 U_z 不能短接。

- PWA 型号的测试仪仅由 U_{DC}输出直流电压，输出范围为 0～300V。

状态序列

- 该模块可以输出四路交流电压和三路交流或直流电流。
- 由用户定义多个试验状态，对保护装置的动作时间、返回时间以及重合闸，特别是多次重合闸进行测试。
- 各状态可以分别设置电压、电流的幅值、相位和频率、直流值。并且在同一状态中可以设定电压的变化（dU/dt）及范围和频率变化（df/dt）及范围。
- PWA 型号的测试仪有独立的直流输出 U_{DC}端子，输出范围为 0～300V 可控。
- 通过设置短路阻抗、短路电流等参数，可由计算机自动计算出短路电压、电流的幅值和相位。
- 触发条件有多种，可以根据试验要求分别设置。
- 选择接收 GPS 同步信号，实现多套测试仪的同步输出。
- 有四路开入量输入接点（A、B、C、D）和四路开出量接点（1、2、3、4）。

状态序列（6×U 扩展）

- 仅适用于 PWA 型六路电压输出的测试仪。该模块可以输出六路交流电压、一路交流电流和一路直流输出。
- 可对备用电源的快速切换装置及低频低压减载装置进行测试。
- 各状态可以分别设置电压、电流的幅值、相位和频率、直流值。并且在同一状态中可以设定电压的变化（dU/dt）及范围和频率变化（df/dt）及范围。
- PWA 型号的测试仪有独立的直流输出 U_{DC}端子，输出范围为 0～300V 可控。
- 通过设置短路阻抗、短路电流等参数，可由计算机自动计算出短路电压、电流的幅值和相位。
- 触发条件有多种，可以根据试验要求分别设置。
- 选择接收 GPS 同步信号，实现多套测试仪的同步输出。
- 有四路开入量输入接点（A、B、C、D）和四路开出量接点（1、2、3、4）。

状态序列（6×I 扩展）

- 仅适用于 PWA 型六路电流输出的测试仪。该模块可以输出六路交流电流、一路交流电压和一路直流输出。
- 六路交流电流输出，可以实现差动保护两侧三相差动的同时测试。
- 各状态可以分别设置电压、电流的幅值、相位和频率、直流值。
- PWA 型号的测试仪有独立的直流输出 U_{DC}端子，输出范围为 0～300V 可控。
- 选择接收 GPS 同步信号，实现多套测试仪的同步输出。
- 有四路开入量输入接点（A、B、C、D）和四路开出量接点（1、2、3、4）。

时间特性

- 绘制 i、u、f 及 u/f 的动作时间特性曲线。
- 可以应用在方向过流或过流继电器的单相接地短路、两相短路和三相短路时过流保护以及零序和负序分量的动作时间特性，应用在发电机、电动机保护单元中的零序和负序过流保护的动作时间特性。当保护不带方向时，在电压输出端子上无电压输出；当保护选择带方向时，输出根据故障类型确定的故障电压。
- 可以应用在发电机保护中的低频保护以及过激磁保护的频率和 u/f 动作时间特性。

线路保护定值校验

- 根据保护整定值，通过设置整定值的倍数向测试列表中添加多个测试项目（测试点），从而对线路保护（包括距离、零序、高频、负序、自动重合闸、阻抗/时间动作特性、阻抗动作边界、电流保护）进行定值校验。
- 线路保护装置的阻抗特性可从软件预定义的特性曲线库中直接选取调用，也可由用户通过专用的特性编辑器自行定义。

距离保护（扩展）

- 通过设置阻抗扫描范围自动搜索阻抗保护的阻抗动作边界，绘制 $Z=f$（I）以及 $Z=f$（U）特性曲线。
- 可扫描各种形状的阻抗特性。包括多边形、圆形、弧形及直线等动作边界。
- 可设置序列扫描线也可添加特定的单条扫描线。通过添加特定阻抗角下的扫描线，找出某一具体角度下的阻抗动作边界。

整组试验

- 对高频、距离、零序保护装置以及重合闸进行整组试验或定值校验。
- 可控制故障时的合闸角，可在故障瞬间叠加按时间常数衰减的直流分量，用于测试量度继电器的暂态超越。
- 可设置线路抽取电压的幅值、相位，校验线路保护重合闸的检同期或检无压。
- 可模拟高频收发信机与保护的配合（通过故障时刻或跳闸时刻开出接点控制），完成无收发信机时的高频保护测试。
- 通过 GPS 统一时刻，进行线路两端保护联调。
- 有多种故障触发方式。
- 可向测试计划列表中添加多个测试项目，一次完成所有测试项。

差动保护

- 用于自动测试变压器、发电机和电动机差动保护的比例制动特性、谐波制动特性、动作时间特性、间断角闭锁以及直流助磁特性。
- 提供多种比例和谐波制动方式。既可对微机差动保护也可对常规差动保护进行测试。

- TA 二次电流校正方式可以是内转角（内部校正）或外转角。
- 提供多种制动电流计算公式。
- 可预先绘制（定制）比例制动和谐波制动特性曲线。

差动保护（扩展）

- 仅适用于 PWA 型六路电流输出的测试仪。有六路电流输出，可同时对变压器或发电机差动的两侧加入三相电流，测试差动保护。
- 每相电流最大输出 20A。
- 用于自动测试变压器、发电机和电动机差动保护的比例制动特性、谐波制动特性。
- 提供了多种比例和谐波制动方式。可提供多种制动电流计算公式。预先绘制（定制）比例制动和谐波制动特性曲线。
- 提供静态输出按钮，对某一点的差动电流输出，可以在保护装置上观察差动电流的值。

同期装置

- 测试同期装置的电压闭锁值、频率闭锁值、导前角及导前时间、电气零点、调压脉宽、调频脉宽以及自动准同期装置的自动调整试验。

故障回放

- 将以 COMTRADE（Common Format for Transient Data Exchange）格式记录的数据文件用测试仪播放，实现故障重演。

谐波

- 所有四路电压、三路电流可输出基波、谐波（2～20 次）。需要在一个通道上叠加多次谐波时，可直接设置谐波含量的幅值和相位，设置完毕后可以直接试验输出多次谐波的叠加量。

振荡

- 用来模拟系统动态振荡过程，用于自动测试发电机的失磁保护、振荡解列装置在系统振荡过程中的动作情况。可以根据系统阻抗、系统电压自动判别出系统振荡中心及最大振荡电压、电流。直观显示每一次振荡的波形。
- 可以模拟系统在振荡过程中发生故障的试验。

三、视窗

测试窗　　设置试验参数、定义保护特性、添加测试项目。测试窗口不能关闭。

矢量图　　显示输出状态或设定值的矢量。电压矢量有△和 Y 两种表达。

波形监视　　实时显示测试仪输出端口输出值的波形，对输出波形进行监视。

历史状态	实时记录电压、电流值随时间变化的曲线及保护装置的动作情况。
录波	从测试仪中读取其在试验中采样的电压、电流值及开关量的状态，实现对输出值的录波和试验分析。
试验结果列表	记录试验结果。对要保存在报告里的试验数据进行筛选和评估设置。
试验报告	打开试验报告。
功率窗	显示三相电压、电流、功率及功率因数。用于表计校验。
序分量	显示电压、电流的正序、负序和零序分量。
详细列表	显示四相电压、三相电流的各通道输出值的基波和谐波的幅值、相位及频率。
同步指示器	显示系统和待并侧两个电压的相位变化情况。
坐标设置	可以对坐标轴图形中的参数进行颜色设置，以便图形更清晰。
曲线信息	显示各通道参量的输出值，有助于进行故障的谐波分析。
时间信息	显示所选择的时标区域的时间，区域内的开始和终止时刻。
静态输出	可以稳定输出电流值以便从保护装置上观察差动值。

四、测试中的时间定义

（1）变化前延时。测试时，首先输出变量变化初值，直到变化前延时结束。然后再按步长及步长变化时间递变。在这段时间中，测试仪读取开入量状态即被测保护装置在递变前的接点状态。

（2）触发后延时。保护动作后并且满足其触发条件或保护不动作但一个变化过程结束，变量立即停止递变直到延时结束后结束本项目的测试。

（3）间断时间。由多个项目按顺序进行测试，一个项目测试完成后，测试仪中断输出，直到间断时间结束，然后开始下一测试项目。

（4）最大故障时间。从故障开始到试验结束的时间即试验时间，包括跳闸、重合及永跳时间，一般为 5～10s。

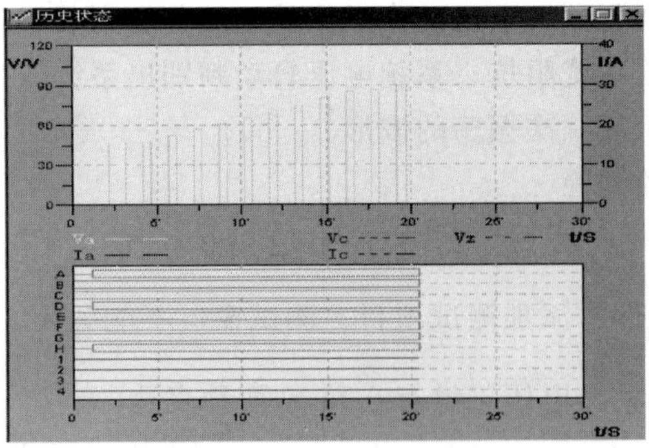

图 A-9　测试中的时间定义

（5）故障前时间。进入故障状态之前输出额定电压及负荷电流的时间，在线路保护测试中，要大于重合闸充电时间或保护装置的整组复归时间。微机保护一般取 20s；在递变单元中，如果故障前时间的设置大于 0s，变量在每次递变前，先进入故障前状态，输出故障前状态值直到时间结束。这种变化过程对于需要突变量启动或躲过长延时保护动作非常必要。故障前时间的值大于零时，变化过程如图 A－9 所示。

五、测试中的触发方式及启动方式

（1）最长状态时间。测试仪输出某一状态量的最长时间结束后进入下一状态。

（2）按键触发。单击工具栏上图标进入下一状态。

（3）开入量翻转触发。测试仪接收到保护动作信号，并满足设置的逻辑关系后，自动进入下一状态。（开入量间的逻辑关系详见开入量的设置）。

（4）GPS 触发。利用 GPS 时钟同步，整分触发，实现多台测试仪的同步测试。

（5）电压触发。当设置的“触发相电压”达到所设定的触发电压值时测试仪的输出自动进入下一状态。

（6）突变量启动。测试仪是以脉冲的方式输出的，即加入保护装置的故障量是以突变量的方式输入的。在每一次脉冲输出时，输出的故障量都是以上一次的输出的量加上故障量（变量）的变化步长作为本次脉冲输出的故障量，每一次脉冲输出的时间为设置的故障时间。两次脉冲输出的间隔时间为故障前延时时间；到保护动作或变量达到变化终止值时，测试仪关闭输出。参数设置如图 A－10 所示。变化始值：1V，变化终值：80V，变化步长：5V，故障时间：0.1s，故障前延时：2.5s，变化前延时：1s。

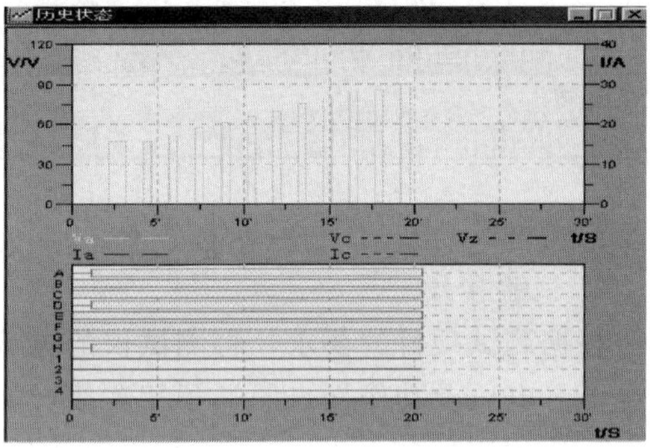

图 A－10　测试中的触发方式和启动方式

六、测试步骤

1. 测试模块选择

点击打开 PW（A）软件的测试模块选择窗口，如图 A－11 所示。根据测试项目选

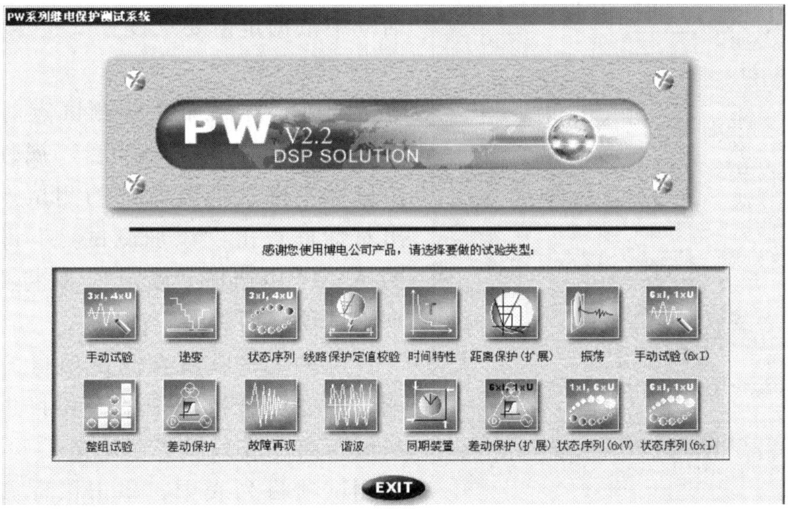

图 A－11　测试模块选择

择对应的测试模块，并进入选中的测试模块中如图 A－12 所示（以线路定值校验为例）。

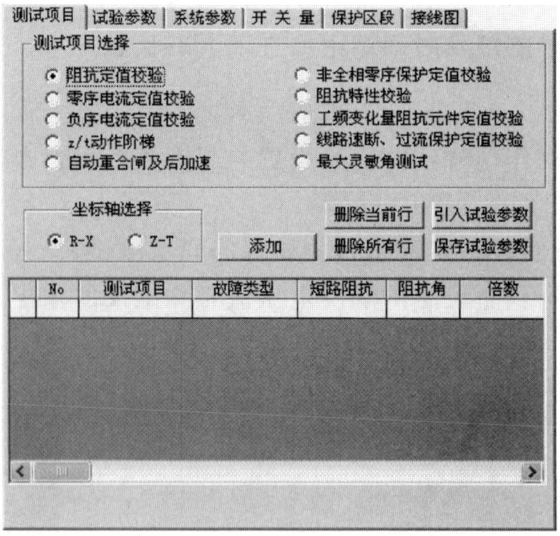

图 A－12　线路定值校验模块

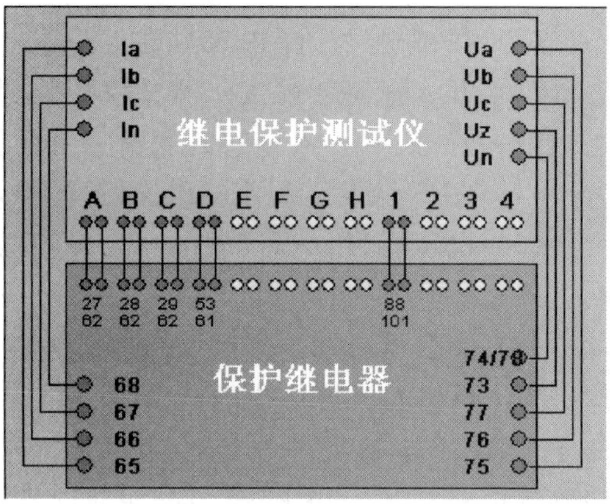

图 A－13　测试端子的连接图

2. 试验接线

根据测试项目的要求，将测试仪的电流、电压输出端及开入、开出量端口与保护装置的电流、电压及动作接点的端子相连接，如图 A－13 所示。具体接法如下：

（1）测试仪的三相电压、三相电流输出分别接到被测保护装置的电压、电流输入端子。

（2）测试仪的开入量 A、B、C 的一端接到被测保护装置的跳闸出口接点 CKJA、CKJB、CKJC 上，另一端短接并接到保护跳闸的正电源。

（3）测试仪的开出量接入保护装置的高频启动的接点上或位置继电器的接点上。

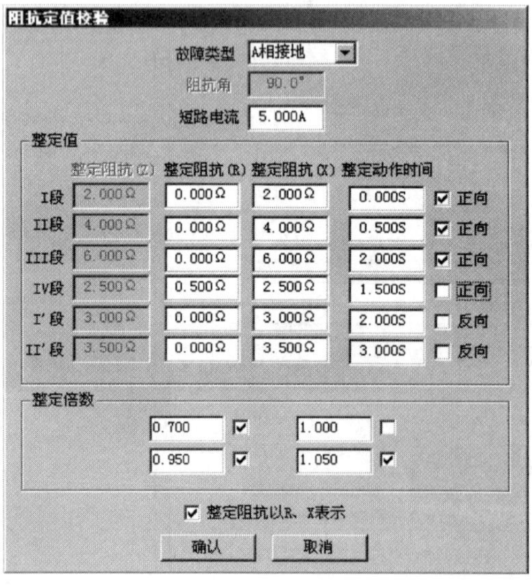

图 A－14　添加试验参数

3. 添加测试项

点击“添加”按钮，在弹出的属性页对话框中依据定值要求设置试验参数，如图 A－14 所示。

此外，在添加某些测试点时（如差动保护测试），可在“测试项目”属性页图形上单击鼠标左键选择要添加的测试点，再右键弹出对话框点击“添加测试点”即可。然后在图 A－14 中选择“确定”，就将测试参数添加到测试项目列表中，如图 A－15 所示。

可一次完成所有测试项目的添加并进行测试，也可选择其中某一项目进行测试（如只做距离、或只做零序定值校验）。将鼠标移到测试项目列表中、单击鼠标右键弹出对话框，如图 A－16 所示，对测试项的状态进行设置。或者用鼠标直接点击项目列表栏的第一列改变其测试状态。☑表示选中，即要做的项目，□为不做的试验。

	No	测试项目	故障类型	短路阻抗	阻抗角	倍数
✔	5	阻抗定值	A相接地	3.800Ω	90.0°	0.950
✔	6	阻抗定值	A相接地	4.200Ω	90.0°	1.050
✔	7	阻抗定值	A相接地	4.200Ω	90.0°	0.700
✔	8	阻抗定值	A相接地	5.700Ω	90.0°	0.950
✔	9	阻抗定值	A相接地	6.300Ω	90.0°	1.050
✔	10	零序定值	A相接地	1.000Ω	90.0°	0.950
✔	11	零序定值	A相接地	1.000Ω	90.0°	1.050
✔	12	零序定值	A相接地	1.000Ω	90.0°	0.950

图 A-15　测试点列表

4. 试验参数设置

根据保护装置测试项目的实际情况设定试验参数，如时间、故障触发方式、直流电压等一些必须设定的试验参数，如图 A-17 所示。这些参数可能是定值单中没有的，但在试验过程中参数设定的正确与否直接影响到保护的测试结果。

5. 系统参数设置

系统参数属性页如图 A-18 所示，图中的参数在定值单或保护装置说明书及其二次回路中有明确的规定。但“防接点抖动时间”是用来提供给测试仪确认保护的动作与否的，保护装置动作其接点闭合（或打开）状态的时间大于设置的防抖动时间时，测试仪才确认为开入量翻转即保护动作，否则，确认保护不动作。

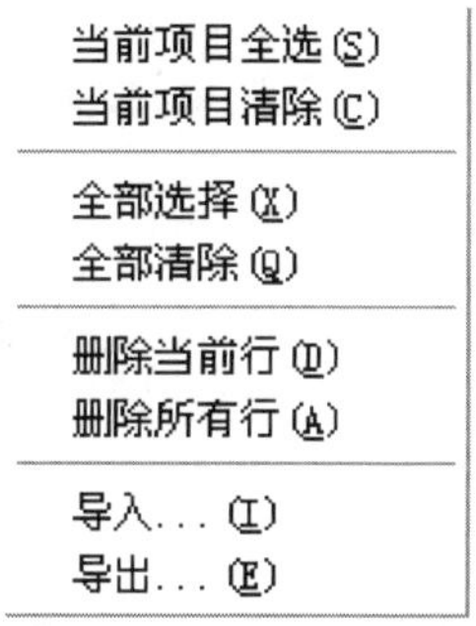

图 A-16　选择测试项目

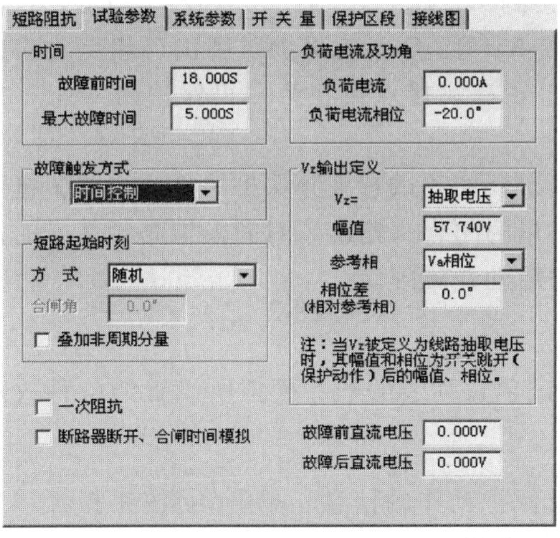

图 A-17　试验参数设置

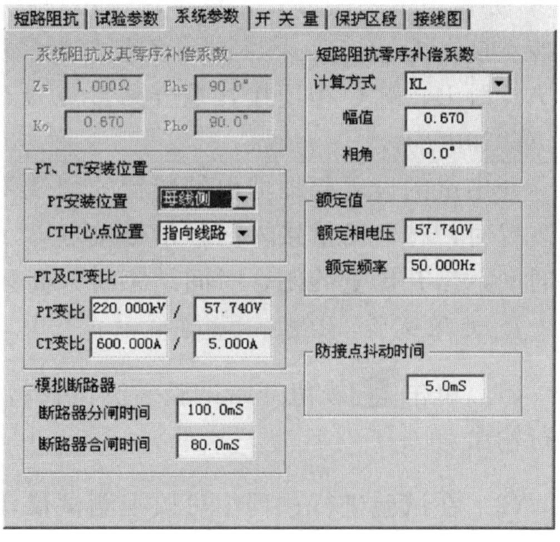

图 A-18　系统参数设置

6. 开关量设置

针对保护装置的不同测试项目的要求，在开关量设置上也有不同。

开入量 A、B、C、D、E、F、G、H 中的任何一个都可接收保护的动作信号，开入量之间的逻辑关系有“与”和“或”两种。若开入量的逻辑关系选择为“逻辑或”，则所选择的开入量中只要有一个开入量翻转，测试仪就认为满足开入翻转条件（如果设定了触发延后时，那么测试仪要到触发延时结束时刻，才关闭输出）。若开入量的逻辑关系选择为“逻辑与”，则八个开入量中必须是所选择的开入量都翻转时测试仪才认为满足开入翻转条件（如果设定了触发延后时，那么测试仪要到触发延时结束）。如图 A-19 所示。

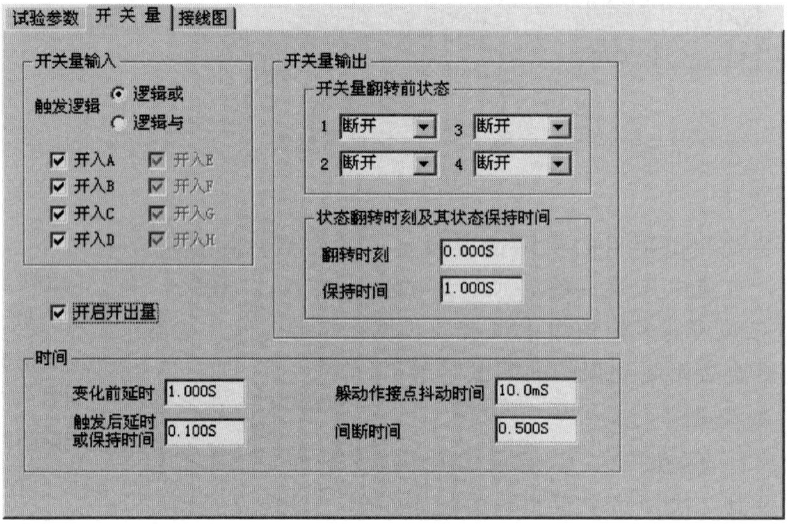

图 A-19　开关量设置

对于线路保护，因为保护装置的重合闸设置有综重方式（分相跳闸）和三重方式（三相跳闸），使得开入量的选择必须跟重合闸方式相对应。如果保护是三重方式，开入量 A、B、C 亦需设成三跳方式，保护跳闸出口接点连接到 A、B、C 任何一个开入端均可，重合闸接点接在 D 上。如果保护是综重方式，开入量 A、B、C 要与保护跳闸出口接点对应的跳 A、跳 B、跳 C 相连接，重合闸接点接在 D 上，三跳接点接在第二组保护的 E 上，如图 A-20 所示。

开出量的设置要根据保护装置的测试要求而定。如测试有高频保护的高压线路微机保护装置时，将开出量接入高频信号接点，用开出量的闭合（输出）时间模拟高频信号的接收时间，当开出量的闭合时间结束时，高频保护启动并跳闸。

7. 开始试验

（1）单击按钮开始试验。测试仪将按测试项目列表的顺序模拟所设置的各种故障进行输出。

（2）在试验进行过程中可监视测试仪输出及保护动作的信息。单击按钮打开“矢量图”窗口，实时监视电压、电流的有效值；单击按钮打开“历史状态”窗口，实时

图 A-20　开关量参数设置

监视电压、电流有效值及开关量的变化曲线；单击按钮打开“波形监视”窗口，实时监视电压、电流的输出波形。

（3）测试仪随时记录保护动作值及动作时间。每一项目（如零序保护）试验完成后，测试仪关闭电压、电流输出，在计算机窗口自动弹出提示对话框，提示进行下一个测试项目时是否投、退保护压板。如图 A-21 所示。

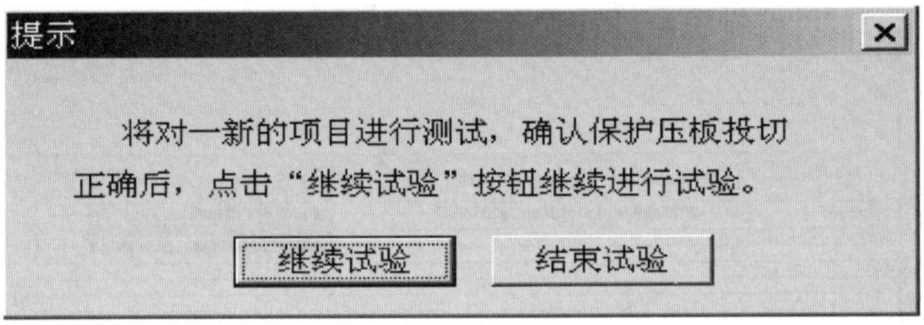

图 A-21　开始试验提示窗

（4）投、退完保护压板后，单击“继续试验”按钮继续进行测试项目列表中下一个的试验。

（5）完成测试项目列表中的所有试验项目后测试仪自动结束试验。在试验结束时点击按钮打开“录波图”窗口，测试仪可以对刚做完试验的电压、电流的输出波形进行录波回采，并将波形显示在计算机窗口中，以便于对保护装置的动作情况进行分析。如图 A-22 和图 A-23 为一次整组试验的录波图。图 A-22 为回采的波形图，图 A-23 为局部放大波形图。图 A-22 和图 A-23 中开入量 A、B、C、D 为保护跳、合闸动作信号（单跳、重合、永跳），开出量 1 为模拟的高频信号。前一组波形为 A 相接地电流波形，后为故障转换后 B 接地电流波形。

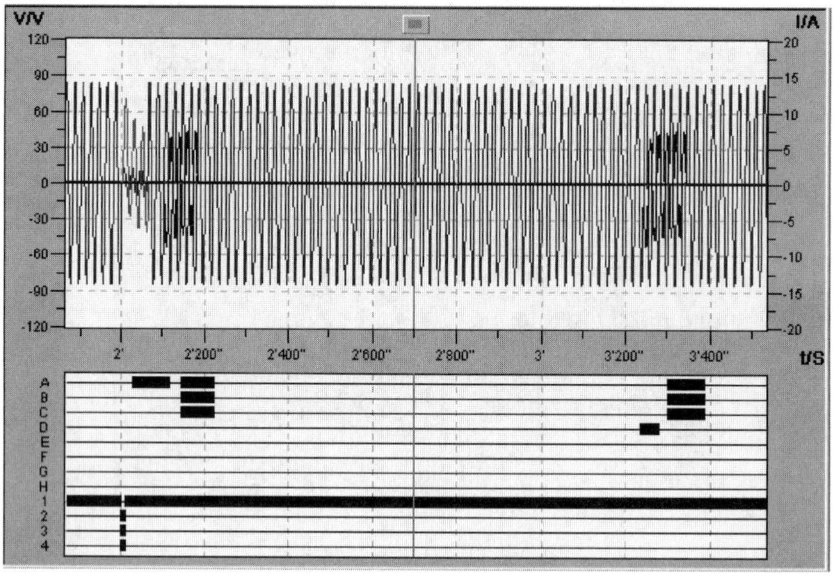

图 A－22　整组试验录波图 1

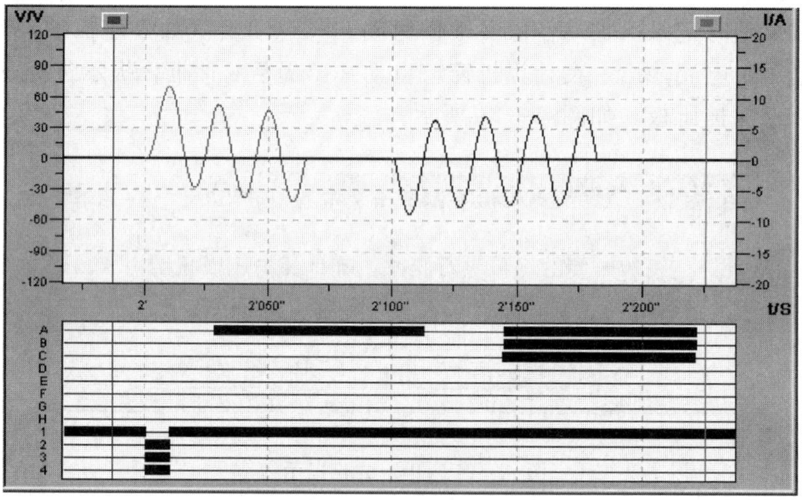

图 A－23　整组试验录波图 2

（6）试验之中需要停止输出时，用鼠标点击按钮停止试验。测试完成后点击按钮，打开“试验结果”列表查看试验结果，如图 A－24 所示。对需要保存在报告里的试验数据进行筛选和评估设置。方法是把鼠标置于该表中，单击鼠标右键，弹出对话框，如图 A－25 所示。在对话框里单击所要选择的项目，进行报告测试结果的留存。还可以在“试验结果”列表中的第一列进行打“√”选择。被打“√”的留存在

报告中。

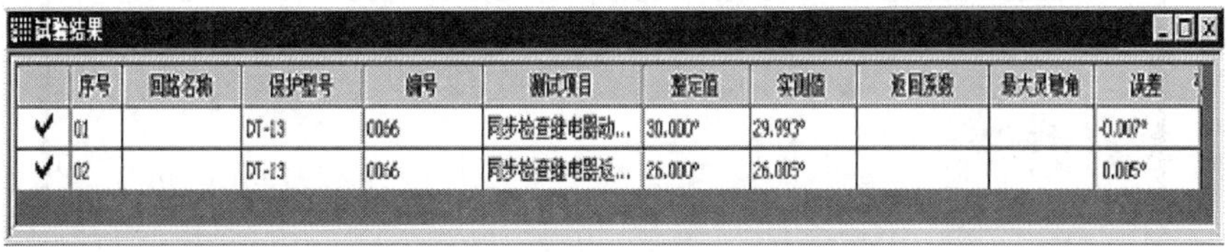

图 A-24　试验结果页面

8. 保存试验参数

在“文件”中选择“试验参数另存为”按钮或在工具栏中单击按钮或在“试验项目”属性页中点击“保存试验参数”按钮，出现图 A-26 对话框，在对话框中输入路径及文件名，选择“保存”后保存试验参数，以便下次试验时直接引用。

9. 试验报告

仅在试验报告窗口处于激活状态，才能对试验报告进行编辑、保存或打印操作。

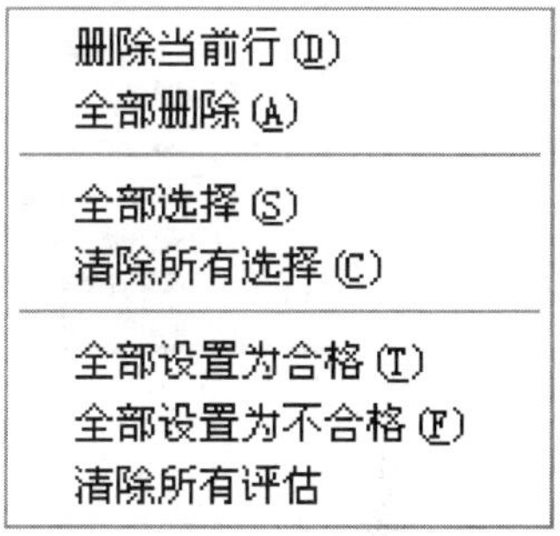

图 A-25　处理试验结果的对话框

(1) 打开试验报告。在工具栏中点击按钮，打开试验报告，如图 A-27 所示。

图 A-26　保存试验参数

(2) 设置试验报告格式。可对试验报告进行编辑。在试验报告工具栏中按下可对试验报告进行以下几个方面的进行定制：

1) 设置试验报告主题，如图 A-28 所示。

2) 输入用户对试验结果的评估，如图 A-29 所示。

3) 设置本次试验的测试对象，如图 A-30 所示。

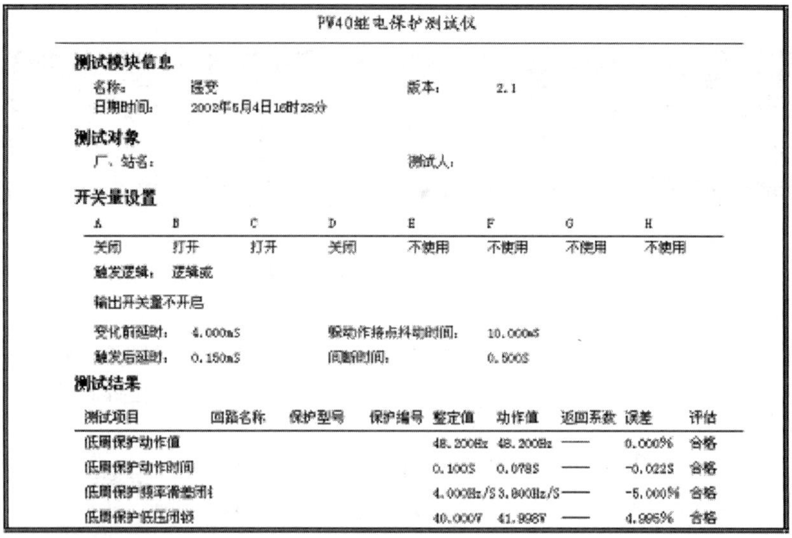

图 A-27 试验报告

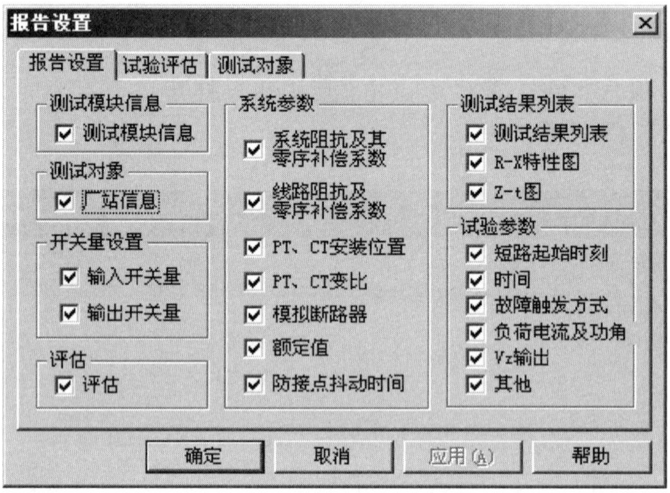

图 A-28 试验报告定制——试验报告主题

4）设置本次试验报告的页眉页角。单击按钮，在随后弹出的对话框里设置页眉页角，如图 A-31 所示。

（3）保存试验报告。在“文件”中选择“试验参数存为”按钮或在工具栏中单击按钮，在随后弹出的对话框里选择路径、填写文件名，如图 A-32 所示，选择“保存”后保存试验报告，此时保存的报告为“*.rtt”格式。

在“文件”中选择“试验报告输出为”按钮，在随后弹出的对话框里选择路径、填写文件名，如图 A-33 所示，选择“保存”后保存试验报告，此时保存的报告为“*.txt”文本格式。

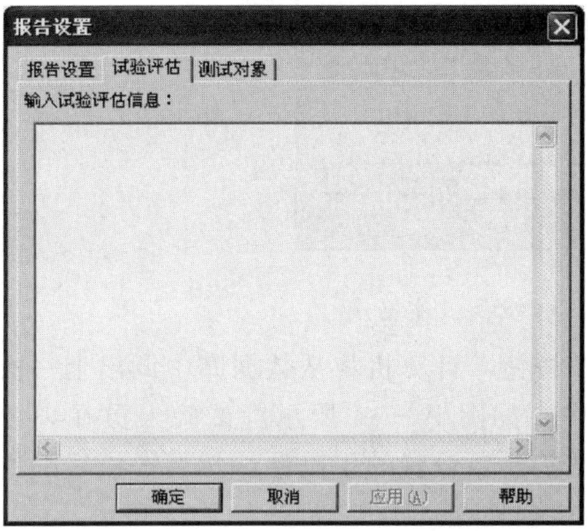

图 A-29　试验报告定制——试验评估

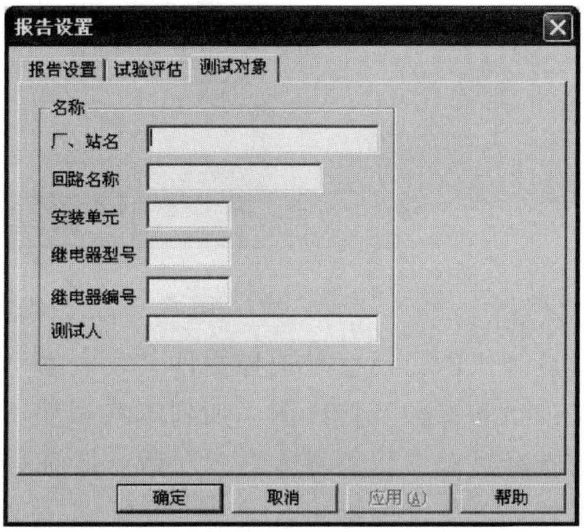

图 A-30　试验报告定制——测试对象

图 A-31　试验报告定制——页眉页角

图 A-32　保存试验报告

(4) 打印试验报告。连接打印机，在“文件”中选择“打印”或在工具栏中点击按钮，打印试验报告。

10. 试验参数的导入

在“试验项目”属性页中点击“引入试验参数”按钮或在工具栏中单击按钮，在

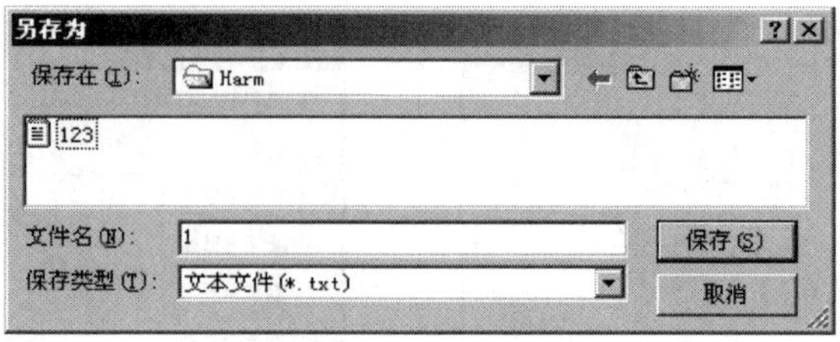

图 A-33　报告输出为“*.txt”文本格式

随后弹出的对话框里选择文件名，点击“打开”按钮，计算机将从数据库中调出上一次保存的试验参数及接线图添加到本次试验的设置中，如图 A-34 所示。试验人员在现场只需选择试验项目并导入试验参数，验证导入的试验参数设置的正确性，然后按接线图进行接线，开始试验即可。

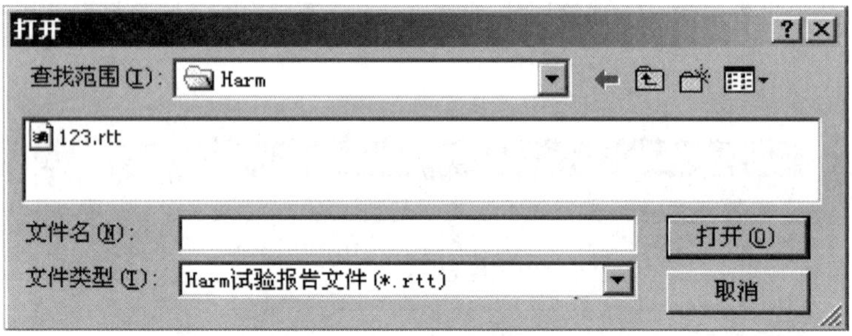

图 A-34　试验参数的导入

附录B PW（PWA）型测试仪手动试验、状态序列、整组试验模块使用方法介绍

一、电压、电流的灵活控制——手动试验

测试仪就其本质来说是一个输出电流、电压的源，最基本的功能就是要能对电压、电流的幅值、相位、频率进行灵活的控制。如果能够提供丰富的变量类型，绝大部分的保护测试都可借助于此完成。其界面如图B-1所示。

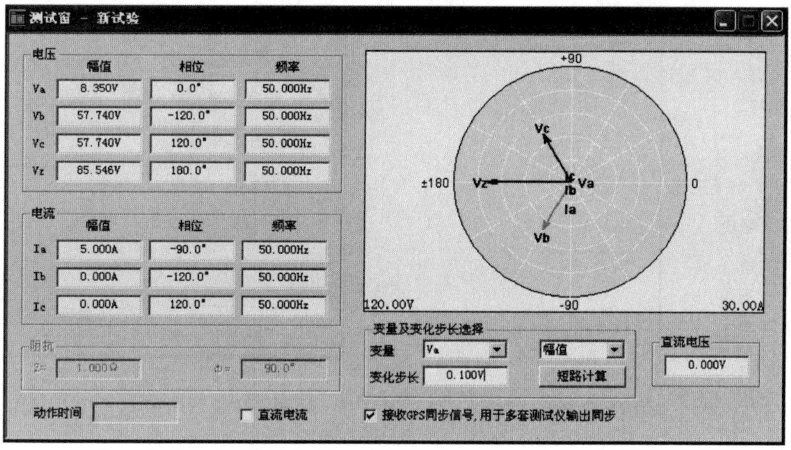

图B-1 电流、电压的输出

1. 变量的选择

常用的变量有相电压、线电压、相电流、直流电压、直流电流，改变幅值可对各种交、直流电流、电压保护的动作值、返回值进行测试，改变频率可以对低周保护进行测试。如图B-2所示。

随着保护功能的增多，我们关心不仅是单纯的电压、电流的幅值、相角，还有反映电压和电流之间关系的量，如反映电压和电流相位关系的功率方向保护、反映电压和电流的幅值和相位关系的距离保护、反映功率变化的低励保护等。在该测试模块中，可通过调节相位、阻抗、阻抗角、无功功率等变量进行测试。还可以选择正序电压、负序电压、零序电压作为变量，测试反映序分量的保护。

测试时的精度决定于所设置的“变化步长”，变化步长越小精度越高，测试仪所能设置的最小步长是由最小分辨率决定的，这和计算精度以及硬件指标都有关系。

增减变量可以通过任务栏的按钮▲（增加）、▼（减少），也可以通过键盘上的快捷键↑（增加）、↓（减少）进行操作。

2. 动作时间的测试

任何保护测试动作时间的逻辑都是相同的。测试动作时间需要一个计时起点和一个停

表点，测试时一般需要设置两个状态：状态 1 保证保护不会启动；状态 2 保证保护能够可靠动作。在进入状态 2 时开始计时，保护动作、接点返回时停止计时。

手动试验时可以通过输出保持按钮来设置两个状态。按下此键测试仪的输出保持在当前的状态，我们可将它看做状态 1，然后重新设置参数为状态 2，释放输出保持按钮后按状态 2 的设置输出并开始计时，保护动作开入量翻转后停止计时。

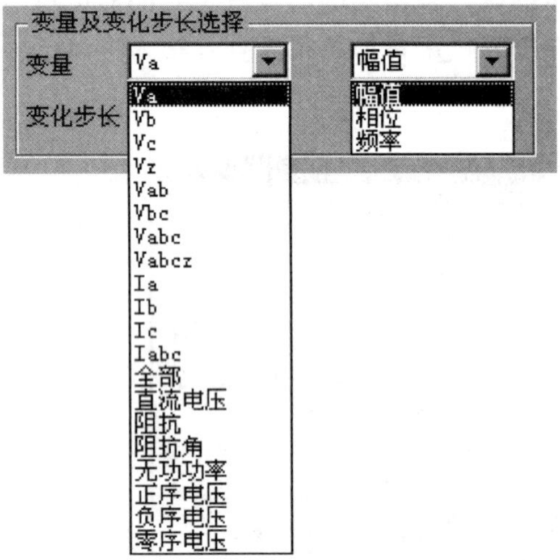

图 B-2　变量的选择

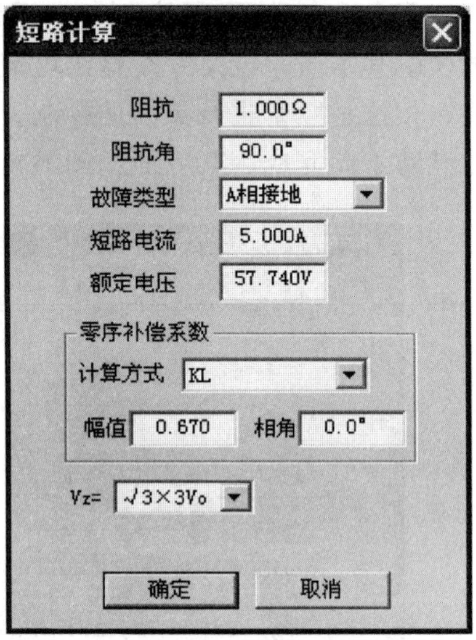

图 B-3　“短路计算”页面

3. 参数设置

选择阻抗或阻抗角为变量的时候，将打开短路计算的参数设置页面，可设置阻抗的幅值和相位。也可按 短路计算 打开此如图 B-3 页面，按需要设置故障类型和参数。

选择无功功率为变量的时候，自动打开功率设置页面，如图 B-4 所示。根据测试需要设置有功功率和无功功率的初始值。

选择序分量为变量时，按打开序分量设置页面，如图 B-5 所示。直接设置正序、负序、零序电压，测试仪将按所设置值自动合成相电压输出。

二、动态过程的控制——状态序列

对系统故障、不正常状态的模拟，实际上就是电流、电压的一系列连续变化的过程。这一过程既包括了电气量变化，又包括了系统设备各种状态（如断路器跳闸，保护动作等）之间的转换。测试仪必须对以上两方面都进行准确的模拟。

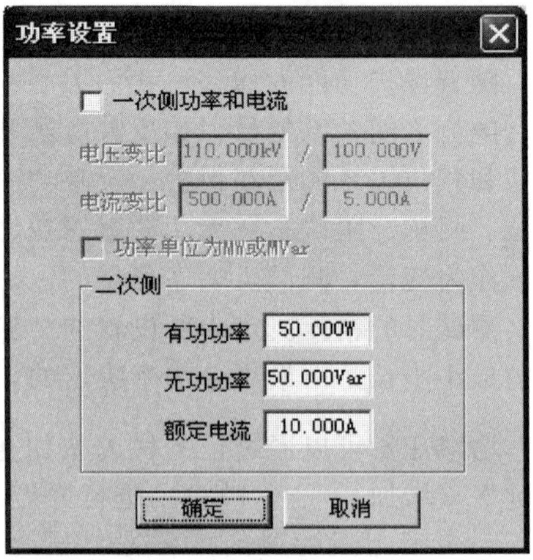

图 B-4　“功率设置”页面

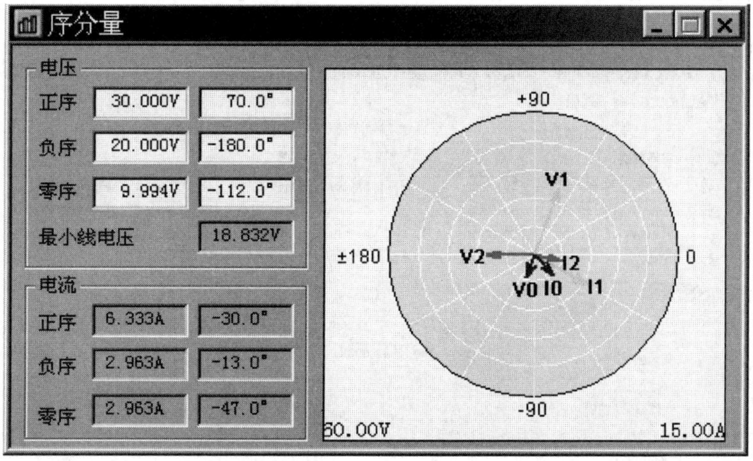

图 B－5　“序分量”页面

1. 添加和删除状态

PW 型测试仪中提供了 8 个状态，足以模拟各种复杂的变化情况。在工具栏中按添加状态，这时会弹出插入位置的选择对话框，如图 B－6 所示。选择后确定即插入一个新的状态。

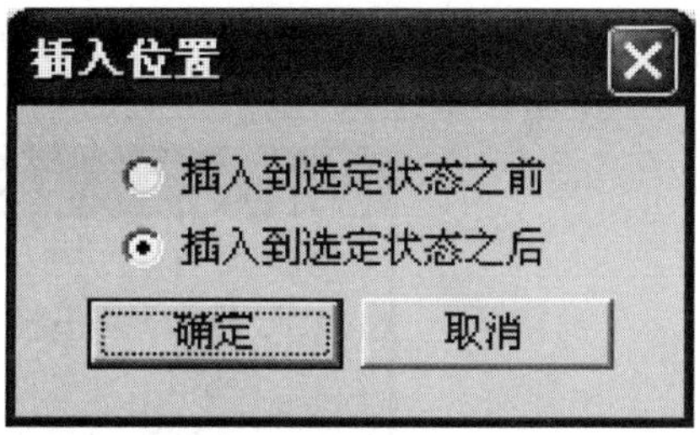

图 B－6　插入位置设置

根据试验的需要插入状态的个数，电流、电压参数的设置显示在测试窗中。如图 B－7 所示。

如果添加的状态多于需要的个数，可在工具栏中按删除最后一个状态。

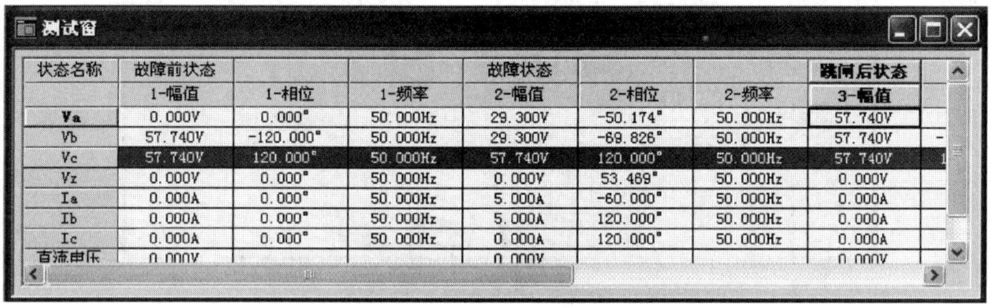

测试窗

状态名称	故障前状态			故障状态			跳闸后状态
	1-幅值	1-相位	1-频率	2-幅值	2-相位	2-频率	3-幅值
Va	0.000V	0.000°	50.000Hz	29.300V	-50.174°	50.000Hz	57.740V
Vb	57.740V	-120.000°	50.000Hz	29.300V	-69.826°	50.000Hz	57.740V
Vc	57.740V	120.000°	50.000Hz	57.740V	120.000°	50.000Hz	57.740V
Vz	0.000V	0.000°	50.000Hz	0.000V	53.469°	50.000Hz	0.000V
Ia	0.000A	0.000°	50.000Hz	5.000A	-60.000°	50.000Hz	0.000A
Ib	0.000A	0.000°	50.000Hz	5.000A	120.000°	50.000Hz	0.000A
Ic	0.000A	0.000°	50.000Hz	0.000A	120.000°	50.000Hz	0.000A
直流电压	0.000V			0.000V			0.000V

图 B－7　状态系列测试窗

2. 状态参数的设置

每个状态的参数都可以单独设置，在状态参数页面中可对每一个状态的参数分别进行具体的设置。具体见图 B－8。

可以在状态参数中直接设置电压和电流的值，为方便起见，还可按 短路计算 按钮，打开如图 B－9 所示页面。通过短路计算参数设置页设置短路阻抗、短路电流等参数，自动计算出短路电压、电流的幅值和相位。

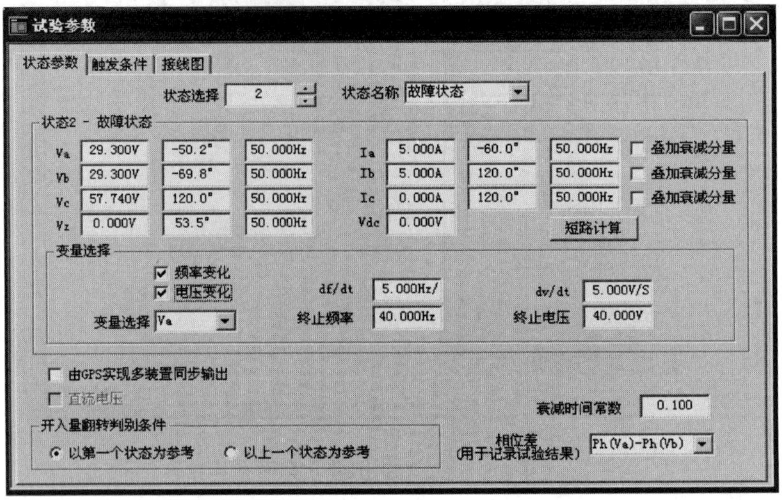

图 B-8 “试验参数”页面

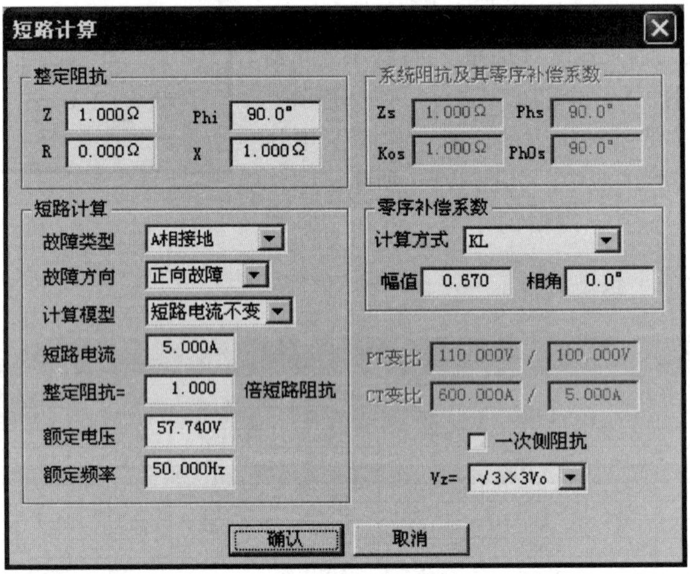

图 B-9 短路计算参数设置

各状态的各相电压和电流的频率可以分别设置为不同的频率值。频率设置的范围为10～1000Hz。频率变化的选择是为了测试低频减载装置的。频率变化是连续变化的，是按设定的变化率 df/dt 变化，在频率低于各轮的频率定值时，进行分级减载。如果触发条件选择为开入量，且开入量选择逻辑与，则可同时记录保护分级动作情况。

电压变化的选择是为了测试低压减载装置（见第一章第四节）及备用电源自动投入（见第五章）。电压变化是连续变化的，是按设定的变化率 du/dt 变化，在电压低于各轮的电压定值时，进行分级减载。如果触发条件选择开入量，且开入量选择逻辑与，则可同时记录保护分级动作情况。如果触发条件选择电压触发，那么触发电压值一定要在电压变化的范围内方有效。

开入量翻转判别条件有：①以第一个状态为参考；②以上一个状态为参考。

当选择以第一个状态为参考时，在以后各状态里，只要开入接点状态与第一个状态不一致，即认为该接点翻转。选择以上一个状态为参考时，在以后各状态里，只要开入接点状态与其前一个状态不一致，即认为该接点翻转。

还可选择“由 GPS 实现多装置同步输出”，实现多台测试仪同步输出，对高频、光纤纵差保护等进行两端对调。

3. 触发条件的设置

配合不同的状态可使用不同的触发条件。如故障前状态可用时间触发，故障状态可用保护的动作出口接点作为触发条件，做低压减载时可用电压作为触发条件。具体见图B－10。

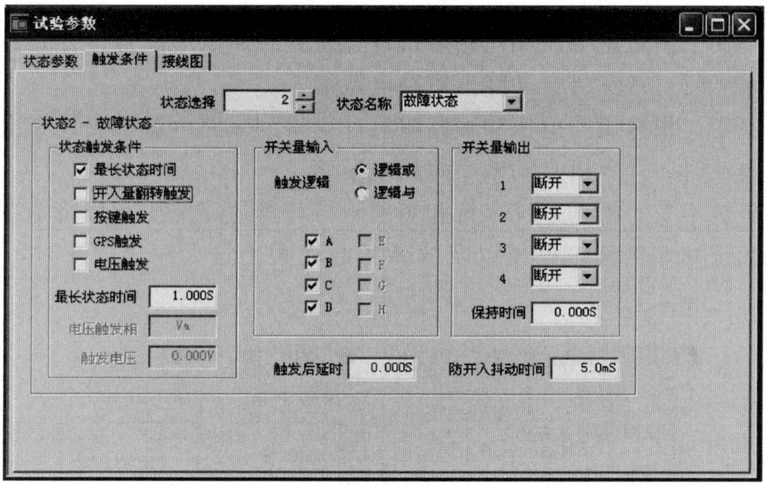

图 B－10 “触发条件”页面

当满足所设置的触发条件后，试验自动进入到下一状态。可选择的触发条件有：

(1) 最长状态时间：测试仪输出某一状态量的最长时间结束后进入下一状态。

(2) 按键触发：单击工具栏上图标进入下一状态。

(3) 开入量翻转触发：测试仪接收到保护动作信号，并满足设置的逻辑关系后，自动进入下一状态。

(4) GPS 触发：利用 GPS 时钟同步，整分触发，实现多台测试仪的同步测试。

(5) 电压触发：当设置的“触发相电压”达到所设定的触发电压值时测试仪的输出自动进入下一状态。

三、各种故障类型的模拟——整组试验

整组试验相当于继电保护装置的静模试验，其中提供了丰富的故障类型和故障性质的

组合，可模拟复杂的故障逻辑。

1. 故障类型和故障性质的设置

可设置的故障类型包括各种单相接地、两相短路、两相接地短路和三相短路。故障性质有瞬时、永久以及转换性故障。故障类型和故障性质可以任意组合。如图B-11所示为一模拟的A相转换为AB相的永久性的故障，图B-12为模拟故障的波形，从图中可以看出：测试仪先给出A相故障，保护动作A相跳闸，测试仪接到A相跳开的信号后切断A相的故障电流恢复电压；到转换时刻后由于A相已经被断开，所以只输出B相故障，保护此时还没有来得及重合处于非全相运行状态，接到B相故障信息后立刻发三跳命令，测试仪收到三相跳闸信号后断开B相故障电流，电压恢复正常；由于是永久性故障，保护重合后再次给出AB相故障，保护后加速动作跳开三相，测试仪切断故障电流。

从以上过程可以看出，在试验过程中，故障电流的变化一方面由参数设置决定，另一方面要结合开入量的动作情况。

计算模型法一般有电流不变、电压不变、系统阻抗不变三种方式供选择（见第二章第二节）。

（1）电流不变。由短路电流和短路阻抗计算得到短路电压。当所计算的故障相电压大于0.9倍额定电压时，计算机自动降低短路电流值。

（2）电压不变。根据短路电压和短路阻抗计算得到短路电流。当计算出的故障相电流大于最大输出电流时，计算机自动减小短路电压值。

（3）系统阻抗不变。根据系统阻抗和短路阻抗计算短路电压和短路电流。当所计算出的故障相电压大于0.9倍额定电压以及故障相电流大于最大输出电流时，自动增大系统阻抗。

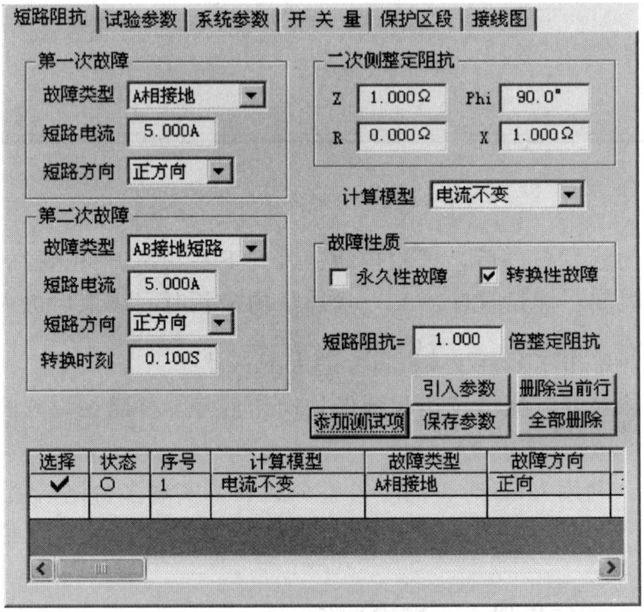

图B-11 故障类型和性质的设置

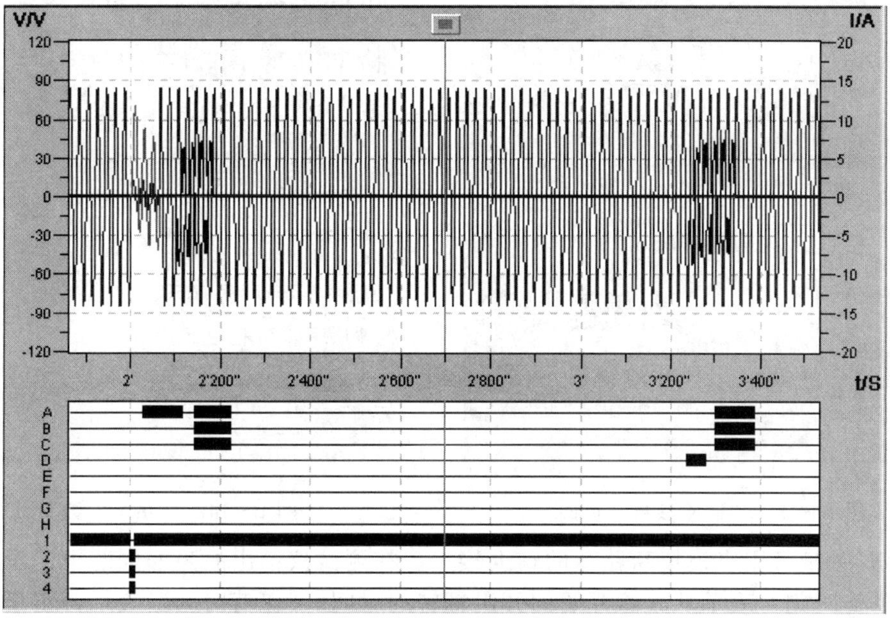

图 B-12　故障波形图

2. 其他参数设置

(1) 时间设置。采用时间控制时需要设置故障前时间，故障前时间是指输出故障前状态的时间，一般大于重合闸充电时间或整组复归时间。

从故障开始到试验结束的时间为最大故障时间，设置时应考虑到整个试验所需要的时间。如果要做后加速就应该包括跳闸、重合及永跳时间。

(2) 第四路电压。第四路电压的 U_z，不仅仅作为模拟 $3U_0$ 输出，还可以作为线路的抽取电压做检查同期和检查无压重合闸（见第六章第二节）。

U_z 做抽取电压时可设置幅值、相位及参考相，相位为对参考相的相位差；故障前 U_z 的幅值、相位与参考相一致，故障后 U_z 的幅值、相位按所设置的值输出。如图 B-13 所示。

(3) 零序补偿系数。零序补偿系数的计算方式必须和保护采用的算法选择一致，（见第二章第三节距离保护）。如图 B-14 所示。

(4) 模拟断路器的跳、合闸时间。见图 B-14，在本书第六章第二节中也有详细说明。相关定义如下：

1) 分闸时间：测试仪接收到保护跳闸信号后，延时一段时间以模拟断路器分闸灭弧过程，然后将跳闸相电压、电流切换到跳开后状态。

2) 合闸时间：测试仪接收到保护重合信号后，根据“合闸时间”延时一段时间，然后将电压、电流切换到重合后状态。

(5) 开关量。输入开关量是用来接收保护的动作信号的。对于线路的测试开放了八对开入量，可以同时接收两套保护的动作情况。如图 B-15 所示。

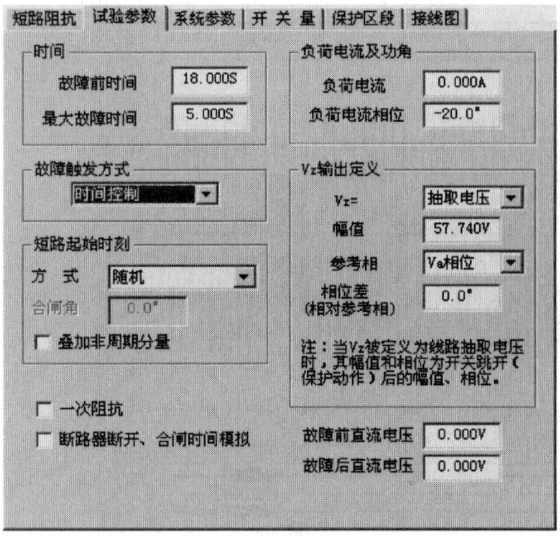

图 B-13 “试验参数”页面

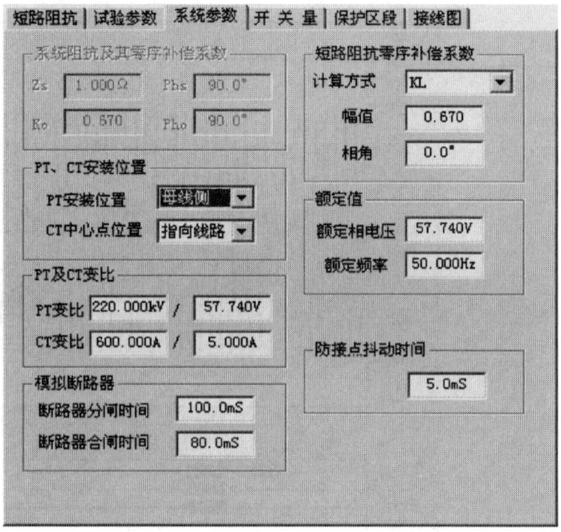

图 B-14 “系统参数”页面

输出开关量可用来模拟断路器的辅助接点。在测试仪给出故障的同时可给出开出量的状态。“翻转时刻”表示从故障开始到开出翻转的时间。“保持时间”表示开出量翻转后所保持的时间。保持时间结束后恢复到翻转前的开出状态。

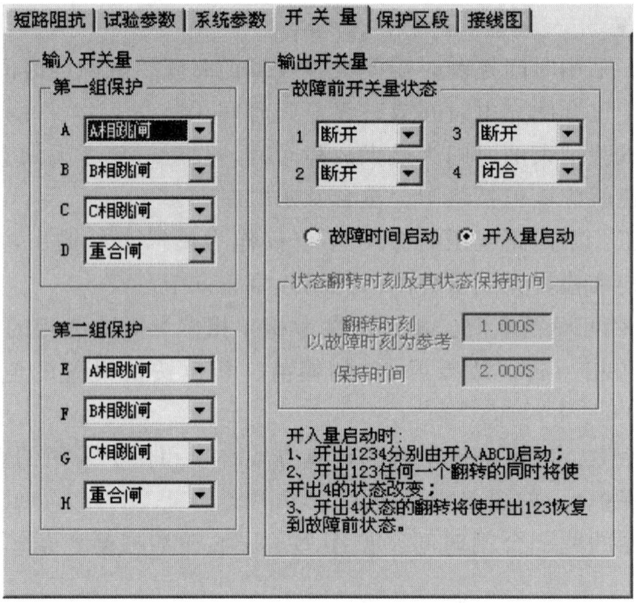

图 B-15 “开关量”页面

接到测试仪开入端的保护动作接点要用瞬动接点，不要用保持接点。当保护不允许分相跳闸时，在软件应定义所接开入量为“三跳”。

附录C LHDJZ-ⅢB型电力系统继电保护综合试验台简介

LHDJZ-ⅢB型电力系统继电保护综合试验台是专为熟悉各种继电器特性实验，变压器常规和微机差动保护实验，模拟线路电流电压常规保护和微机保护实验以及常规距离保护设计的装置，试验台上设有各种常规电磁式继电器和线路模型、变压器和微机型继电保护装置等组成。试验台的主要特点有：

（1）试验台配置齐全，既有常规的各种电磁式继电器、常规和微机的电流电压保护又有线路模型，还可以完成常规和微机的变压器差动保护。学生可以自行设置短路点，真实模拟线路故障情况，学生还可以自行设计保护接线，提高动手能力和分析能力。

（2）试验台的微机保护含有电流、电压保护、变压器差动保护两种功能，可以分别做两种保护实验。

（3）试验台的微机保护，具有良好的自诊断功能、事故记录和事件顺序记录功能。能显示各种信息，调试方便，有利于教学活动。

（4）试验台的微机保护可以进行现场手动跳、合闸操作，当配置上位机有关软件包时，可实现遥测、遥信和遥控功能，可远程监测和修改下位机的整定值设置。

一次系统图见图C-1，面板布置图见C-2。

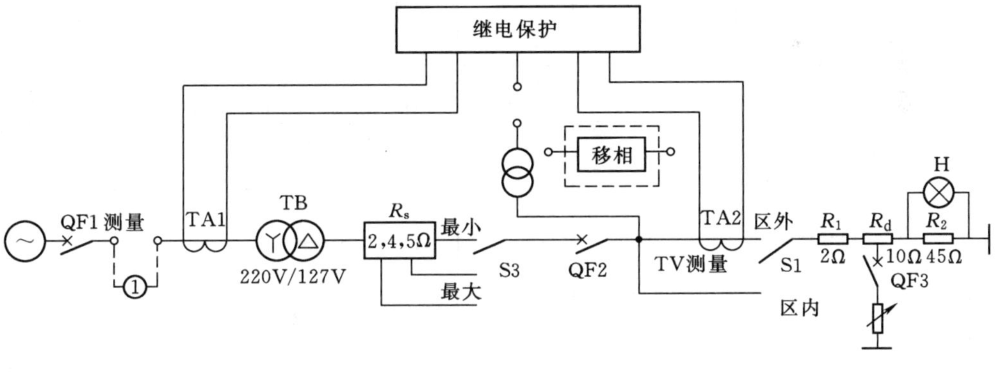

图C-1 LHDJZ-ⅢB一次系统图

本实验指导书中所介绍的实验内容涉及到的部分设备，其符号代号及作用定义见表C-1。

LHDJZ-ⅢB型电力系统继电保护综合试验台是武汉公司针对“电力工程”、“继电保护”、“电气工程”等课程中有关继电保护的基础教学内容而设计的，试验台上安装有各种电磁式的继电器，如电流继电器、电压继电器、中间继电器、信号继电器、差动继电器、功率继电器、方向阻抗继电器、线路模型、变压器和微机保护装置等。学生可以做单个继

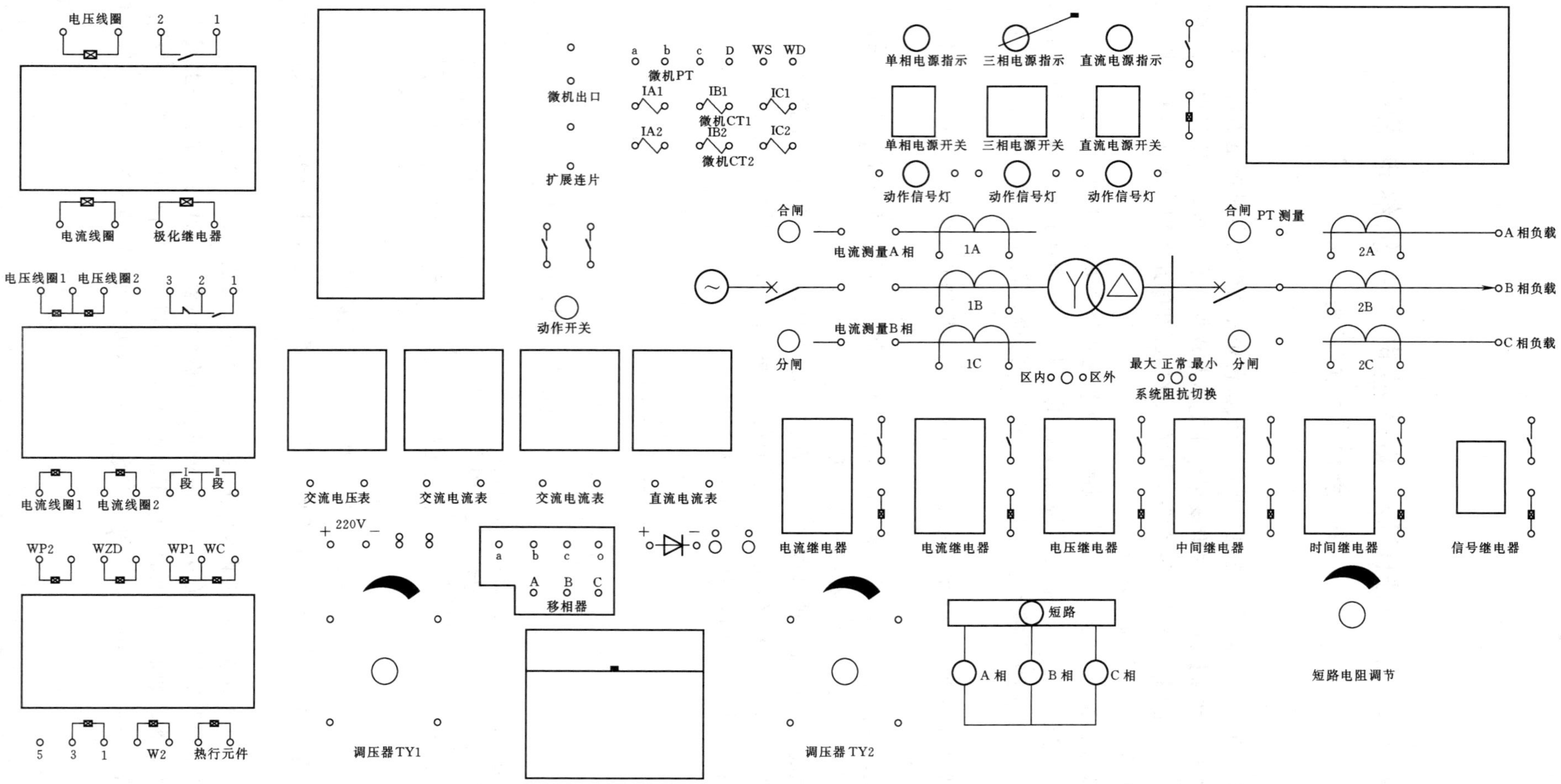

图 C-2 LHDJZ-ⅢB型试验台面板布置图

电器的特性试验，可以采用积木式办法，将继电器组合起来做整组实验；也可以利用变压器做常规、微机变压器差动保护；还可以利用线路模型做常规和微机的电流电压保护实验；同时提供了学生自己组合设计试验的平台。

表 C-1　　　　电力系统继电保护综合试验台设备代号及名称对照表

符号代号	名　称
DX1	动作信号
DX3	单相电源指示灯
DX4	三相电源指示灯
DX5	直流电源指示灯
DX10	模拟断路器 QF2 合闸信号灯
DX11	模拟断路器 QF2 合闸信号灯
DX12	模拟线路 A 相负载指示灯
DX13	模拟线路 B 相负载指示灯
DX14	模拟线路 C 相负载指示灯
BK	操作开关
DK	单相电源开关
SK	三相电源开关
ZK	直流电源开关
GLJ	功率方向继电器
CDJ	差动继电器
ZKJ	方向阻抗继电器
KA	电流继电器
KV	电压继电器
KT	时间继电器
KS	信号继电器
KM	中间继电器
GC1	交流 220V 电源（单相调压器 TY1）输出接线柱（a，0）
GC2	三相交流电源输出接线柱(a,b,c,0)
GC3	直流 220V 电源输出接线柱（+，-）
GC4	交流 220V 电源（单相调压器 TY2）输出接线柱（a，0）

符号代号	名　称
GC5	移相器输出接线柱（A，B，C）
GC6	电流、电压量测试孔
GC7	TA1 二次侧测试孔
GC8	TV 测试孔
GC9	TA2 二次侧测试孔
LP1	微机保护出口投退连接片
LP2	常规保护出口投退连接片
1SK	模拟断路器 QF1 的合闸按钮
1SKP	模拟断路器 QF1 的分闸按钮
2SK	模拟短路开关
SA、SB、SC	分别是 A、B、C 三相模拟短路选择开关
K1	模拟变压器差动保护区内、区外故障转换开关，设有“区内”、“区外”、“线路”三个选择挡
K2	模拟系统阻抗切换开关，设有“最大”、“正常”、“最小”三个选择挡
YHD-Ⅱ	YHD-Ⅱ 型智能式多功能表
WB	微机保护箱
1KO、2KO	分别为线路段两个模拟断路器
3KO	故障模拟断路器
R_d	线路段三相模拟电阻，阻值分别为每相 10Ω
R_1	限流电阻，阻值为每相 2Ω
R_S	系统模拟阻抗，$R_{S\cdot\min}=2\Omega$，$R_{S\cdot n}=4\Omega$，$R_{S\cdot\max}=5\Omega$
TY	三相自耦调压器
YX	移相器

LHDJZ-ⅢB 型电力系统继电保护综合试验台除了装有常规的继电器外还装有测量时间相位用的多功能表及移相器、调压器等设备，由这些设备可组成一个完整系统，学生使用起来极为方便。试验台所提供的硬件平台还可作为本科生课程设计、毕业设计和生产实习等项目的基础平台。

本试验台可完成下述实验：①模拟系统正常、最小、最大运行方式实验；②模拟系统短路运行方式实验；③学习和设计完成变电站电流保护的接线；④保护装置的动作电流校验和动作电压校验实验；⑤模拟系统短路保护动作实验；⑥低电压闭锁电流保护装置的动作实验；⑦保护装置的动作时间整定实验；⑧电流速断保护灵敏度检查实验；⑨低电压闭锁速断保护灵敏度检查实验；⑩保护动作时间配合实验；⑪微机线路保护实验；⑫运行方式对保护灵敏度影响实验；⑬常规保护实验；⑭常规保护与微机保护配合实验；⑮微机重合闸实验；⑯变压器差动保护实验等。

附录D WDT-Ⅲ型电力系统综合自动化试验装置简介

电力系统综合自动化实验台是一个自动化程度很高的多功能实验平台，它由发电机组、实验操作台、无穷大系统等设备组成。如图D-1所示，发电机与无穷大之间采用双回路输电线路，并设有中间开关站，通过中间开关站和单回、双回线路的组合，使发电机与无穷大系统之间可构成四种不同联络阻抗，供系统实验分析比较时使用。

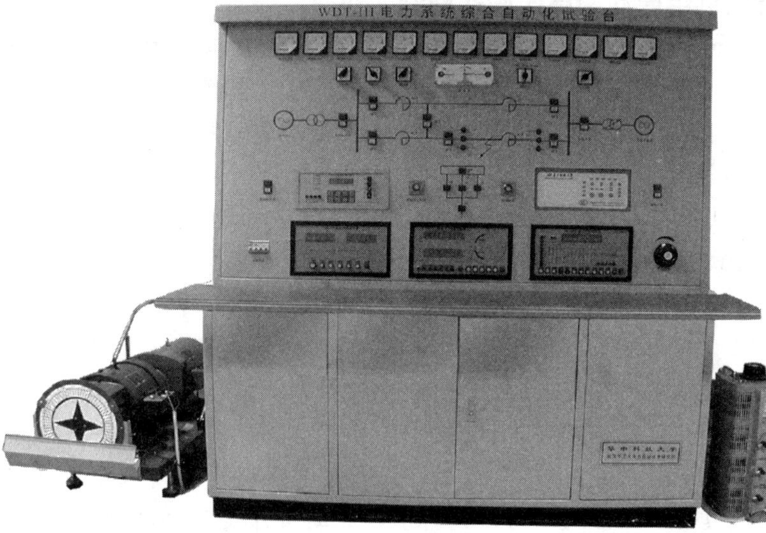

图D-1 电力系统综合自动化试验台外形图

一、试验台构成

1. 发电机组

它是由同在一个轴上的三相同步发电机（$S_N=2.5kVA$，$V_N=400V$，$n_N=1500r/min$），模拟原动机用的直流电动机（$P_N=2.2kW$，$V_N=220V$）以及测速装置和功率角指示器组成。直流电动机、同步发电机经弹性联轴器对轴联结后组装在一个活动底盘上构成可移动式机组。具有结构紧凑、占地少、移动轻便等优点，机组的活动底盘有四个螺旋式支脚和三个橡皮轮，将支脚旋下即可开机实验。

2. 试验操作台

它是由输电线路及保护单元、功率调节和同期单元，仪表测量和短路故障模拟单元等组成。

输电线路采用具有中间开关站的双回路输电线路模型，并对其中一段线路设有“YHB-Ⅲ型微机保护”，此线路的过流保护还具有单相自动重合闸功能。

功率调节和同期单元，由“TGS-04型微机调速装置”、“WL-04B型微机励磁调节器”、“HGWT－03 型微机准同期装置”等微机型的自动装置和其相对应的手动装置组成。

仪表测量和短路故障模拟单元由各种测量表计及其切换开关、各种带灯操作按钮以及观测波形用的测试孔和各种类型的短路故障操作等部分组成。在做电力系统试验时，全部的操作均在试验操作屏台上进行。

3. 无穷大系统

无穷大电源是由 15kVA 的自耦调压器组成。通过调整自耦调压器的电压可以改变无穷大母线的电压。

试验操作台的“操作面板”上有模拟接线图、操作按钮和切换开关以及指示灯和测量仪表等。操作按钮与模拟接线图中被操作的对象结合在一起，并用灯光颜色表示其工作状态，具有直观的效果。红色灯亮表示开关在合闸位置，绿色灯亮表示开关在分闸位置。

二、同步发电机组启动和建压操作简介

实验前，应首先检查 WDT－Ⅲ型电力系统综合自动化试验台、同步发电机组、感应调压器是否具备开机条件。符合要求后，合上试验台上“操作电源”开关，此时反映各开关位置的绿色指示灯亮，同时 4 台微机装置上电，数码管均能正确显示。

（一）开机方式选择

在试验台的“TGS－04 型微机调速装置”中有三种开机方式供选择，即“模拟方式”、“微机自动方式”、“微机手动方式”。

（1）当选择“模拟方式”时，应首先将指针电位器调至零，此时“输出零”指示灯亮，然后合上“原动机开关”再顺时针旋转指针电位器，当发电机旋转之后，应观察机组稳定情况，然后缓慢加速到额定转速。

（2）当选择“微机自动方式”时，先合上“原动机开关”，然后按下“停机/开机”按钮，此时“开机”指示灯亮，“停机”指示灯灭，发电机组自动增速到额定转速。

（3）当选择“微机手动方式”时，先合上“原动机开关”，然后按下“停机/开机”按钮，指示灯同样对应转换，按下“增速”按钮，可以看到控制量的大小，监视发电机转速，直至将发电机调整为额定转速。

（二）励磁方式选择

在试验台上有一个“励磁方式”切换开关，它可选择三种励磁方式，即“手动励磁方式”、“微机它励方式”、“微机自并励方式”。

（1）当选择“手动励磁方式”时，应先将“手动励磁”调节旋钮反时针旋到零，然后合上“励磁开关”，顺时针调节“手动励磁”旋钮增加励磁电压，在维持发电机为额定频率时，增加励磁电压，使发电机为额定电压。

（2）当选择“微机它励”或“微机自并励”时，微机励磁调节器选择“恒 U_F”运行方式，然后合上“励磁开关”，松开“灭磁”按钮，调节器自动起励至给定电压。

（三）无穷大电源和线路开关操作

所谓无穷大电源可以看作是内阻抗为零，频率、电压及其相位都恒定不变的一台同步发电机，在本试验系统中，是将交流 380V 市电经 15kVA 自耦调压器，通过输电线路与实验用的同步发电机构成“一机——无穷大”的简单电力系统。

1. 无穷大电源的投入操作

在投入“电源开关”之后，自耦调压器原方已接通了动力电源，按下无穷大系统的“系统开关”的“红色按钮”，“系统开关”合上后，其“红色按钮”的指示灯亮，“绿色按钮”指示灯灭，表示无穷大母线得电，观察操作面板上“系统电压”表的指示是否为试验要求值。

调整自耦调压器的把手，顺时针增大或逆时针减少输出至无穷大母线上的电压，调整到试验的要求值（一般为380V）后，即完成无穷大电源的投入工作，此时，可通过“系统电压”表下方对应的“电压切换”开关观测三相电压是否对称。

注意：“电压切换”开关有三个线电压（V_{AB}、V_{BC}、V_{CA}）和三个相电压（V_{AN}、V_{BN}、V_{CN}）和关闭（OFF）共七个切换位置，监视电压表时一定要注意切换开关位置，清楚相电压或线电压额定值以免造成过电压，以下相同。

2. 无穷大电源的切除操作

无穷大电源的切除操作大多数是在试验完成之后，发电机已与系统解列，所有线路均已退出工作之后进行。

按下“系统开关”的“绿色按钮”，其“绿色按钮”的指示灯亮，“红色按钮”的指示灯灭，表示系统开关已断开，无穷大电源切除操作即告完成。

3. 线路开关操作

合上线路开关“QF1”和“QF3”则发电机的母线上得电，此时可以从微机准同期控制器上观察到系统的频率和电压，同时也能看到发电机的频率和电压。

（四）同期方式选择

在试验台上有一个“同期方式”切换开关，它提供三种同期方式供选择，即“手动同期方式”、“全自动同期方式”、“半自动同期方式”。

（1）当“同期方式”选择为“手动”方式时，则“发电机开关”两侧的电压施加到“同期表”上，根据“同期表”中的“电压差”和“频率差”调整发电机的转速和电压，使之接近为零。然后，在“相角差”趋向零时的“导前角”时间合闸，即发电机与系统并列。

（2）当“同期方式”选择为“全自动”方式时，然后按下“微机准同期控制器”上的“同期命令”，则发电机“调频”、“调压”和“合闸出口”均由微机准同期控制器完成。

（3）当“同期方式”选择为“半自动”方式时，则准同期控制器通过指示灯的亮或者熄，指示实验人员进行“升压”、“降压”、“增速”、“减速”操作。当合闸条件满足时，准同期控制器发出合闸命令，实现同步发电机同期并列操作。

参 考 文 献

[1] 张保会，尹项根. 电力系统继电保护. 北京：中国电力出版社，2005.
[2] 贺家李，宋从矩. 电力系统继电保护原理. 第三版. 北京：中国电力出版社，1994.
[3] 许正亚. 电力系统安全自动装置. 北京：中国水利水电出版社，2006.
[4] 谷水清. 电力系统继电保护. 北京：中国电力出版社，2005.
[5] 李先彬. 电力系统自动化. 北京：中国电力出版社，2004.
[6] 何永华，闫晓霞. 新标准电气工程图. 北京：中国水利水电出版社，1996.
[7] 郭光荣. 电力系统继电保护. 北京：高等教育出版社，2006.
[8] 金建源. 继电保护测试技术. 北京：水利电力出版社，1993.
[9] 王大鹏，吴璟岚. 电力系统继电保护测试技术. 北京：中国电力出版社，2006.